화학자가 들려주는
화학
이야기

Original Japanese title: JINBUTSU DE YOMITOKU KAGAKU

Copyright © 2021 Akira Fujishima, Haruo Inoue, Norihiro Suzuki, Katsunori Tsunoda

Original Japanese edition published by The Asahi Gakusei Shimbun Company

Korean translation rights arranged with The Asahi Gakusei Shimbun Company

through The English Agency (Japan) Ltd. and Danny Hong Agency

16개의 결정적 장면으로 읽는
500년 화학사

화학자가 들려주는
화학
이야기

후지시마 아키라
이노우에 하루오
스즈키 노리히로
쓰노다 가쓰노리 지음
정한뉘 옮김

동아 엠앤비

**현대를 사는 우리에게
과학 기술은 매우 중요합니다**

맑은 공기와 물, 식량과 에너지, 그리고 건강에 관련된 영역까지 과학 기술은 여러 분야에서 널리 활용됩니다. 위인들의 노력으로 얻은 지혜와 삶의 방식 덕에 우리는 쾌적한 환경에서 살고 있습니다.

『물리학자가 들려주는 물리학 이야기』에서 과학의 주요 분야 중 하나인 물리학을 소개했듯이 이 책에서는 화학을 소개하려 합니다. 500여 년에 걸쳐 축적된 화학 분야의 중요한 테마를 16장에 걸쳐 다루었습니다. 『물리학 이야기』와 마찬가지로 이번에도 장별로 공헌도가 높은 인물을 3명씩 선정하여 인물의 연구 성과를 중심으로 정리했습니다.

화학의 역사는 원자·분자와 함께 시작되었습니다. 수소, 산소, 질소, 이산화탄소를 시작으로 과학자들이 발견한 수많은 원소가 주기율표로 정리되었고, 다양한 화학 반응이 어떻게 일어나는지도 밝혀졌습니다. 유용한 화합물의 합성법과 편리하게 쓰이는 고분자 물질의 제조법도 차례차례 탄생했습니다. 그리고 우리가 사용하는 통신 기기에도 들어가는 반도체를 비롯한 각종 기능재료의 특성을 어떻게 분석할지 연구하기에 이르렀습니다. 조금 어려운 분야이지만 부디 한번 읽고 공부해 보시길 바랍니다.

이 책을 읽고 화학의 재미와 중요성을 느끼신다면 더할 나위 없이 기쁘겠습니다.

저자 대표 후지시마 아키라

차례

1장 ▸ 화학의 기초

로버트 보일 *Robert Boyle* | 1627~1691년
"기체의 부피와 압력의 관계를 나타내는 보일의 법칙을 발견했다."

*

존 돌턴 *John Dalton* | 1766~1844년
"근대 화학의 원자설과 함께 부분 압력 법칙과 배수 비례 법칙을 제안했다."

*

아메데오 아보가드로 *Amedeo Avogadro* | 1776~1856년
"화학의 기본 법칙 중 하나인 아보가드로의 법칙을 주장했다."

다른 동물과 달리 인간이 진화하고 발전할 수 있었던 이유는 불을 이용했기 때문입니다.

불의 이용은 토기와 도자기, 청동기, 철기의 발명으로 이어졌고, 그 덕에 인류는 수천 년 전부터 물질문명을 보유하게 되었습니다.

문명이 발전하면서 인류는 물질의 본질이 무엇인지 생각하기 시작했습니다. 중국에서는 모든 물질이 나무, 불, 흙, 금속, 물이라는 다섯 가지 근원적인 요소로 이루어져 있다고 생각했고, 서양에서는 만물의 근원이 불, 공기, 물, 흙이라고 생각했습니다.

시간이 흘러 17세기 유럽에서는 물리학을 연구하던 갈릴레오 갈릴레이Galileo Galilei와 아이작 뉴턴Isaac Newton을 필두로 근대 과학의 시대가 열렸습니다. 자유로운 과학 연구에 종사하는 과학자들이 늘었고, 연구 방법 또한 발전하면서 중요한 발견이 잇따랐습니다.

이 당시 로버트 보일이 기체에 압력을 가하면 부피가 감소하는 현상을 실험적으로 증명하면서 기체를 정량적으로 측정할 수 있게 되었습니다. 19세기에 들어 존 돌턴은 모든 물질이 작은 입자, 즉 원자atom로 이루어져 있다고 주장했으며 각 원자를 나타내는 기호를 고안했습니다. 돌턴이 주장한 원자에는 산소, 질소, 수소, 탄소, 인 외에도 황, 구리, 납 등이 있습니다. 이로써 화학은 점차 오늘날의 모습을 갖추게 되었습니다.

비슷한 시기에 아메데오 아보가드로는 "온도와 압력이 같을 때 일정 부피의 기체에 들어 있는 입자의 수는 일정하다"라는 아보가드로의 법칙을 제시했습니다. 그는 기체를 형성하는 물질이 하나의 원자가 아닌 여러 개의 원자로 이루어진 입자라고 가정하면 실험 결과를 설명할 수 있음을 증명했고, 이 입자를 분자라고 불렀습니다. 공기 중의 산소, 질소, 수소를 2개의 원자로 이루어진 분자로 보고 각각 O_2, N_2, H_2로 표기하자고 제안한 사람도 아보가드로입니다. 이것이 분자라는 개념의 기원입니다.

보일

Robert Boyle, 1627~1691 / 영국

아일랜드 출신의 화학자, 물리학자, 발명가입니다. 런던 이튼 칼리지를 졸업했으며 1641년에는 이탈리아를 방문하여 **갈릴레오 갈릴레이**를 만났습니다. 영국으로 돌아온 보일은 **왕립학회** 설립에 관여했으며 옥스퍼드대학에서 과학 연구에 매진했습니다. 조수 **로버트 훅**과 함께 공기 펌프를 만들어 공기를 연구했고, 이를 통해 발견한 보일의 법칙을 발표했습니다. 물질을 구성하는 원소의 존재를 정의하고 혼합물과 화합물을 구별하는 등 근대 과학의 토대를 마련한 인물이기도 합니다.

| 대표 업적

"온도가 일정할 때 이상 기체의 부피는 압력에 반비례한다"는 보일의 법칙을 발견했습니다.

보일은 [그림 1]처럼 짧은 쪽이 막힌 2미터짜리 J자형 유리관을 만들었습니다. 관에 수은을 부으면서 막힌 쪽에 들어 있는 공기의 부피를 측정하자 수은의 양이 많을수록, 즉 압력이 높을수록 공기의 부피가 감소하는 반비례 관계가 나타났습니다. 이것이 바로 기체의 부피와 압력의 관계를 나타내는 보일의 법칙으로, 1662년에 발견했습니다.

보일은 로버트 훅$^{Robert\ Hooke}$과 협력하여 공기 펌프를 진공 상태로 만들면 물질이 연소하지 않고 소리도 전달되지 않는다는 사실을 밝혀냈습니다.

| 보일의 법칙

온도가 일정할 때 일정량의 기체를 차지하는 부피 V는 압력 P에 반비례합니다.

압력이 P일 때 기체의 부피를 V, 압력이 P'로 바뀌었을 때의 부피를 V'라고 하면 다음과 같은 관계가 성립합니다.

$$PV = P'V' = k \ (상수)$$

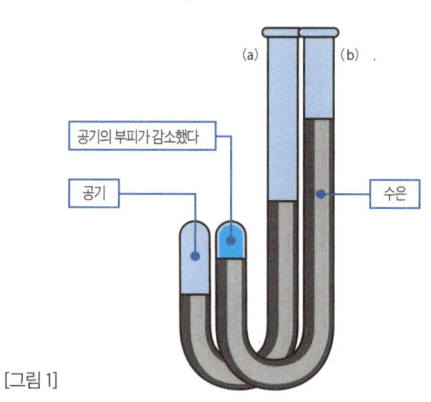

[그림 1]

(a) 보일이 사용한 J자 관. 끝이 막힌 쪽에 공기가 들어 있다. (b) 열린 입구로 수은을 넣으면 압력이 커지면서 공기의 부피가 감소한다.

| 보일의 법칙과 연관된 샤를의 법칙

압력이 일정하면 일정량의 기체가 차지하는 부피 V는 절대온도 T와 비례합니다.

절대온도 T일 때 기체의 부피를 V, 절대온도 T'일 때 기체의 부피를 V'라고 하면 다음과 같은 관계가 됩니다.

$$\frac{V}{T} = \frac{V'}{T'} = k \ (상수)$$

고등학교 화학 교과서에서 보일의 법칙과 함께 설명하는 샤를의 법칙은 사실 샤를이 논문을 통해 발표한 법칙이 아니라 샤를을 존경했던 게이뤼삭이 그의 이름으로 발표한 법칙입니다. 샤를은 수소로 움직이는 기구氣球를 설계·제작했고, 1783년에는 직접 타기도 했습니다. 캐번디시(24쪽)가 고안한 방법에 따라 철 부스러기에 염산이나 질산을 떨어뜨려 발생시킨 수소를 기구에 충전했습니다. 이 기구는 고도 550m까지 올라갔고 두 시간 동안 36km를 이동한 끝에 착륙했습니다. 인류가 최초로 하늘을 난 사건이었던 만큼 온 파리가 떠들썩했다고 합니다.

자크 샤를 Jacques Charles, 1746~1823
프랑스의 발명가이자 물리학자로 프랑스 국립공학원의 물리학 교수를 역임했습니다.

조제프 루이 게이뤼삭 Joseph Louis Gay-Lussac, 1778~1850
판사의 아들로 태어난 조제프 루이 게이뤼삭은 프랑스의 명문 공학대학인 에콜 폴리테크니크École Polytechnique와 국립고등교량도로학교École Nationale des Ponts et Chaussées, ENPC에서 학문을 닦았습니다. 1802년 기체의 정확한 열팽창계수를 측정했고, 1808년에는 파리대학의 물리학 교수로 취임했습니다. 앞서 소개했듯이, 그는 자신이 발견한 기체와 온도에 관한 법칙을 자신의 이름이 아닌 존경하는 과학자 샤를의 이름으로 발표했습니다. 그 밖에도 붕소와 요소를 발견하는 등 수많은 업적을 남겼습니다.
게이뤼삭은 프랑스의 화학회사인 생고뱅에서 황산 제조 연구를 성공적으로 이끌었으며, 1843년부터 4년 동안 사장을 역임하기도 했습니다.

| 보일-샤를의 법칙

보일의 법칙은 온도가 일정하다는 전제일 때 성립하는 법칙입니다. 온도가 변할 때는 샤를의 법칙과 함께 보일-샤를의 법칙으로 활용합니다.

압력이 P, 절대온도가 T일 때 부피가 V인 기체가 압력 P', 절대온도 T'일 때 부피가 V'로 바뀐다면 다음과 같은 관계가 성립합니다.

$$\frac{PV}{T} = \frac{(P'V')}{(T')} = k\,(상수)$$

| 보일의 저서

1661년에 출판된 저서 『회의적 화학자』에서 보일은 화학 물질을 이루는 주요 물질이 아리스토텔레스Aristoteles의 4원소(불, 공기, 물, 흙)나 파라켈수스Paracelsus의 3원질(수은, 황, 소금)이 아니라 다양한 종류의 작은 입자라고 주장했습니다.

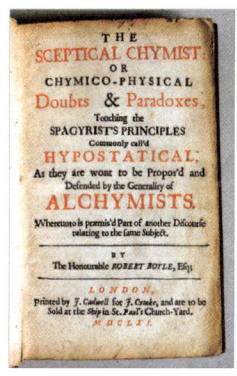

『회의적 화학자The Sceptical Chymist』의 표지(1661)
가나자와 공업대학 라이브러리센터 소장

왕립학회 Royal Society

보일을 비롯해 과학, 철학 등 각종 방면에 관심이 있는 사람들이 모여 의견을 주고받던 '보이지 않는 대학 Invisible College'에서 시작하여 1662년 영국 국왕 찰스 2세 Charles II에 의해 공인된 학회입니다. 이름은 왕립학회이지만 회원들의 회비로 운영됩니다. 보일도 학회의 설립에 관여했으며 회장을 역임하기도 했습니다.

1665년부터 월간 회보《왕립학회 철학회보 Philo-sophical Transactions of the Royal Society》를 발간하기 시작했습니다. 이것이 학술잡지의 시초이며, 또한 연구 성과의 선취권先取權을 인정하는 기능도 갖추게 되었습니다.

리트머스 시험지의 발명

보일은 염산이 조금 들어간 물을 꽃병에 넣고 제비꽃 다발을 꽂자 제비꽃이 빨갛게 변하는 현상을 보고 놀랐습니다. 여기서 힌트를 얻은 그는 다양한 꽃의 진액을 추출하여 산성·염기성 수용액에 의한 색의 변화를 관찰했습니다. 리트머스 이끼로 만든 보라색 진액을 흡수시킨 종이를 각종 수용액에 묻혔을 때 나타나는 색의 변화를 통해 산성과 염기성을 판별하는 방법을 제안했는데, 이 종이가 오늘날의 리트머스 시험지입니다.

보일의 예상

1662년, 보일은 훗날 구현하고 싶은 24건의 기술을 밝혔는데 그중 일부를 소개하겠습니다. 보일이 미래를 내다본 기술은 오늘날 널리 쓰이고 있습니다.

1) 꺼지지 않는 빛
   → 전구, 형광등, LED 등
2) 가볍고 단단한 갑옷과 투구
   → 방탄조끼를 비롯한 플라스틱 비품
3) 하늘을 나는 기술
   → 비행기

★ ★ ★

"우리의 지성으로는 한없이 놀라운 것들을
자연은 최고로 간단하고
단순하게 해낸다."

갈릴레오 갈릴레이 | 1564~1642

돌턴

John Dalton, 1766~1844 / 영국

잉글랜드 북서부의 가난한 집안에서 태어나 마을 학교에서 초등 교육을 받은 뒤로는 독학으로 학문을 익혔습니다. 12세 때 다른 아이들을 가르칠 만큼 뛰어난 영재였다고 합니다. 맨체스터대학에서 수학을 가르친 적도 있지만, 생애 대부분은 가정교사로 생계를 이었습니다.

젊은 시절 한 기상학자로부터 개인 지도를 받은 것을 계기로 평생에 걸쳐 기상 관측을 했습니다. 근대 화학의 중요한 이론인 **원자설** 외에 **부분 압력 법칙**과 **배수 비례 법칙**도 주장했습니다.

| 대표 업적

모든 물질을 분해하면 마지막에는 더 이상 쪼갤 수 없는 입자가 된다는 내용의 근대 화학적 원자설을 주장했습니다. 1803년에는 물질의 근원이 되는 입자로 원자라는 새로운 개념을 제시했습니다.

수소, 산소, 질소, 탄소, 황, 인 등 6종의 원소를 기호로 나타내자고 제안했습니다(수소는 ⊙, 산소는 ○, 탄소는 ● 같은 식입니다). 현재는 스웨덴의 화학자 옌스 야코브 베르셀리우스가 제안한 H, O, C 등 알파벳을 사용합니다. 자세한 내용은 17쪽에서 확인할 수 있습니다.

연도	나이	돌턴의 경력과 업적
1766년	0세	잉글랜드 북서부, 직물과 농사를 생업으로 하는 집에서 태어났다(9월 6일).
1777년	11세	근교 초등학교를 졸업했다.
1778년	12세	퀘이커교회의 방과 후 교실 교사로서 2년 동안 활동했다.
1780년	14세	학교가 문을 닫자 약 1년 동안 농업에 종사했다.
1781년	15세	켄달로 이주하여 퀘이커 신학교의 교사가 되었다.

1785년	19세	형과 함께 학교를 경영했다.
1787년	21세	존 고프의 권유로 기상 관측을 시작했다(죽는 날까지 계속했다).
1788년	22세	맨체스터로 이주하여 맨체스터대학의 수학·물리 강사가 되었다.
1793년	27세	『기상학적 관측 및 논문집』을 펴냈다.
1794년	28세	색맹 연구를 발표했다. 맨체스터 문학철학협회 회원이 되었다.
1795년	29세	맨체스터대학 강사를 그만두고 이후 가정교사로 생계를 잇기 시작했다.
1801년	35세	혼합 기체에 관한 법칙을 발표했다.
1803년	37세	원자론의 기본 개념을 정립했다. 왕립연구소에서 연속 강의를 맡았다.
1805년	39세	원자량 표를 작성했다. 친구 윌리엄 존스와 함께 살기 시작했다.
1808년	42세	『화학 철학의 새로운 체계』 1부를 펴냈다. 책을 통해 원자설과 배수 비례 법칙을 발표했다.
1809년	43세	왕립연구소에서 연속 강의를 맡았다.
1827년	61세	『화학 철학의 새로운 체계』 2부를 펴냈다.
1830년	64세	윌리엄 존스의 집에서 나와 따로 살았다. 프랑스 과학아카데미 준회원이 되었다.
1832년	66세	옥스퍼드대학에서 학위를 받았다.
1833년	67세	영국 정부에서 연금 150파운드를 받았다.
1837년	71세	뇌경색으로 발작을 일으켰다.
1844년	77세	세상을 떠났다(7월 27일).

돌턴의 생애

눈이 먼 존 고프^{John Gough}에게 사사한 뒤로 57년 동안 기상 관측을 계속했습니다.

1844년 7월 27일 세상을 떠나기 전까지 하루도 빠지지 않고 관찰했는데, 총횟수는 20만 회가 넘는다고 합니다. 사망 전날 관측 기록은 "오늘은 가랑비"입니다.

1794년, 28세의 돌턴은 자신이 소속된 맨체스터 문학철학협회에서 자신의 색각 이상을 밝혔습니다.

다른 사람이 빨간색이라고 부르는 색이 자신에게는 음영이 옅은 부분으로밖에 보이지 않으며 주황색과 녹색은 명도가 다른 노란색으로 보인다고 밝혔고, 안구의 변색 때문일지도 모른다며 원인을 고찰했습니다.

이 발표를 계기로 오늘날에도 선천성 색각 이상을 돌터니즘 ^{Daltonism}이라고 부릅니다.

당시 영국에서는 성공회 교도만이 대학에 들어갈 수 있었습니다.

퀘이커 교도였던 돌턴은 평생 독신으로 살았으며 명예에 관심이 없어 왕립학회의 회원 자격도 거부했지만, 험프리 데이비(56쪽)가 회원으로 등록했다고 합니다. 경제적으로 힘들었던 돌턴은 20년이 넘는 세월 동안 친구 집에서 살았습니다.

잉글랜드 국교라고도 하는 성공회를 간단히 설명하자면, 16세기에 마르틴 루터^{Martin Luther}의 종교 개혁으로 개신교가 로마 가톨릭교회에서 분리되어 나올 때 영국을 중심으로 만들어진 국왕 중심의 교파입니다.

원자의 존재를 증명한 돌턴

돌턴은 다음과 같은 세 법칙을 통해 『화학 철학의 새로운 체계』 1부에서 원자의 존재를 증명했습니다.

① **질량 보존의 법칙**(1774년 프랑스, **앙투안 라부아지에**)

화학 반응이 일어나기 전 물질의 총질량과 화학 반응으로 생성된 물질의 총질량은 같다.

② **일정 성분비 법칙**(1799년 프랑스, **조제프 루이 프루스트** ^{Joseph Louis Proust})

한 화합물을 구성하는 원소의 질량비는 언제나 일정하다.

③ **배수 비례 법칙**(1808년 영국, **존 돌턴**)

두 원소의 화합 반응으로 두 종류 이상의 화합물이 만들어질 때 한 원소의 일정 질량과 반응한 다른 원소의 질량 사이에 간단한 정수 관계가 성립한다.

돌턴은 탄소 원자와 산소 원자가 결합하여 만들어진 분자 중에 탄소와 산소의 비율이 1:1인 분자와 1:2인 분자가 있다는 사실을 발견했습니다.

그는 이 관찰을 바탕으로 배수 비례 법칙을 제시했습니다.

돌턴의 원자설을 뒷받침하는 다섯 가지 원칙

돌턴이 생각한 원자는 다음과 같은 다섯 가지 원칙을 만족합니다.

1. 한 원소의 원자는 다른 원소의 원자와 다르다.

2. 같은 원소의 원자는 크기, 질량, 모양이 같다.

3. 모든 물질은 서로 다른 원자가 정수비로 결합하여 만들어진다.

4. 화학 반응은 원자와 원자의 결합이 변할 뿐, 새로운 원자가 만들어지거나 없어지지 않는다.

5. 모든 원소는 원자라는 작은 입자로 이루어져 있다.

부분 압력 법칙의 발견

1799~1801년 동안 돌턴은 물의 증기압을 조사해, 습윤 공기의 전체 압력은 건조 공기의 압력과 물의 증기압을 더한 값, 즉 혼합 기체의 각 성분이 독립적으로 압력에 관여한다는 부분 압력 법칙을 고안했습니다.

돌턴의 사고방식

가정교사와 강사 등의 직업으로 돈을 벌어야 했던 돌턴은 "교육을 하지 않고 부자가 되어도 연구에 투자할 시간이 늘 것 같지 않다"라고 말했다고 합니다.

연구하다 비는 시간에 학생을 가르치면서도 학문에 집중할 정도로 열정적이었던 돌턴의 연구를 향한 의지는 감동적일 정도입니다.

돌턴(달튼)의 이름을 딴 회사

돌턴의 위대한 업적에 감명받아 사명을 ㈜달튼으로 변경한 회사가 있습니다. 바로 일본의 과학 기기 및 연구 시설 제작 판매 회사인 ㈜산에이제작소입니다. 현 ㈜달튼의 회장인 야자와 히데토矢沢英人의 말에 따르면 창업인인 야자와 히데아키矢沢英明가 돌턴의 꺾이지 않는 노력과 눈부신 업적을 본받고자 1988년 회사 이름을 ㈜달튼으로 바꾸었다고 합니다. 실제 창립일은 9월 3일이지만, 돌턴의 생일인 9월 5일을 기념하기 위해 창립 기념일을 9월 5일로 정했다고 합니다.

현재 영국 맨체스터 메트로폴리탄대학에 돌턴의 동상이 있는데, 멀리 떨어진 일본에서도 이렇게 추앙받는다는 사실을 알면 돌턴은 어떻게 생각할까요?

맨체스터 메트로폴리탄대학에 있는 돌턴의 동상

| 오늘날의 원소 기호

현재 사용하고 있는 원소 기호는 1814년 스웨덴의 베르셀리우스가 고안한 표를 토대로 라틴어에서 한 글자 혹은 두 글자를 따 만들어졌습니다.

돌턴의 원소 기호	오늘날의 원소 기호			
	원소 기호	원소명	원소 기호	원소명
	H	수소	Sr	스트론튬
	N	질소	Ba	바륨
	C	탄소	Fe	철
	O	산소	Zn	아연
	P	인	Cu	구리
	S	황	Pb	납
	Mg	마그네슘	Ag	은
	Ca	칼슘	Au	금
	Na	나트륨	Pt	백금
	K	칼륨	Hg	수은

옌스 야코브 베르셀리우스 Jöns Jakob
Berzelius, 1799~1848

움살라대학에서 의학을 배우고 스톡홀름 외과 대학에 의약학 교수로 취임했으나 화학에도 관심이 있어 훗날 화학 교수가 되었습니다. 1802년에는 알렉산드로 볼타가 발명한 전지를 아연판과 구리판 60쌍으로 직접 만들어 치료 효과가 있는지 시험했습니다. 그리고 광물을 비롯해 여러 무기 화합물을 오랫동안 연구하며 분석했습니다.

화학 교과서를 집필했으며 1810년에는 스웨덴 아카데미의 회장이 되었고, 1812년 영국의 험프리 데이비와도 만났습니다. 토륨(Th)과 세륨(Ce)이라는 이름을 붙인 장본인이고 1824년에는 지르코늄(Zr)을 분리했습니다.

돌턴의 원소 기호가 적절하지 않다고 생각한 베르셀리우스는 1814년 라틴어의 첫 글자 혹은 처음 두 글자를 붙이는 위 표와 같은 체계를 제안함으로써 오늘날 사용하는 표기법의 기틀을 마련했습니다.

오늘날에도 원소와 화합물을 표기할 때 베르셀리우스의 표기법을 씁니다.

아보가드로

Amedeo Avogadro, 1776~1856 / 이탈리아

1776년 토리노의 관리 집안에서 태어나 법학 학위를 취득했습니다. 수학과 물리학을 독학으로 공부해서 과학 실험에도 숙달했으며 이후 토리노대학의 수리물리학 교수가 되었습니다.
1811년 온도, 압력, 부피가 같은 기체는 종류와 관계없이 분자 수가 같다는 가설을 발표했습니다. 그러나 이 가설은 아보가드로의 인지도가 없는 데다 내용을 이해하기 힘들었던 탓에 오랫동안 인정받지 못했습니다. 이탈리아의 화학자 **스타니슬라오 칸니차로**가 1860년에 열린 국제과학 회의에서 아보가드로의 법칙을 해설한 논문을 발표함으로써 아보가드로의 가설은 발표된 지 50년 만에 주목받을 수 있었 습니다. 칸니차로는 아보가드로의 법칙을 활용하면 원자량과 분자량을 정확하게 계산할 수 있다고 주장했습니다. 이후 아 보가드로의 법칙은 화학자 사이에서 천천히 뿌리내렸습니다.

| 대표 업적

지금은 1몰^{mol}의 기체는 1기압, 상온에서 6.02×10^{23}개의 분자를 포함하고 있다는 것이 잘 알 려져 있습니다. 6.02×10^{23}이라는 수는 대단히 크면서도 화학에서 보편적으로 쓰이는데, 그중 10^{23}에서 따 화학계에서는 10월 23일을 '몰의 날'로 기념합니다. 일본에서도 일본화학회를 중 심으로 매년 10월 23일에 특별한 강연회를 개최 합니다.

| 아보가드로의 논문과 50년 뒤의 평가

1811년에 발표한 논문 「단위 입자의 상대적 질량 및 이들의 결합비를 결정하는 하나의 방법」 에서 아보가드로는 "같은 온도, 같은 압력의 기 체에는 같은 부피일 때 같은 수의 분자가 존재한 다"는 법칙으로 분자의 존재를 증명했습니다.

더불어 기체 분자는 모두 2개의 원자로 이루어 져 있으며 반응에 따라 입자(원자)로 분리된다고 도 주장했습니다. 그러나 돌턴의 원자설을 믿은

과학자들은 같은 종류의 원자에서 2개의 원자가 만들어지기는 어렵다며 이 주장을 반박했습니다.

베르셀리우스는 전기력이 화학 결합의 본질이 라고 주장했습니다. 같은 종류의 원자끼리는 반 발한다고 생각했기 때문입니다. 같은 종류의 원 자로 분자를 만들 수 있다는 이론을 설명하려면 양자역학이 등장할 때까지 기다려야 합니다(10장 참조).

아보가드로의 논문은 처음에는 반응을 얻 지 못했지만, 이후 증보되어 「무게가 있는 물체 의 물리학 혹은 일반적인 구성의 물리학」이라는

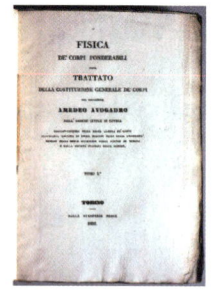

「무게가 있는 물체의 물리 학 혹은 일반적인 구성의 물리학」 표지
가나자와 공업대학 라이브러리 센터 소장

이름으로 세상에 알려졌습니다. 같은 이탈리아의 화학자 칸니차로가 1860년 독일 카를스루에[Karlsruhe]에서 열린 국제과학회의에서 아보가드로의 논문을 소개한 것이 그 계기였습니다.

안타깝게도 아보가드로는 카를스루에 회의가 열리기 4년 전인 1856년 세상을 떠났습니다. 한편 이 회의에는 주기율표를 만든 드미트리 멘델레예프도 참석했는데, 그는 매우 감명 깊었다는 소감을 밝혔습니다.

카를스루에 회의에서 원자량, 분자량, 화학식 등을 발표한 칸니차로는 혼란한 상황을 타파하려면 아보가드로의 가설을 적용해야 한다고 주장했습니다. 아보가드로의 법칙을 활용하면 같은 온도, 같은 압력에서 부피가 같은 기체의 무게를 비교함으로써 분자의 상대 질량, 즉 분자량을 구할 수 있기 때문입니다.

스타니슬라오 칸니차로[Stanislao] Cannizzaro, 1826~1910

이탈리아 시칠리아섬 팔레르모에서 태어난 화학자로 팔레르모에서 의학을, 피사에서 화학을 배웠습니다. 시칠리아 혁명 당시 의용군으로 참여했으며 이후 팔레르모로 돌아와 로마대학 교수 겸 유기화학자로 수많은 업적을 남겼습니다.

1858년 유기화학 반응인 '칸니차로 반응'을 발견했습니다.

아보가드로가 발표한 기체 반응 법칙

아보가드로는 온도, 압력, 부피가 같을 때 기체의 화학 반응에서 간단한 정수비가 성립한다는, 이른바 기체 반응 법칙을 주장했습니다.

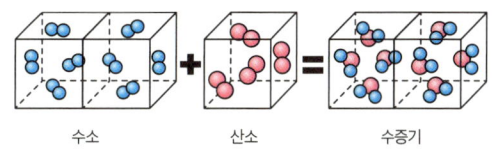

수소　　산소　　수증기

[그림 1] 수소와 산소가 반응하면 물이 만들어진다

아보가드로수

산소 분자의 분자량은 32이므로 32g, 즉 1mol의 부피는 0℃, 1기압일 때 22.4ℓ입니다.

이 안에 들어 있는 산소 분자의 개수가 바로 아보가드로수, $N_A = 6.02 \times 10^{23}$입니다.

몰은 국제단위계(SI)인 7개의 기본 단위 중 하나로, 초(시간), 미터(길이), 킬로그램(질량), 암페어(전류), 켈빈(열역학적 온도), 칸델라(광도)와 함께 물질량의 기본 단위입니다.

정확한 아보가드로수

1908년, 프랑스의 장 바티스트 페랭(1926년 노벨 물리학상 수상자, 105쪽)은 꽃가루의 브라운 운동을 관측함으로써 약 6×10^{23}이라는 수를 구했습니다. 원고를 쓰고 있는 현재 2019년 5월 20일 기준 아보가드로수의 정의는 $6.02214076 \times 10^{23}$/mol입니다.

이 책의 저자 중 한 사람인 후지시마 아키라는 아보가드로가 활약한 토리노대학에서 열린 신축 캠퍼스의 개관식 특별 행사에 초대받은 적이 있습니다. 명예 박사 학위와 함께 특별 강연도 진행했는데, 가장 감동한 순간은 아보가드로가 교수로서 강의했던 교실을 방문했을 때라고 합니다.

토리노대학에서 받은 명예박사 학위

2장

수소, 산소의 발견과 플로지스톤설

헨리 캐번디시 *Henry Cavendish* | 1731~1810년
"수소를 발견했다."

＊

조지프 프리스틀리 *Joseph Priestley* | 1733~1804년
"산소의 발견을 가장 먼저 발표했다."

＊

칼 빌헬름 셸레 *Carl Wilhelm Scheele* | 1742~1786년
"프리스틀리보다 일찍 산소를 발견했다."

기본적인 기체인 수소, 산소, 질소 등의 생성 과정과 물성이 밝혀진 시기는 지금으로부터 약 250년 전입니다.

오늘날에는 유기물이 연소하면 산소와 반응하여 이산화탄소와 물이 생성된다는 사실을 모두 알고 있지만, 18세기 후반에는 열소(플로지스톤)가 연소에 중요한 역할을 한다고 믿었습니다. 21세기를 사는 우리로서는 믿기 어렵지만, 이번 장에서 소개할 헨리 캐번디시, 조지프 프리스틀리, 칼 셸레 모두 플로지스톤설의 열렬한 지지자였습니다.

플로지스톤설의 내용은 다음과 같습니다.

고대 사람들은 흙, 물과 함께 불도 원소라고 생각했습니다. 18세기 전후 독일의 요한 베허^{Johann Becher}와 게오르크 슈탈 같은 학자들은 이를 바탕으로 플로지스톤설을 제창했습니다. 나무와 기름처럼 잘 타는 물질에는 활력으로 가득한 플로지스톤이라는 원소가 다량 함유되어 있으며, 이를 태우면 플로지스톤이 나온다는 학설이 플로지스톤설입니다. 종이와 나무를 태우면 재가 약간 남는데, 당시 사람들은 종이와 나무가 원래 재와 플로지스톤으로 이루어져 있다고 생각했습니다.

공기는 원소가 아니라 적어도 두 종류의 기체로 이루어져 있는데, 한 기체는 연소와 호흡을 유지하고 다른 기체는 그렇지 않다는 사실이 18세기 중반부터 활발해진 기체화학 연구로 밝혀졌습니다. 기체는 물질의 상태이며 다양한 기체가 존재한다는 인식도 자리 잡았습니다. 그러나 화학자들은 여전히 플로지스톤설을 토대로 화학 현상을 이해하려 했습니다. 기체화학의 발전에 크게 이바지한 프리스틀리와 셸레는 우수한 실험자로서 새로운 현상을 많이 발견했으나 이론과 체계를 세우지는 못했습니다.

3장에서 설명하겠지만, 근대적인 화학으로 거듭나기 위해서는 영국의 화학자 조지프 블랙에 의해 정립된 정량적 방법으로 화학 현상을 심도 있게 연구하고 결과를 체계화하는 과정이 필요했습니다. '화학 혁명'이라는 변혁이 일어나면서 근대 화학이 탄생했는데, 이를 추진한 인물이 앙투안 라부아지에였습니다. 수많은 사람이 지지했던 플로지스톤설을 부정한 18세기 후반의 과학자 라부아지에는 화학의 본질을 꿰뚫었으며 눈부신 업적을 수없이 쌓은 인물입니다. 그러나 안타깝게도 프랑스 혁명 당시 50세의 나이로 단두대에 처형된 인물이기도 합니다. 라부아지에는 3장에서 자세히 소개하겠습니다.

| 플로지스톤설

17세기까지는 주석, 납, 수은 등 일부 금속도 공기 중에서 강한 불로 태우면 연소해서 재 상태의 물질이 된다고 알려져 있었지만, 18세기 사람들은 이 현상을 두고 금속에도 플로지스톤이 들어 있다고 생각했습니다.

금속이 탄성이 크고 광택이 나는 이유는 플로지스톤 때문이고, 연소 반응으로 플로지스톤이 빠져나가면 광택과 탄력이 사라져 재가 된다고 설명한 것입니다.

플로지스톤설을 처음으로 주장한 인물은 독일의 의사이자 화학자인 슈탈입니다.

플로지스톤설에 따르면 연소는 플로지스톤이 빠져나가는 변화를 일컫는 현상이고, 공기는 플로지스톤을 담는 그릇입니다.

게오르크 슈탈Georg Stahl, 1660~1734

독일의 의사이자 화학자입니다. 예나대학에서 의학을 배우고 1684년 학위를 취득했습니다. 모교에서 화학을 가르쳤는데 학생들은 그를 훌륭한 교수로 평가했다고 합니다. 할레대학 의학부를 창설했으며 이후 프로이센 황제의 주치의 자리에 올랐습니다.

그가 스승으로 모신 **요한 베허** 1635~1682는 "모든 광물과 금속에는 특성을 부여하는 세 가지 흙(원소)이 있으며 그중 하나가 기름 성분의 흙인 플로지스톤"이라고 주장했습니다.

슈탈은 이를 토대로 플로지스톤설을 제안했다고 합니다. 연소 현상을 정성적으로 설명할 수 있는 학설이었기에 많은 사람이 18세기 후반까지 플로지스톤설을 지지했습니다.

가령 아연이 연소하면 플로지스톤이 빠져나가 금속의 광택을 잃어버리지만, 플로지스톤이 빠진 아연을 목탄과 함께 가열하면 목탄의 플로지스톤을 받은 아연이 금속의 광택을 되찾는다고 합니다.

캐번디시를 비롯하여 수많은 과학자가 플로지스톤설을 믿었습니다.

그러나 **라부아지에**1743-1794는 정밀 저울을 이용한 실험으로 밀폐된 용기에서 금속을 태워도 질량이 변하지 않는다는 결과를 확인했습니다. 이를 토대로 그는 화학 반응에서 반응 전 물질의 총질량과 반응 후 생성물의 총질량이 같다는 질량 보존의 법칙(1788년)을 제안했습니다. 이 제안이 받아들여지면서 플로지스톤설은 역사 속으로 사라졌습니다.

지금은 플로지스톤이라는 이름조차 모르는 사람이 많지만, 18세기 후반 화학계에서 플로지스톤은 화제의 중심이었습니다.

라부아지에는 고온에서 금속과 화합물이 산소와 반응하여 연소가 일어난다고 설명했습니다.

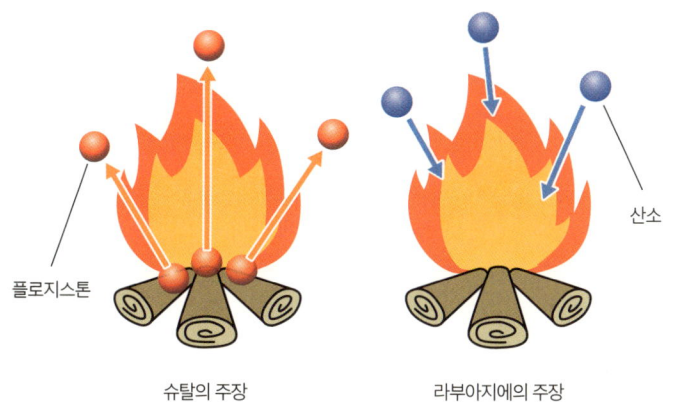

플로지스톤

산소

슈탈의 주장

라부아지에의 주장

캐번디시

Henry Cavendish, 1731~1810 / **영국**

영국의 화학자이자 물리학자로 프랑스 남부 니스에서 태어났습니다. 두 살 때 어머니가 세상을 떠난 뒤로 영국의 데번 공작가 2대 가주로서 막대한 재산가에 과학에도 조예가 깊었던 아버지와 함께 생활했습니다. 캐번디시는 3대 가주가 되어서도 저택에서 나오지 않고 연구에 몰두했습니다. 수소 원자 2개와 산소 원자 1개로 물이 만들어지는 현상을 증명하는 등 수많은 발견을 했습니다. 당시 실험의 정밀도를 생각하면 캐번디시의 정량적인 연구는 놀라울 정도로 정확했다고 합니다.

| 대표 업적

1766년 왕립학회에서 아연, 철, 주석 등의 금속을 묽은 황산이나 묽은 염산에 녹이면 가연성 기체가 발생한다는 내용의 논문을 발표했습니다. 이때 발생한 기체의 무게는 일반 공기의 11분의 1인데, 이 기체의 정체가 바로 수소입니다.

가연성 기체는 그 전부터 발견되었지만, 일산화탄소나 탄화수소 기체와 혼동되는 등 명확하게 밝혀지지는 않았습니다. 캐번디시는 자신이 믿었던 플로지스톤설을 토대로 실험 결과를 고찰했고, 플로지스톤이 가연성 공기의 정체라고 생각했습니다.

1784년 캐번디시는 프리스틀리의 '탈플로지스톤 공기(산소)'가 있는 환경에서 '가연성 공기(수소)'를 연소하면 물이 만들어진다고 발표했습니다. 같은 해에 그는 밀폐된 용기 안에 공기와 수소를 집어넣고 전기 불꽃을 일으키면 소량의 물이 벽에 맺힌다는 실험 결과를 발표했습니다. 즉 산소와 수소로 물을 만든 것입니다.

1785년에는 공기가 들어 있는 밀폐 용기 안에서 전기 불꽃을 꺼뜨려 질산을 만드는 실험을 했습니다. 이때 산소를 보충하는 동시에 방전시켜서 만들어진 질산을 제거하자 소량(전체 부피의 120분의 1)의 기체가 남았습니다. 이 기체는 후일 영국의 물리학자 존 윌리엄 스트럿, 일명 레일리 경(60쪽)이 발견한 알코올이었습니다.

| 캐번디시의 이색적인 면모

① 사교 활동을 꺼렸으며 특히 여성과는 얼굴도 마주 보지 못했다.
② 영국에서 명문 중의 명문 출신으로 막대한 재산이 있었지만 일절 사치를 부리지 않고 실험에 투자했다.
③ 연구에만 몰두하며 생애를 보냈지만, 살아 있는 동안 실험 결과를 거의 발표하지 않았다.

캐번디시가 대인 관계를 꺼리는 특이한 성격이었다는 기록을 여러 문헌에서 찾아볼 수 있지만, 그는 1784년 당시 53번이나 열린 왕립학회 회원 모임에 전부 출석했다고 합니다. 그러나 명예욕은 전혀 없었던 듯합니다(사토 미쓰히코 지음, 『과학 호사가 열전』, 도쿄토쇼슛판, 2006).

캐번디시의 연구 성과(발표·미발표 포함)

발표한 주요 논문은 총 18편이며, 대부분은 왕립학회에서 발행하는 학술지 《왕립학회 철학회보》에 게재되었음

1766년 아연, 철, 주석 등의 금속을 산으로 녹이면 수소가 발생한다.
1784년 산소와 수소가 만나면 물이 만들어진다.
1798년 지구의 밀도를 측정했다.

발표되지 않은 성과

캐번디시의 연구는 대부분 발표되지 않았는데, 1839년 영국과학진흥협회British Association for the Advancement of Science 모임에서 다른 사람에 의해 화학과 열학에 관한 미발표 원고가 공개된 적도 있었다고 합니다.

일본의 과학사학자 고야마 게이타小山慶太는 저서 『이색적인 과학자異貌の科学者』(마루젠, 1991)에서 캐번디시가 얼마나 대단한 인물인지 다음과 같이 묘사했습니다. "홀로 집에 틀어박혀 밤낮을 가리지 않고 연구하고 정밀도가 높은 실험을 하여 자신의 노트에 결과를 남기는 것만으로 만족한 캐번디시." 100년 뒤에 제임스 클러크 맥스웰James Clerk Maxwell은 그가 남긴 방대한 기록을 해석하고 재현 실험에 관한 보고서를 작성했습니다. 맥스웰 또한 전자기학의 기초인 맥스웰 방정식을 고안한 초일류 연구자였습니다.

1879년 케임브리지대학 출판부에서 출판한 맥스웰의 『헨리 캐번디시 전기학 논문집』에는 캐번디시가 지금까지 발표하지 않은 연구 중 다음과 같은 내용이 포함되어 있었다고 합니다.

쿨롱의 법칙
옴의 법칙
패러데이의 법칙
잠열의 개념

『헨리 캐번디시 전기학 논문집』

보통 과학자라면 실험 결과를 서둘러 발표해서 자신의 업적을 세상에 알리는 것이 일반적이겠지만, 캐번디시는 스스로 이해하는 것으로 만족했던 듯합니다. 오늘날에도 연구 성과를 발표하는 가장 주목받는 학술지는 영국의 《네이처Nature》인데, 이 잡지의 소유주가 캐번디시 가문이라고 합니다.

캐번디시 연구소

헨리 캐번디시는 수소의 발견 외에도 인상적인 연구를 수없이 실행했는데, 캐번디시 연구소는 그의 먼 친척인 케임브리지대학 총장 윌리엄 캐번디시William Cavendish가 발안하고 거액을 기부하여 1874년에 창설한 기관입니다.

케임브리지대학은 신학이 학문의 중심이던 당시 입지가 약했던 실험물리학의 연구와 교육을 강화하고자 했습니다.

초대 연구소장 맥스웰은 위에서 설명한 것처럼 캐번디시의 위대한 업적을 세상에 알리기 위해 힘썼습니다.

이후 연구소장으로 취임한 어니스트 러더퍼드Ernest Rutherford는 눈부신 활약을 보였습니다. 우라늄에서 알파(α)선과 베타(β)선 등 두 종류의 방사선이 나온다는 사실과 알파선이 베릴륨의 원자핵에서 발생한다는 사실을 밝혀냈고, 전자가 원

자핵 주위를 도는 원자 모형도 제안했습니다. 러더퍼드가 소장이 되면서 캐번디시 연구소는 중성자를 발견한 제임스 채드윅$^{James Chadwick}$, DNA의 구조를 밝힌 프랜시스 크릭$^{Francis Crick}$과 제임스 왓슨$^{James Watson}$을 비롯하여 수많은 노벨상 수상자를 배출하는 등 황금시대를 맞이했습니다.

플러스 + 1

수소란 무엇일까요?

수소 원자는 양성자 1개와 전자 1개로 이루어진 입자로, 모든 원자를 통틀어 가장 구조가 단순하고 가벼운 원자입니다.

기체 상태의 수소는 수소 원자 2개가 결합한 분자인데, 양성자 2개의 무게가 실질적인 무게이므로 수소는 다른 기체보다 가볍습니다.

물론 질소 분자(N_2)와 산소 분자(O_2)가 주성분인 공기보다 수소 분자(H_2)가 훨씬 가볍습니다. 18세기에 사람들이 주목한 부분 역시 공기보다 가볍다는 성질이었습니다.

1783년, 파리 시민들은 매일같이 하늘을 올려다보았습니다. 오늘날 샤를의 법칙으로 유명한 프랑스의 물리학자 샤를이 당시 발견된 지 얼마 안 된 매우 가벼운 기체인 수소를 대량으로 발생시키는 장치를 개발했고, 수소를 집어넣은 공기 주머니를 만들어 하늘을 자유롭게 날고 싶다는 인류의 꿈을 실현했기 때문입니다.

그런데 수소는 그에 앞서 1766년에 발견된 기체입니다. 영국의 물리학자이자 화학자인 캐번디시가 발견하고 '플로지스톤 기체'라고 명명했습니다. '수소'라는 이름을 붙인 사람은 플로지스

수소의 동위 원소

수소
(^1H, Protium)
양성자 1개와 전자 1개로 이루어져 있으며 경수소라고도 한다. 질량은 1이다. 안정 동위 원소이며 수소 중 99.9885%를 차지한다.

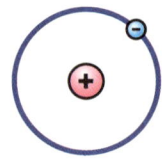

중수소
[^2H 또는 D(Deuterium)]
양성자 1개와 중성자 1개로 이루어진 원자핵 주위를 전자 1개가 도는 구조다. 질량은 2이다. 안정 동위 원소이며 수소 중 0.0115%를 차지한다.

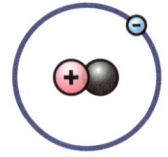

삼중수소
[^3H 또는 T(Tritium)]
양성자 1개와 중성자 2개로 이루어진 원자핵 주위를 전자 1개가 도는 구조다. 질량은 3이다. 방사성 동위 원소이지만 자연계에도 극미량이 존재한다.

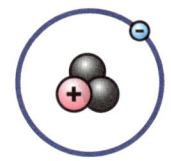

 양성자   ● 중성자   ⊖ 전자

톤설을 부정한 프랑스의 화학자 라부아지에로, 샤를이 기구를 타고 날기 2년 전인 1781년의 일입니다.

수소 중에는 원자에 들어 있는 양성자의 수는 같은데 무게가 다른 동위 원소가 있습니다. 보통 수소 원자는 양성자 1개와 전자 1개로 이루어져 있습니다. 주기율표상 헬륨 이후의 원자는 모두 원자핵에 중성자가 있지만, 일반적인 수소에는 중성자가 없습니다. 그러나 드물게 중성자가 있는 수소도 있는데, 이를 중수소重水素라고 합니다. 각각 1개의 양성자, 중성자, 전자로 이루어진 원

자입니다. 대기 중에 존재하는 수소 중 0.0115%가 중수소입니다.

중성자가 2개인 삼중수소라는 원자도 있습니다. 삼중수소는 중수소보다 더 희귀한데, 지구상에 존재하는 모든 삼중수소를 모아도 약 10kg밖에 되지 않는다고 합니다.

다른 원소의 동위 원소와 비교하면 수소의 동위 원소들끼리는 성질의 차이가 매우 큽니다. 수소의 질량은 1, 중수소는 2, 삼중수소는 3입니다. 질량이 각각 2배, 3배 차이 나는 만큼 화학적 성질에도 큰 영향을 끼칩니다. 실제로 수소를 중수소로 치환한 화합물은 반응 속도를 비롯한 화학적 성질이 달라집니다. 이를 동위 원소 효과라고 합니다.

위에서 소개한 세 가지 동위 원소 외에도 사중수소(^{4}H, 수소-4), 오중수소(^{5}H, 수소-5) 등 더 무거운 인공 동위 원소도 존재합니다.

우주부터 우리의 몸에 이르기까지 존재하는 원소의 비율

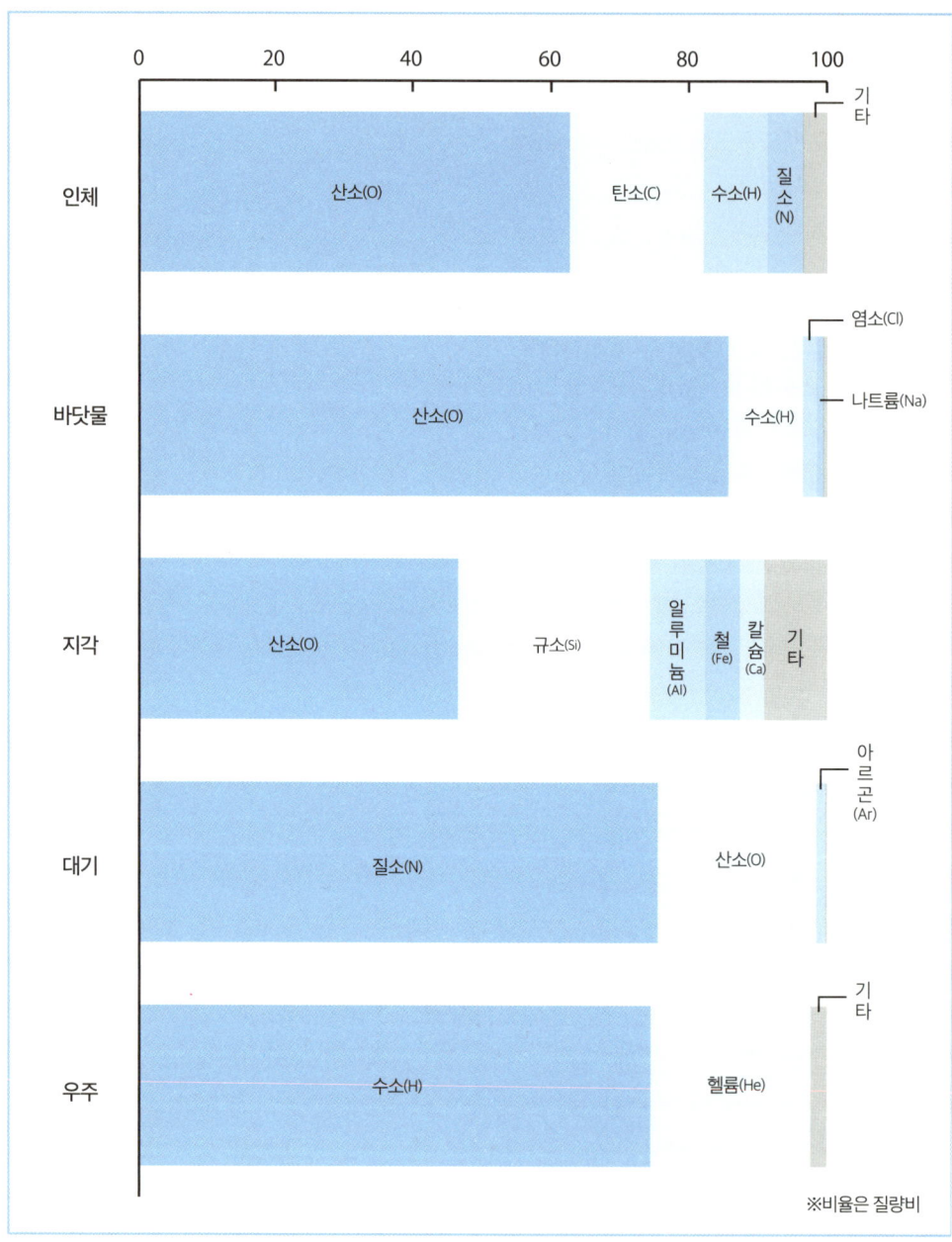

수소, 산소, 질소, 탄소, 규소, 헬륨이 많군요. 물론 비율이 낮고 극미량만 존재하는 원소도 저마다 중요한 역할을 합니다.

★ ★ ★

"인생을 사랑한다면 시간을 낭비하지 마라.
시간은 인생을 구성하는 재료다."

벤저민 프랭클린Benjamin Franklin | 1706~1790

프리스틀리

Joseph Priestley, 1733~1804 / 영국

원단 가공업 집안의 아들로 태어나 장로교회의 목사가 되었고, 영문법 서적과 역사서를 집필했습니다. 런던에서 미국의 **벤저민 프랭클린**Benjamin Franklin을 알게 되었고, 『전기의 역사와 현황The History and Present State of Electricity』이라는 책을 펴냈습니다. 1767년 리즈에서 목사 생활을 하며 화학 실험을 병행했습니다. **산소**를 비롯하여 **산화질소, 염화수소, 암모니아, 이산화황** 등 새로운 기체를 분리하는 연구를 했습니다.

프리스틀리는 당시 널리 퍼져 있던 열소, 즉 플로지스톤설을 마지막까지 믿었습니다. 종교적인 혼란을 피해 1794년 미국으로 건너갔지만, 미국에서는 화학 연구를 하지 않았습니다. 그런데도 미국화학회에서 수여하는 최고의 상은 오늘날에도 프리스틀리 메달이라고 부릅니다.

| 가장 중요한 업적은 산소의 발견

신학자로서 평생에 걸쳐 100권 이상의 크고 작은 신학서를 펴냈으며 『물질과 정신에 관한 논문Disquisitions Relating to Matter and Spirit』 등의 저작도 남겼습니다. 프리스틀리는 정치 상황이 격동적이었던 시대에 파란만장한 인생을 살았던 매우 흥미로운 인물로, 목사, 신학자, 교육자, 과학자, 발명가, 자연철학자, 정치철학자 등 놀라우리만치 다양한 방면에서 활약했습니다.

그는 1767년 리즈에서 목사 생활을 할 때부터 기체화학 연구를 시작했습니다. 양조장 근처에 살면서 발효액 표면에서 발생하는 탄산가스(CO_2)의 성질과 조절 방법을 연구했습니다. 탄산가스를 물에 녹인 소다수도 프리스틀리가 이 당시 발명한 결과물입니다. 1772년 셸번Shelburne 백작의 사서가 되면서 넉넉한 연구 시간을 확보한 그는 기체를 폭넓게 연구하며 산소를 시작으로 수많은 기체를 발견했습니다. 화학자로서 가장 생산적으로 활동한 시기이기도 합니다.

프리스틀리의 가장 중요한 업적은 산소의 발견입니다. 1774년 수은을 공기 중에서 가열하여 얻은 붉은색 수은 재(HgO)를 12인치(약 30.5cm)짜리 렌즈로 태양 빛을 모아 가열하자 기체가 발생하면서 수은 재는 수은으로 돌아왔습니다. 발생한 기체는 물에 녹지 않았고, 이 기체를 불어넣자 촛불이 더욱 밝게 타오르고 달궈진 숯도 더 강렬하게 타올랐습니다. 생쥐를 대상으로 호흡에 미치는 영향을 분석한 결과, 일반 공기가 들어 있는 용기에 넣은 생쥐보다 기체를 채운 용기에 넣은 생쥐가 더 오래 살았습니다. 위와 같은 실험을 통해 새로운 기체(산소)를 발견한 프리스틀리는 이 기체가 일반적인 공기보다 연소 반응과 호흡을 오래 유지한다는 결론에 이르렀습니다(3장 라부아지에 참조).

프리스틀리는 화학 역사상 누구보다도 새로운 기체를 많이 분리하고 연구한 인물입니다. 산소 외에도 산화질소, 염화수소, 암모니아, 이산화황(SO_2), 사플루오린화규소(SiF_4) 등의 기체를 체계적으로 연구했으며 물에 녹였을 때의 용해도, 불을 유지하거나 꺼뜨리는 능력, 호흡에 미치는 경향 등도 분석했습니다.

프리스틀리의 기체 연구, 특히 1772년부터 수년에 걸친 연구 활동과 라부아지에와의 관계에 대해서는 시바타 가즈코柴田和子의 『과학사·과학론科學史·科學論』(교리쓰슛판, 2014)에 자세히 쓰여 있습니다.

1791년 성공회 교도와 국왕을 지지하는 폭도의 습격을 받아 살던 집과 예배당을 잃은 프리스틀리는 런던으로 피신했습니다. 이후 1794년 미국으로 이주했고, 영국으로 돌아오지 못한 채 1804년 세상을 떠났습니다. 미국에서는 화학 연구를 거의 하지 못했지만, 그의 존재는 미국인들에게 화학에 대한 흥미를 일깨웠습니다. 미국화학회에서 수여하는 최고의 상인 프리스틀리 메달은 그를 기리고자 제정되었습니다.

기술과 창의력이 뛰어난 화학자 프리스틀리는 짧은 시간 동안 다양한 기체를 연구하여 기체화학의 발전에 크게 이바지했습니다.

프리스틀리의 활약상

생애	연대	거주지
청소년 시절	1733~1755년	리즈 근교
목사 시절	1755~1761년	서퍽, 체셔
워링턴 아카데미 시절	1761~1767년	워링턴
리즈 시절	1767~1773년	리즈
셸번 백작가 시절	1773~1780년	런던, 칸
버밍엄 시절	1780~1791년	버밍엄
해크니 시절	1791~1794년	런던
미국에서 보낸 노년 시절	1794~1804년	미국(노섬벌랜드)

| 프리스틀리 메달

1774년 8월 1일은 프리스틀리가 산소를 발견한 날로 알려져 있으며, 1874년에는 프리스틀리가 지은 미국 노섬벌랜드의 영국풍 저택에서 산소 발견 100주년을 기념하는 행사가 열렸습니다. 이때 미국 전역의 화학자들이 처음으로 한자리에 모였으며, 2년 후인 1876년 미국화학회가 설립되었습니다. 이를 계기로 1922년 프리스틀리 메달이 제정되었고, 오늘날까지 미국화학회 최고의 상으로 자리매김했습니다. 프리스틀리 메달 수상자 중에는 노벨상을 받은 과학자도 많습니다.

최근 12년 동안 프리스틀리 메달을 받은 과학자는 다음과 같습니다.

연도	수상자
2010년	리처드 자레Richard Zare
2011년	아메드 즈웨일Ahmed Zewail
2012년	로버트 랭어Robert Langer
2013년	피터 J. 스탱Peter J. Stang
2014년	스티븐 리퍼드Stephen Lippard
2015년	재클린 바턴Jacqueline Barton
2016년	무스타파 A. 엘사예드Mustafa A. El-Sayed
2017년	토빈 마크스Tobin Marks
2018년	제럴딘 리치먼드Geraldine Richmond
2019년	배리 샤플리스Barry Sharpless
2020년	조앤 스터브JoAnne Stubbe
2021년	폴 알리비사토스Paul Alivisatos

뒷이야기

제품화에도 뛰어났던 프리스틀리

1767년, 맥주 양조장 옆에 살았던 프리스틀리는 큰 용기에 보리와 홉과 발효용 효모를 넣었을 때 액체 표면에 거품이 생기면 표면으로부터 20~30cm 떨어진 위치에 무거운 기체가 생긴다는 사실을 발견했습니다. 이 기체를 물에 녹이면 당시 사람들 사이에서 화제였던 광천수와 똑같은 물, 즉 이산화탄소가 녹아든 **소다수(사이다)**가 만들어졌습니다. 여기서 힌트를 얻은 프리스틀리는 소다수 제조 장치를 만들었다고 합니다.

그가 상품화한 또 다른 물건은 지우개입니다. 프랑스인이 남아메리카에서 가져온 생고무로 한 변의 길이가 약 3cm인 정육면체를 만들었는데, 무언가를 문지른다rub는 뜻에서 '러버rubber'라고 불렸습니다. 이것이 지우개의 기원입니다.

셸레

Carl Wilhelm Scheele, 1742~1786 / 스웨덴

스웨덴의 화학자입니다. 독일인 상인의 아들로 태어났으며, 스웨덴 예테보리에서 약사의 제자로 일하면서 화학에 흥미가 생긴 뒤로 스웨덴 각지에서 약사로 활동하는 한편 화학을 연구했습니다. 가장 유명한 셸레의 업적은 산소와 염소의 발견입니다.

| 셸레도 산소를 발견했다

칼 셸레는 프리스틀리보다 조금 이른 시기에 독자적으로 산소를 발견한 인물입니다. 그는 공기가 연소 및 호흡을 유지하는 기체와 그런 작용을 하지 않는 기체, 두 종류로 이루어져 있다고 믿었습니다. 후자는 나중에 질소로 밝혀졌습니다. 금속의 재를 가열해서 연소 작용을 유지하는 기체(산소)를 발견한 셸레는 이를 불의 공기라고 불렀습니다.

그는 1773년 책으로 이 사실을 공개했지만, 서문을 부탁한 사람의 집필이 늦어지는 바람에 1777년까지 출판하지 못했습니다. 그 탓에 프리스틀리가 산소를 발견한 1774년 당시 사람들은 셸레가 이미 산소를 발견했다는 사실을 알지 못했습니다.

프리스틀리와 마찬가지로 플로지스톤설의 신봉자였던 셸레는 연소 반응에서 산소가 어떤 역할을 하는지 정확히 이해하지 못했습니다.

그는 자신의 뛰어난 분석 기술을 활용해 산소 외에도 흑연을 비롯한 여러 무기물(무기산, 비소산, 몰리브데넘산 등)과 유기물(주석산, 옥살산, 젖산, 카세인산 등)을 발견하여 화학에 크게 이바지했습니다.

| 연구에 필요한 조건

연구자 중에는 귀족으로 태어나 넓은 저택에 살며 자금을 아낌없이 투자했던 캐번디시 같은 사람도 있었고, 징세 청부업으로 번 돈으로 넓은 관사를 세워 실험실로 쓰며 큰 연구 성과를 이룬 라부아지에 같은 사람도 있었습니다. 한편, 셸레는 그들과는 정반대의 인물입니다.

집이 가난했던 셸레는 14세에 약사의 도제로 일하기 시작했는데, 그의 사정을 이해해 준 스승 바우흐^{Bauch}는 8년 동안 일을 도우면서 화학을 배워 보라고 격려해 주었습니다. 다음 일터의 스승이었던 스웨덴 말뫼의 약사 켈스트롬^{Kjellström} 역시 그가 일하면서 화학 실험을 할 수 있도록 여러모로 편의를 봐주었다고 합니다.

이후 웁살라로 향한 셸레는 웁살라대학의 광물화학 교수였던 토르베른 베리만^{Torbern Bergman, 1735-1784}에게 인정받게 됩니다. 베리만의 협력 덕에 셸레는 광물학과 화학을 심도 있게 공부하고 다양한 시료를 활용한 실험도 할 수 있었습니다. 1775년에는 스웨덴 왕립 과학아카데미의 회원으로 선출되었습니다.

공간이 넓지 않으면서도 다양한 약품으로 둘러싸인 약국은 의외로 화학 실험에 적합했을지도 모릅니다. 그는 창가에 둔 염화은이 까맣게 변하는 현상을 통해 사진의 기본 원리를 발견했습니다.

셸레는 환경이 아니라 재능과 의욕과 노력이 있다면 충분히 연구 성과를 낼 수 있음을 보여 준 대표적인 인물입니다.

연도	나이	셸레의 경력과 업적
1742년	0세	슈트랄준트(현 독일령, 전 스웨덴령)의 상인 집안에서 11명의 형제 중 일곱째로 태어났다.
1756년	14세	예테보리의 견습 약사가 되었다. 이후 말뫼, 스톡홀름의 약국에서 일했다.
1768년	26세	옥살산을 연구했다(최초의 논문).
1769년	27세	주석산을 분리했다. 웁살라의 약국으로 일터를 옮겼으며 이 시기에 새로운 물질을 차례차례 발견했다.
1770년	28세	뼈에서 인을 추출했다.
1771년	29세	플루오린화수소를 연구했다. 산소의 존재를 발견했다(1773년 집필, 1777년 출판).
1774년	32세	이산화망가니즈와 염산을 가열하여 염소를 발견했다.
1775년	33세	망가니즈, 바륨, 비소산, 아르신을 발견했다. 빛에 반응하는 염화은의 작용을 발견했다. 스웨덴 과학아카데미 회원이 되었다. 셰핑의 약국 관리인이 되었다.
1777년	35세	황화수소를 발견했다.
1778년	36세	몰리브데넘을 발견했다.
1779년	37세	글리세린을 발견했다(1783년이라는 기록도 있다).
1780년	38세	젖산을 발견했다.
1781년	39세	텅스텐산을 발견했다.
1782년	40세	사이안화수소, 시트르산, 말산 등을 발견했다.
1786년	43세	세상을 떠났다(5월 21일).

짧지만 감동적이었던 셸레의 연구 인생

야스다 도쿠타로安田德太郎와 가토 다다시加藤正가 옮긴 『다네만 대자연 과학사 제5권』의 312~325쪽에는 셸레가 남긴 논문의 주요 부분에 대한 해설이 실려 있습니다.

셸레는 황과 탄산칼륨의 공융 혼합물(둘 이상의 금속 용해물 또는 합금의 혼합물 - 옮긴이)을 용액에 넣고 밀폐했을 때 공기의 20%가 약 2주 동안 흡수되는 실험을 통해 산소의 존재를 고찰했습니다. 잘게 갈아서 으깬 이산화망가니즈에 진한 황산을 넣고 가열해서 산소를 발생시키는 실험을 통해 얻은 기체에 촛불을 가져다 대면 불꽃이 크게 타오르는 현상도 관찰했습니다. 그리고 물속에 사는 물고기들이 물에 잘 녹는 산소의 성질을 이용한다는 기록도 남겼습니다.

셸레는 산소, 질소 외에도 염화수소, 암모니아, 산화질소 등의 기체를 연구하여 유기화학에 크게 공헌했습니다. 옥살산, 말산 등의 생성 실험도 했고 산화납을 반응시켜 올리브유에서 글리세린을 분리하는 데도 성공했습니다.

일본에서 출판된 『화학사로의 초대化学史への招待』(화학사학회 엮음, 옴샤, 2019)에는 우치다 마사오內田正夫의 자세한 해설과 함께 셸레가 발견·분석한 화합물 및 실험 방법이 소개되어 있습니다.

『다네만 대자연 과학사 제5권』
(산세이도, 1942)

3장 ▸ 탄산가스, 질소의 발견과 라부아지에

조지프 블랙 *Joseph Black* | 1728~1799년
"탄산가스를 발견했다."

*

대니얼 러더퍼드 *Daniel Rutherford* | 1749~1819년
"질소를 발견했다."

*

앙투안 로랑 라부아지에 *Antoine Laurent Lavoisier* | 1743~1794년
"질량 보존의 법칙을 발견했다."

우리는 눈에 보이지 않아도 공기가 존재한다는 사실을 알고 있고, 공기에 둘러싸여 살고 있습니다. 공기는 투명하고 냄새도 없습니다. 마찬가지로 수소, 산소, 질소, 탄산가스 역시 투명하고 무색무취한 기체입니다.

공기는 그리스 시대부터 주요한 원소 중 하나로 여겨졌지만, 18세기에 들어서야 산소와 질소가 공기의 주요 구성 기체임이 밝혀졌습니다.

그보다 조금 앞서 수소가 가벼운 기체이며 산소는 무언가를 태울 때나 동물이 호흡할 때 없어서는 안 될 기체임이 캐번디시에 의해 밝혀졌습니다. 1772년, 젊은 과학자 대니얼 러더퍼드는 연소 반응에 관여하지 않는 기체가 공기 중 대부분을 차지한다는 사실을 알아냈고 이 기체에 질소라는 이름을 붙였습니다. 러더퍼드의 스승인 조지프 블랙은 연소 반응으로 탄산가스가 발생하는 현상을 관찰했습니다.

이처럼 수많은 사람이 화학이라는 분야에서 연구를 이어 온 덕에 우리를 둘러싼 기체의 본질이 서서히 드러났습니다. 그 과정에서 50년이 넘는 시간 동안 똑똑한 사람들도 플로지스톤(열소)이라는 개념을 믿었습니다. 오늘날에는 플로지스톤을 거론하는 일조차 없지만, 이는 매우 흥미로운 시대의 일면입니다.

화학이라는 학문을 둘러싼 거대한 흐름과 함께했던 18세기는 감동적인 드라마와도 같은 시대였습니다. 특히 이번 장에서 소개할 앙투안 라부아지에는 눈부신 활약을 펼쳤습니다. 당시 화학사의 주된 흐름을 만든 인물이라고 해도 과언이 아닐 정도입니다. 그는 물리학의 뉴턴과 갈릴레이와도 어깨를 나란히 할 만한 위업을 세웠습니다.

블랙

Joseph Black, 1728~1799 / 영국 스코틀랜드

글래스고대학과 에든버러대학에서 의학 및 수학 교수로 활약했습니다. 당시 사람들이 고정 공기[fixed air]라고 불렀던 이산화탄소(탄산가스)를 발견했으며 열도 연구했습니다. 녹는점 상태의 얼음에 열을 가해 얼음과 물의 혼합물이 되었을 때 온도가 일정하게 유지되는 현상과, 끓기 시작한 물에 열을 가해도 온도는 올라가지 않고 수증기만 많아지는 현상을 통해 잠열의 개념을 고안했습니다. 글래스고대학에서는 친분이 있던 제임스 와트[James Watt]가 증기기관을 개발하는 데도 도움을 주었습니다.

| 탄산가스와 질소의 발견

스코틀랜드 에든버러대학에서 스승과 제자 관계였던 블랙과 러더퍼드는 탄산가스와 질소를 발견했습니다.

| 이산화탄소란 무엇일까요?

속칭 탄산가스라고도 하는 이산화탄소는 화학식으로는 CO_2로 표기하며 대기의 부피 중 약 0.03%를 차지합니다. 탄소가 포함된 물질의 연소, 동식물의 호흡 및 대사, 발효, 화산 분화 등의 현상이 일어날 때 항상 만들어지는 기체입니다.

한편 식물의 탄산 동화 작용(공기 중의 이산화탄소와 물로 유기 화합물을 합성하는 반응 - 옮긴이)으로 소비되는 기체이기도 합니다. 최근 화석 연료, 특히 석유의 소비량이 증가하면서 덩달아 증가한 대기 중의 이산화탄소가 지구 온난화의 원인으로 지목되고 있습니다.

실험실에서는 석회석과 염산의 반응으로 기체 이산화탄소를 만들어 포집합니다. 공업적으로는 석회석을 열분해하여 이산화탄소를 얻는데, 석탄 연소 및 알코올 발효로 생기는 이산화탄소도 공정에 이용됩니다.

기체 상태의 이산화탄소는 청량음료 제조, 암모니아 소다법(솔베이 공정)을 이용한 탄산나트륨 제조, 암모니아와의 합성 반응을 이용한 요소 제조에도 쓰입니다. 고체 상태의 이산화탄소인 드라이아이스는 냉각제로 쓰입니다.

| 정량 분석법의 보급과 계몽

① 블랙은 녹는점 상태에 있는 물에 열을 가해도 얼음과 물 혼합물의 온도는 0℃를 일정하게 유지한 채 물의 양만 증가하고, 100℃로 가열한 물도 증발만 계속할 뿐 100℃를 유지한다는 현상을 관찰했습니다.

② 1760년경 블랙은 서로 온도가 다른 물과 수은을 같은 질량만큼 섞어도 온도가 두 물질의 중간으로 맞춰지지 않는 현상을 통해, 물과 수은이 열을 수용하는 능력이 다르다고 생각했습니다. 그리고 열의 양(열량)과 열의 세기(온도)를 구별하여 열용량과 비열이라는 개념을 도입하는 등 연구에 정량 분석법을 활용했습니다.

③ 1754년, 블랙은 탄산칼슘과 탄산마그네슘을 가열

하면 공기가 아닌 기체가 방출되는 현상을 관찰했고 당시 **고정 공기**라고 불렀던 이산화탄소를 발견했습니다. 화학 반응으로 만들어진 산성·염기성 생성물을 처리하여 중량 변화를 정확하게 측정했다는 점이 높이 평가되어, 블랙은 정량적인 화학 실험의 선구자로 인정받고 있습니다.

플러스 +1

| 지구 온난화

태양에서 지구로 내리쬐는 빛은 지표면을 데우고, 데워진 지표면은 열(적외선)을 방출합니다. 이 열을 대기의 수증기, 이산화탄소, 메테인 등의 온실가스가 흡수하면 대기 온도가 올라갑니다. 현재 지구의 평균 기온은 대체로 14℃ 전후인데, 만약 온실가스가 없다면 -19℃까지 떨어질지도 모릅니다.

그러나 최근 이산화탄소와 메테인, 아산화질소(N_2O), 염화 플루오린화탄소(CFC) 등 대기 중 온실가스 농도 상승으로 열 흡수량이 증가한 결과, 지구의 평균 기온이 올라가기 시작했습니다. 이 현상을 지구 온난화라고 합니다.

지구 온난화의 원인인 온실가스는 종류가 다양한데, 가장 큰 영향을 미치는 기체는 이산화탄소입니다.

18세기 후반에 산업 혁명이 일어나면서 석유, 석탄, 천연가스 등의 화석 연료가 에너지원으로 쓰이기 시작했고, 그 결과 대기 중의 이산화탄소 농도가 크게 증가했습니다. 2013년의 IPCC[Intergovernmental Panel on Climate Change](기후변화에 관한 정부 간 협의체) 제5차 평가 보고서의 모델 시뮬레이션에 의하면, 최악의 경우 2081~2100년의 세계 평균 지상 기온은 1986~2005년 평균 기온 대비 2.6~4.8℃가 상승할 것으로 예측된다고 합니다.

2020년 10월 26일 일본에서는 국정 현안에 대한 정부의 방침을 설명하는 소신 표명 연설에서 스가 요시히데[菅義偉] 총리가 "2050년까지 온실가스 실질 배출량을 제로로 만들겠다"는 목표를 선언했으며, 이를 실현하기 위해 다양한 정책을 시행하고 있습니다.

| 드라이아이스

얼음이나 냉동식품을 사면 보냉제로 드라이아이스를 넣어 줄 때가 있습니다. 드라이아이스는 더운 계절에 식품과 의약품을 차게 유지할 뿐만 아니라 다양한 방면에서 활약합니다. 무대와 TV 방송에서도 안개, 연기, 김 같은 효과를 넣을 때 드라이아이스를 사용해서 연출 효과를 높입니다. 드라이아이스의 정체는 약 -80℃의 고체 이산화탄소입니다.

드라이아이스는 녹지 않고 바로 기체 이산화탄소가 됩니다. 기화한 이산화탄소는 공기보다 약 1.5배 무거우므로 낮게 가라앉습니다.

드라이아이스는 다음과 같이 만듭니다.

기체 이산화탄소에 압력을 가해 액체로 만든 다음 빠르게 대기로 내보내면 팽창할 때 기화열을 빼앗기는 줄-톰슨 효과[Joule-Thomson effect]로 온도가 낮아지고, 기체 온도가 응고점 이하로 내려가면 이산화탄소가 승화해서 드라이아이스 가루가 됩니다.

고운 가루 형태의 드라이아이스는 압력을 가해도 단단해지지 않습니다. 블록 형태의 드라이

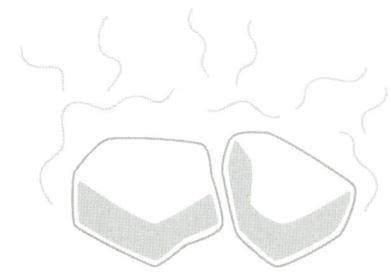

아이스를 만들 때는 결합제로 몇 퍼센트의 물과 약물을 섞어 굳힙니다.

| 탄소 재활용

전 세계 국가들은 지구 온난화를 막기 위해 이산화탄소 배출량 감축을 목표로 삼고 있습니다. 2017년 일본의 이산화탄소 배출량은 전 세계 이산화탄소 배출량의 3.4%(11.3억 톤)를 차지해 중국, 미국, 인도, 러시아에 이어 전 세계에서 다섯 번째로 많습니다.

전력을 화력 발전에 의존하기 때문인데, 일본의 2017년도 총발전량 중 화석 연료에 의한 발전량은 82%에 달합니다.

총발전량 중 화석 연료가 차지하는 비율을 급격히 줄이기는 어려우므로 이산화탄소를 탄소 자원으로 재활용하는 온난화 정책이 제시되었는데, 바로 탄소 재활용carbon recycling입니다. 일본에서는 경제산업성을 중심으로 탄소 재활용 정책을 펼치고 있습니다.

2019년 1월에 열린 제49회 세계 경제 포럼World Economic Forum, WEF(다보스 회의)에서 아베 신조安倍晋三 전 일본 총리가 이산화탄소 재활용의 필요성을 언급한 뒤로 2월에 일본 자원에너지청에 탄소 재활용실이 설치되었고, 6월에는 탄소 재활용 기술 로드맵이 발표되었습니다. 참고로 이 책의 저자인 후지시마는 주요 탄소 재활용 기술인 광촉매의 발견자로서 아베 전 총리의 세계 경제 포럼 강연에 소개된 바 있습니다.

광촉매는 자외선을 쬐었을 때 발생하는 에너지를 이용하여 물을 수소와 산소로 분해하는 인공 광합성에 이용됩니다. 분해되어 만들어진 수소를 대기 중의 이산화탄소와 반응시키면 화학품의 원료를 만들 수 있어 탄소 재활용의 열쇠를 쥐고 있는 기술로 주목받고 있습니다.

탄소 재활용 기술 로드맵에는 이산화탄소 이용 대상으로 ① 화학 제품, ② 연료, ③ 광물, ④ 기타가 선정되었습니다. 각 부문의 구체적인 이용 방안은 아래와 같습니다.

① 화학 제품: 화학 구조에 산소 원자가 포함된 플라스틱에 이용한다.
② 연료: 광합성을 하는 미세 조류가 만드는 바이오 연료에 활용한다.
③ 광물: 콘크리트 제조 과정에서 콘크리트 내부에 이산화탄소를 흡수시킨다.
④ 기타: 해조류와 해초가 이산화탄소를 흡수하여 비축할 방법을 마련한다.

앞으로 탄소 재활용 기술이 확립되어 더 널리 이용된다면 대기 중 이산화탄소를 줄이는 데 큰 효과를 거둘 것으로 기대됩니다.

러더퍼드

Daniel Rutherford, 1749~1819 / **영국 스코틀랜드**

영국 에든버러대학에서 조지프 블랙에게 가르침을 받았으며 1772년 재학 중에 질소를 발견했습니다. 이후 에든버러대학에서 생물학 교수가 되었고, 에든버러 왕립식물원장 자리에도 올랐습니다. 스승인 조지프 블랙은 밀폐된 공간에서 촛불에 불을 붙이면 불꽃이 꺼지고 탄소 기체가 만들어지는 현상을 연구했습니다. 블랙의 지시로 후속 연구를 하게 된 러더퍼드는 밀폐된 공간에서 촛불에 불을 붙이고 인을 태웠습니다. 이 밀폐된 공간의 이산화탄소를 흡수하는 액체를 넣은 다음, 남은 기체가 들어 있는 상자에 생쥐를 들여보내자 생쥐는 곧바로 죽고 말았습니다. 러더퍼드는 이 기체를 플로지스톤에 의해 포화한 독성 공기noxious air라고 명명했습니다. 그가 발견한 기체는 영어로 'nitrogen', 즉 질소였습니다.

플로지스톤설을 믿은 러더퍼드

플로지스톤설을 믿었던 블랙과 러더퍼드는 질소가 플로지스톤화한 공기라고 생각했습니다. 밀폐 용기 안에서 생쥐가 호흡하고 촛불이 타면서 이산화탄소와 플로지스톤이 공기 중으로 방출되고, 이산화탄소를 제거하면 포화 상태의 플로지스톤만 남는다고 생각했기 때문입니다. 사실 남아 있던 기체의 정체는 질소였습니다.

질소란 무엇일까요?

가장 얻기 쉽지만 포집하기 어려운 질소는 우리 주변에 존재하는 공기의 78%를 차지합니다. 그만큼 가까이 있고 얻기 쉬운 원소이지만, 탄소, 수소, 산소, 철 등에 비해 좀처럼 화제에 오르지 않았던 기체이기도 합니다.

캐번디시는 '가연성 공기', 즉 수소를 발견한 시기에 대기에서 산소를 제거하는 실험도 함께 진행했습니다. 산소를 제거하고 남은 기체가 질소였지만 당시 그는 그 정체를 몰랐습니다. 이즈음 프리스틀리도 같은 실험을 했는데, 두 사람은 편지를 주고받으며 연구했다고 합니다.

산소를 제거하고 남은 기체 속에서는 불이 붙지 않고, 살아 있는 생물은 죽고, 그 전에 발견된 이산화탄소와 달리 일반적인 공기보다 가볍다는 사실이 실험을 통해 밝혀졌습니다. 프리스틀리는 새로 발견한 기체의 여러 특성을 확인했지만, 이 기체가 순수한 물질이라는 데까지는 생각이 미치지 못했던 모양입니다.

셸레는 프리스틀리가 산소를 발견하기 3년 전에 공기가 두 종류의 기체로 이루어져 있다는 개념을 떠올렸는데 불에 타는 기체를 '불의 공기', 불에 타지 않는 기체를 '손상된 공기'라고 불렀습니다. 불의 공기와 손상된 공기를 혼합하면 일반적인 대기가 된다는 사실을 실험으로 확인한 셸레는 진실에 다가갔으나 그 역시 플로지스톤설의 신봉자였기에 발견한 사실을 발표하지 않았습니다.

오늘날의 수소, 산소, 질소는 이 시기에 모두 발견되어 과학자들이 연구에 나섰지만 아무도 이를 원소라고 생각하지 못했고, 플로지스톤설에 매인 탓에 잘못된 해석이 수없이 쏟아져 나왔습니다.

불에 타지 않는 기체, 즉 질소의 발견을 재빨리 발표한 과학자가 바로 러더퍼드입니다. '고정 공기'를 발표한 블랙의 제자이기도 한 러더퍼드는 새로운 기체를 '독성 공기'라고 명명했고, 1772년 학위 논문으로 발표했습니다. 이 때문에 오늘날 질소의 발견자라고 하면 러더퍼드를 꼽습니다.

질소는 사람의 몸에 없어서는 안 될 원소입니다. DNA(데옥시리보핵산)와 아미노산의 구성 성분이기 때문입니다. 그러나 이렇게 중요한 원소라도 공기 중의 질소를 인체가 직접 흡수할 수는 없습니다. 대기 중에 무한하게 존재하는 만큼 가장 얻기 쉽지만, 질소 분자(N_2)의 결합력이 강해 다른 분자로 간단히 바뀌지 않아 포집하기 어렵기 때문입니다.

공기 중에 존재하는 질소 분자의 결합을 끊고 질소를 생물이 흡수할 수 있는 화합물로 바꾸는 방법을 '질소 고정'이라고 하며 이 과정은 박테리아가 수행합니다. 질소 고정을 수행하는 일부 박테리아는 콩과 식물의 뿌리혹에 공생하며 공기 중의 질소를 고정하여 암모니아를 만듭니다.

암모니아만 만들 수 있다면 암모니아를 산화해서 만들어진 아질산과 질산이온을 식물이 흡수하는 과정은 그리 어렵지 않습니다. 질소는 식물 안에서 단백질을 비롯한 여러 성분을 만드는 재료가 되고, 이렇게 만들어진 성분을 동물이 섭취합니다. 박테리아가 상온 상압 조건에서 매일같이 하는 질소 고정을 인공적으로 구현하기는 매우 어렵습니다.

9장 '반응 속도'에서 다룰 하버-보슈법은 약 500℃, 200~1,000기압 조건에서 진행되며 촉매로 사산화삼철(Fe_3O_4) 또는 산화알루미늄(Al_2O_3) 혼합물이 필요합니다. 20세기 초에 하버-보슈법이 개발된 덕에 식물이 성장하는 데 꼭 필요한 질소 비료를 공기에서 만들 수 있게 되면서, 농작물의 생산량이 비약적으로 증가했습니다.

질소의 순환

질소는 생물에게 없어서는 안 될 물질입니다. 지구의 대기와 생물 사이를 순환하며 질소가 이용되는 현상을 질소 순환이라고 합니다.

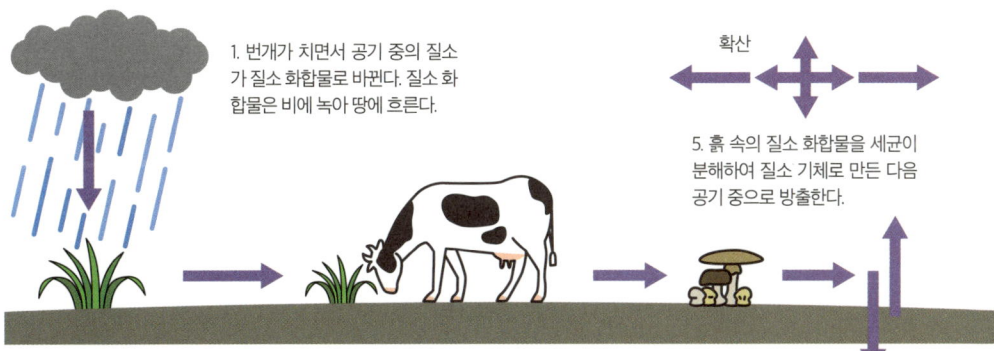

1. 번개가 치면서 공기 중의 질소가 질소 화합물로 바뀐다. 질소 화합물은 비에 녹아 땅에 흐른다.

확산

5. 흙 속의 질소 화합물을 세균이 분해하여 질소 기체로 만든 다음 공기 중으로 방출한다.

2. 흙과 식물의 뿌리에 사는 세균이 공기 중의 질소 기체로부터 질소 화합물을 만든다.

3. 동물이 먹이를 먹으며 섭취한 질소 화합물을 배설물과 함께 내보낸다.

4. 버섯을 비롯한 균류는 말라 죽은 식물과 동물의 사체를 분해하여 그 안에 들어 있는 질소 화합물을 흙으로 돌려보낸다.

| 액체 질소

액체 질소는 질소를 액화한 물질로, -196℃의 초저온 액체입니다. 이 특성을 살려 식품 급속 냉동 기술, 난자·정자·혈액 등 생물 시료의 보존, 초전도 물질의 연구 개발 등 다양한 분야에 활용됩니다. 각종 원소가 승화하는 절대 영도(-273.15℃)에서도 상압에서 액체 상태로 존재하며, 끓는점이 -269℃인 액체 헬륨을 초전도 물질 연구에 이용할 때도 있었습니다. 그러나 과학 기술의 발전으로 질소가 액체로 존재하는 온도에서 초전도 현상을 일으키는 고온 초전도체가 다수 발견되면서 액체 질소의 이용 범위도 넓어지고 있습니다.

액체 질소는 다음과 같이 세 단계를 거쳐 만들어집니다.

1. 원료인 공기에서 불순물을 제거한다.

먼지 같은 불순물을 공기 여과기로 여과하고 이산화탄소를 이산화탄소 흡수기로 제거한 다음 수분과 유분을 유수 분리기로 제거합니다.

2. 공기를 액화한다.

공기에 180~200기압을 가합니다. 발생한 열을 없앤 다음 단열 팽창시키면 줄-톰슨 효과로 온도가 더 내려갑니다. 이렇게 냉각한 공기는 액화하여 비중이 약 0.87인 담청색 액체 공기가 됩니다. 실제 제조 공정에서는 -150℃, 180기압 상태의 공기를 한 번에 6기압까지 팽창시켜 액체 공기로 만듭니다.

3. 액체 공기를 산소와 질소로 분리한다.

액체 공기는 액체 산소와 액체 질소가 혼합된 액체이므로 액체 질소의 끓는점인 -196℃와 액체 산소의 끓는점인 -183℃의 온도 차 13℃를 이용해 증류탑에서 분리합니다. 이 과정이 끝나면 액체 질소가 완성됩니다.

오로라 색의 비밀

오로라의 붉은색과 초록색은 질소 원자와 산소 원자가 활성화되어 나타납니다.

일반적으로 지상에서 고도 100km 이상의 영역을 우주라고 부르는데, 하늘을 뒤덮은 오로라는 이 높이에서 일어나는 현상입니다. 이렇게 높은 고도에도 굉장히 얇은 공기층이 존재하며 밀도는 지상의 300만 분의 1 이하라고 합니다. 저 멀리 태양에서 불어닥치는 태양풍, 즉 플라스마에 의해 활성화된 산소와 질소는 오로라가 되어 하늘에서 빛납니다. 주로 북극과 남극 부근에서 볼 수 있는 오로라는 일반적으로 두 층으로 나뉘며 주로 위쪽은 어두운 붉은색, 아래쪽은 초록색을 띱니다. 전자는 질소 원자, 후자는 산소 원자로 이루어져 있습니다.

극지방에서 볼 수 있는 오로라(촬영: 후쿠니시 히로시)
『우주의 수수께끼에 다가가다宇宙の謎に迫る』 1장(후쿠니시 히로시福西浩 지음, 각켄플러스, 2020)

▶ 역사에 한 획을 그은 과학자의 명언 ③ ◀

★ ★ ★

"화학은 신비를 죽이는 학문이 아니라
신비를 만드는 학문이다."

데라다 도라히코寺田寅彦 | 1878~1935

라부아지에

Antoine-Laurent de Lavoisier, 1743~1794 / **프랑스**

파리대학에서 법학 학위를 취득한 한편 과학에도 관심을 가져 광물 조사에도 참여했습니다. 이후 프랑스 과학아카데미의 조수가 되었고, 렌즈로 빛을 모아 다이아몬드를 연소했을 때 다이아몬드의 무게가 줄고 용기 안의 공기가 감소하는 현상을 연구했습니다. 그리고 각종 화합물의 연소에 관한 연구를 통해 질량 보존의 법칙을 제안했습니다. 그러나 징세 청부업자이기도 했던 그는 프랑스 혁명 당시 50세의 나이에 단두대의 이슬로 사라졌습니다.

| 대표 업적

라부아지에는 다양한 연소 실험을 통해 공기 중의 산소가 중요한 역할을 한다는 사실을 증명했습니다. 이를테면 수은과 공기로 수은 재를 만드는 실험에서 공기의 부피가 감소하는 현상을 근거로 수은의 무게가 늘어난 이유를 설명했습니다. 그리고 생성된 수은 재를 가열해 만들어진 기체가 공기보다 연소와 호흡 유지에 뛰어나다는 특징도 확인했습니다. 이 기체가 바로 산소입니다. 라부아지에는 산소와 수소를 밀폐된 용기 안에서 태우면 물이 만들어진다는 사실도 입증했습니다.

| 파급 효과

라부아지에는 공기가 산소와 질소로 이루어져 있다는 사실을 증명했습니다. 더 이상 다른 물질로 분해할 수 없는 물질을 원소라고 부르기로 하고, 그 당시 확인된 33개의 원소를 표로 정리해 발표했습니다. 그리고 화학 반응으로 원소 사이의 결합 방식은 달라지더라도 반응에 관여하는 모든 원소의 종류와 수는 변하지 않는다는 질량 보존의 법칙을 증명한 교과서 『화학원론Traité élémentaire de chimie』을 집필했습니다.

| 연소의 올바른 이해

라부아지에는 고체 물질이 연소할 때 고체의 질량과 기체의 부피가 어떻게 변하는지 주의 깊게 측정했습니다. 그의 무기는 정밀 저울이었습니다. 공기가 들어 있는 밀폐 용기 안에서 인과 황을 태웠을 때 총질량은 변하지 않았습니다. 그 다음 용기를 열자 공기가 들어오면서 총질량이 늘어났는데, 변화량은 용기 안의 공기에 포함된 산소가 인·황과 반응하면서 줄어든 양 그리고 산화하면서 증가한 인·황의 질량과 같았습니다.

여러 물질을 대상으로 같은 실험을 진행한 결과, 연소는 공기의 일부 기체, 즉 산소와의 결합으로 산화물이 생성되는 반응임을 입증했습니다(그림 1).

[그림 1] 라부아지에의 실험
왼쪽 용기에 수은을 넣고 가열하여 공기와 수은을 반응시킨다. 공기에 포함된 산소의 감소량을 거꾸로 세운 오른쪽 용기로 측정한다.

산소와 반응하면 산이 되는 경우가 많아, 라부아지에는 산을 의미하는 그리스어 'oxis'와 '만들다'라는 의미의 'gen'에서 따와 이 기체를 'oxygen'이라고 명명했습니다. 한편 산소가 빠진 공기는 물질을 연소하지 못하고 동물도 숨을 쉬지 못하므로 동물을 질식시킨다는 의미에서 프랑스어 'azote'라는 이름이 붙었는데, 이 기체는 오늘날의 질소^{nitrogen}입니다.

라부아지에는 당시 알려진 화학 물질 지식을 집대성하여 수소^{hydrogen}, 인^{phosphorus}, 탄소^{carbon} 등의 원소에 이름을 붙였으며, 수많은 화학 물질이 이 원소들로 이루어져 있다고 생각했습니다.

연도	나이	라부아지에의 경력과 업적
1743년	0세	유복한 고등법원 검사의 외아들로 파리에서 태어났다.
1754년	11세	마자랭대학에서 수학했다.
1764년	21세	파리대학 법학부를 졸업하고 변호사가 되었다.
1765년	22세	첫 논문 「석고의 경화 작용」을 발표했다.
1767년	24세	지질학자 장 에티엔 게타르$^{Jean\ Étienne\ Guettard}$와 함께 광물 지질 지도를 작성하기 위해 여행을 떠났다.
1768년	25세	파리 과학아카데미 회원이 되었다. 징세 청부업자 조합 회원이 되었다.
1771년	28세	동업자 자크 폴즈의 딸 마리앤 피에르트 폴즈$^{Marie-Anne\ Pierrette\ Paulze}$와 결혼했다.
1774년	31세	질량 보존의 법칙을 발견했다.
1775년	32세	산화수은 가열 실험으로 고정 공기(이산화탄소)가 아닌 기체, 산소의 생성을 확인했다. 조병창(화약 초석 공사)의 관리관이 되었다.
1776년	33세	조병창으로 거주지를 옮겼다.
1779년	36세	'산소'라는 명칭을 제안했다.
1783년	40세	물 분해 실험으로 물이 화합물임을 증명했다.
1789년	46세	최초의 근대 화학 교과서인 『화학원론』에서 질량 보존의 법칙을 언급했다. 물질의 궁극적인 구성 및 요소를 '원소'로 명명했다. 수소, 산소, 질소 등 33종의 원소를 분류했다. 프랑스 혁명이 발발했다. 모든 공직에서 물러나면서 조병창에서도 퇴거했다.
1793년	49세	공포정치가 시작되면서 징세 청부업자로 체포되었다.
1794년	50세	참수형을 당했다(5월 8일).

질량 보존의 법칙

1774년, 라부아지에는 금속을 용기 안에 넣고 밀봉한 다음 태워서 재로 만들면 재의 무게는 무거워지는 반면 총질량은 태우기 전과 같은 현상(질량 보존의 법칙)을 발견했습니다. 그리고 재가 태우기 전보다 무거워진 이유는 공기 중의 산소와 결합하는 화학 반응 때문임을 증명했습니다. 라부아지에는 1789년에 발표한 저서 『화학원론』에서 질량 보존의 법칙을 공개했습니다.

아내의 내조

1771년, 28세였던 라부아지에는 같은 징세 청부업자 동료였던 자크 폴즈의 딸인 13세의 마리앤 피에르트 폴즈와 결혼했습니다. 다재다능했던 마리앤은 남편을 위해 영어를 공부해서 영어로 된 논문을 프랑스어로 번역했고 기록 담당 겸 비서 역할도 하는 한편 화가에게 그림을 배워 남편의 실험 장비도 그렸습니다. 『화학원론』에 실린 실험 기구 그림도 그녀가 그린 것입니다.

1788년에 완성된 두 사람의 초상화는 프랑스 루브르 박물관에 걸려 있는 그 유명한 나폴레옹의 대관식을 그린 자크루이 다비드$^{Jacques-Louis\ David}$의 작품입니다. 지금은 미국 뉴욕의 메트로폴리탄 미술관에 소장되어 있습니다. 라부아지에가 다비드에게 지불한 돈을 오늘날의 가치로 환산하면 2억 7000만 원 정도였다고 하며, 당시 라부아지에는 45세, 마리앤은 30세였습니다.

앙투안 라부아지에 부부의 초상화
자크루이 다비드 그림, 메트로폴리탄 미술관 소장

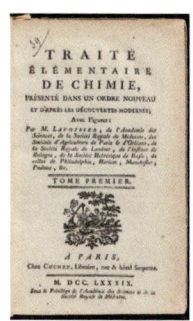

『화학원론』 표지
가나자와 공업대학 라이브러리센터 소장

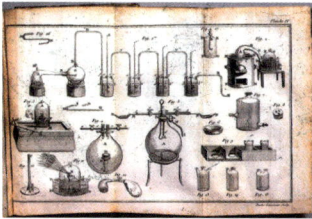

라부아지에 부인이 『화학원론』에 그린 실험도
가나자와 공업대학 라이브러리센터 소장

라부아지에의 양면성: 화학자와 징세 청부업자

『과학 호사가 열전科學者好事家列伝』(사토 미쓰히코 지음, 도쿄토쇼슛판, 2006) 1장 '단두대의 이슬로 사라진 화학자'에는 라부아지에의 양면성에 관한 해설이 상세하게 실려 있습니다.

라부아지에가 단두대에서 처형된 다음 날 수학자 조제프 루이 라그랑주Joseph Louis Lagrange, 1736~1813가 남긴 유명한 말이 있습니다.

"그의 머리를 떨어뜨리는 것은 한순간이지만 같은 머리를 얻으려면 한 세기로도 부족할 것이다."

앞의 표에서도 알 수 있듯이 화학자로서 라부아지에는 눈부신 활약을 펼쳤습니다.

그러나 파리 전역에 40여 명밖에 없던 징세 청부업자로서 막대한 돈을 벌어들였고, 그 돈으로 값비싼 실험 도구를 사들이는 한편 지도자들을 초청해 호화로운 만찬회를 여는 등 그의 저택은 오랫동안 사교계의 중심이었다고 합니다.

조병창 관리인이기도 했던 라부아지에는 조병창 안에 저택을 세웠고, 그 안에 거대한 실험실을 마련했습니다. 부인이 그린 도면에서도 알 수 있듯이 넓고 다양한 유리 기구를 갖춘 실험실이었습니다. 프랑스를 방문한 영국의 셸번 백작을 파티에 초청한 적도 있는데, 2장에서 소개한 화학자 프리스틀리도 당시 수행원으로 참가했습니다. 프리스틀리는 1774년 8월에 적강홍이라고도 하는 산화수은(HgO)을 가열하면 특정 기체가 발생하는 현상을 발견했습니다. 이 기체를 용기 안에 넣고 촛불에 불을 붙이면 불이 거세게 타오르고, 기체를 들이마시면 기분이 좋아진다는 사실을 알게 된 프리스틀리는 이 기체를 '탈플로지스톤 기체'라고 불렀습니다. 그가 발견한 기체의 정체는 산소였습니다.

이 파티는 그 발견으로부터 3개월 후인 1774년 10월에 열렸는데, 프리스틀리는 라부아지에에게 자신의 발견을 자랑스럽게 이야기했다고 합니다.

파티가 끝나자마자 라부아지에는 프리스틀리

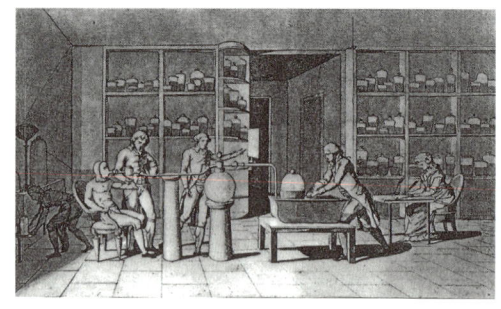

마리앤이 그린 데생
오른쪽 끝에 앉은 인물이 마리앤

가 말해 준 실험을 즉시 재현하는 한편 산소를 발생하는 실험과 그 반대 실험을 진행했습니다. 앞에서 설명했듯이 산소가 만들어진 환경에서 수은을 고온 처리하면 수은은 산화수은으로 돌아갑니다.

반응 전후의 무게를 측정한 결과, 밀폐된 용기의 무게는 그대로였습니다.

질량 보존의 법칙은 이렇게 발견되었습니다.

라부아지에에 대한 200년 뒤 사람들의 평가

1989년은 『화학원론』이 출판된 지 200년이 되는 해입니다.

1994년에는 프랑스 혁명 200주년을 맞아 단두대에 희생된 사람들을 기리고자 전 세계에서 수많은 기념 논문이 출판되었습니다.

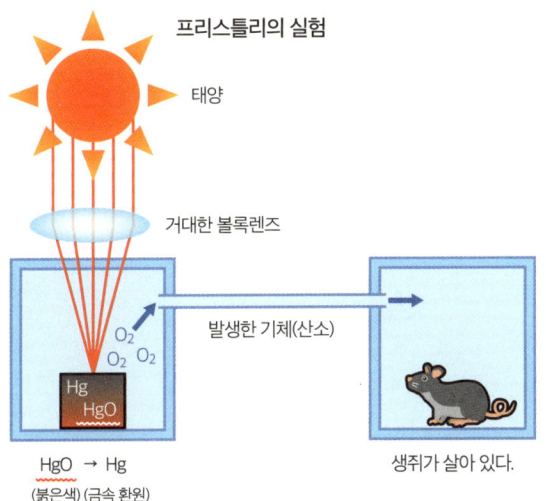

프리스틀리의 실험

태양

거대한 볼록렌즈

O_2 O_2 O_2
Hg
HgO

발생한 기체(산소)

생쥐가 살아 있다.

$HgO \rightarrow Hg$
(붉은색) (금속 환원)

산화수은(HgO)을 고온에 가열하면 기체가 발생한다.

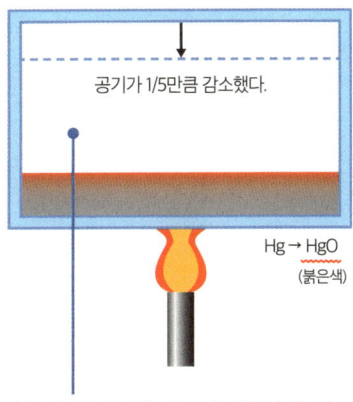

라부아지에의 실험

공기가 1/5만큼 감소했다.

$Hg \rightarrow HgO$
(붉은색)

남은 4/5만큼의 공기는 연소에 관여하지 않는다. 아조트(azote) 기체, 즉 질소라는 이름이 붙었다(아조트는 '생명이 없다'라는 뜻의 그리스어다).

뒷이야기

라부아지에의 업적을 알 수 있는 책

『공기의 발견』은 수소, 산소, 질소, 이산화탄소 외에도 아르곤과 헬륨 등 기본적인 기체의 발견에 관한 역사를 재미있게 따라가는 책입니다.

1~3장을 읽고 다시 이 책으로 돌아오면 18~19세기 화학 연구의 흐름을 더 잘 이해할 수 있습니다. 그 당시 활약했던 돌턴, 캐번디시, 라부아지에 등 여러 과학자의 업적이 얼마나 대단한지도 바로 알게 될 것입니다. 부디 한번 읽어 보시길 바랍니다.

三宅泰雄

空気の発見

『공기의 발견空気の発見』(미야케 야스오三宅泰雄 지음, 가도카와 소피아 문고, 2011)

드미트리 멘델레예프 *Dmitri Mendeleev* | 1834~1907년
"주기율표를 발표했다."

*

험프리 데이비 *Humphrey Davy* | 1778~1829년
"혼자서 원소를 여섯 개나 발견했다."

*

윌리엄 램지 *William Ramsay* | 1852~1916년
"비활성 기체를 발견하여 18족 원소의 존재를 증명했다."

고대 그리스 사람들은 지구상의 모든 물질이 흙, 물, 불, 공기라는 네 원소로 이루어져 있다고 생각했습니다. 지금으로부터 300여 년 전부터 화학자들은 차례차례 단서를 찾아가며 기본적인 원소와 원소를 구성하는 원자의 근본적인 성질을 밝혀내는 한편 화합물과 화합물이 일으키는 화학 반응을 규명해 왔습니다.

우리 주변에는 금처럼 확실하게 눈에 보이는 원소가 있는가 하면 산소처럼 눈에 보이지 않는 원소도 있습니다. 물질을 계속 쪼갰을 때 더 이상 쪼갤 수 없는 성분을 원소라고 합니다. 원소의 실체는 원자라는 작은 입자입니다. 각 원소에는 특정 원자가 존재합니다. 원소는 대부분 다른 원소와 결합해 화합물을 형성하므로 화합물은 두 종류 이상의 원소로 이루어진 물질입니다. 예를 들어 물은 수소와 산소라는 두 원소로 이루어진 화합물입니다. 나트륨과 염소가 결합하면 염화나트륨, 즉 소금이 됩니다. 탄소로는 수백 종류의 화합물을 만들 수 있는데, 대부분 우리가 활동하는 데 필요한 에너지원인 단백질과 당입니다.

우리 주변의 모든 물질은 원소로 이루어진 화합물로 구성되어 있습니다. 원소를 더 자세히 알고 싶을 때는 주기율표를 보면 됩니다. 주기율표는 모든 원소를 한눈에 볼 수 있게 정리한 표로, 전 세계의 과학자가 이용하고 있습니다. 주기율표에는 성질이 비슷한 원소끼리 분류되어 있어 각 원소의 기본적인 정보를 한눈에 알 수 있습니다. 주기율표를 통해 얻은 정보를 바탕으로 필요한 원소를 골라 다방면으로 활용할 수 있습니다.

모든 원소에는 어떤 모습으로 존재하고, 어떤 성질을 지니고 있고, 어떻게 이용되는지에 대한 저마다의 이야기가 담겨 있습니다.

기본적인 주기율표를 오늘날과 같은 형태로 정립한 최초의 인물은 드미트리 멘델레예프입니다. 당시 알려져 있던 63종의 원소를 나열한 표를 만들었는데, 그 안에는 금을 비롯하여 예로부터 알려졌던 구리와 철 같은 금속, 수소와 산소 등의 기체가 포함되어 있습니다. 험프리 데이비는 19세기 초에 발명된 볼타 전지를 이용한 전기 분해로 나트륨, 칼륨 등 6종의 원소를 발견했습니다. 그리고 윌리엄 램지는 공기 중의 원소 중 멘델레예프의 주기율표에서 빠졌던 아르곤, 제논 등의 비활성 기체를 발견했습니다. 주기율표를 완전히 채우기까지의 여정에는 여러 가지 흥미로운 사건들이 있었습니다.

멘델레예프

Dmitri Mendeleev, 1834~1907 / 러시아

시베리아 토볼스크에서 14명의 형제 중 막내로 태어났습니다. 10대 후반에 고등학교 교장이었던 아버지가 돌아가신 후 어머니와 함께 상트페테르부르크로 이사했고, 중앙교육대학에서 화학을 공부했습니다. 프랑스와 독일에서 연구하다가 러시아로 돌아온 멘델레예프는 1865년 페테르부르크대학의 교수로 취임했습니다. 새로운 화학 교과서를 집필할 준비를 하던 1869년, 당시 알려져 있던 63종의 원소를 원자량과 성질에 따라 행렬로 분류하여 정리하면 성질이 비슷한 원소끼리 나열할 수 있음을 깨닫고 주기율표를 만들어 발표했습니다. 1870년에는 당시 발견되지 않았던 세 원소의 성질을 상세하게 예측했습니다. 1875년에 발견된 갈륨, 1878년에 발견된 스칸듐, 1886년에 발견된 저마늄의 성질은 그의 예측과 일치했습니다. 원자번호 101번 원소는 그의 이름을 따 멘델레븀이라는 이름을 붙였습니다.

화학회에서 발표한 주기율표

멘델레예프는 1869년 러시아화학회에서 주기율표를 발표했는데, 내용은 다음과 같습니다.

① 원소를 원자량순으로 나열해서 표로 만들면 비슷한 화학적 성질과 물리적 성질이 반복해서 나타난다.
② 이 표를 이용하면 지금까지 발표된 원자량의 오류를 바로잡을 수 있다.
③ 표에 남아 있는 공백은 아직 발견되지 않은 원소로, 표를 이용하면 성질을 자세히 예측할 수 있다.

대표 업적

주기율표의 발견은 오늘날 모두가 인정할 만큼 중요한 업적입니다. 확인된 원소가 63종에 불과했을 당시, 멘델레예프는 원소를 질량순으로 나열하여 화학적 성질과 물리적 성질이 유사한 원소끼리 정리하면 빈칸이 생긴다는 사실을 발견했습니다.

멘델레예프는 빈칸에 들어갈 10종의 원소를 예측했습니다.

이를테면 에카붕소, 에카알루미늄, 에카규소가 각각 스칸듐(Sc), 갈륨(Ga), 저마늄(Ge)이라는 이름의 원소로 발견되었습니다. 이 원소들의 반응성, 밀도, 녹는점 등의 특성도 멘델레예프가 예측한 수치와 유사했습니다. 그리고 그는 당시 밝혀진 원소를 질량순으로 나열하면 성질에 따라 질량이 차이 날 것이라고 지적했고, 이후 그의 말대로 표가 수정되었습니다.

파급 효과

주기율표는 화학과 물리학뿐만 아니라 모든 분야에서 쓰일 정도로 중요한 표입니다. 기본적인 배치는 멘델레예프가 제시한 표와 같지만, 오늘날에는 여러 학술 단체와 각 나라에서 보완하여 발표한 주기율표를 씁니다.

1955년 입자 가속기 안에서 아인슈타이늄(Es) 원자와 베릴륨(Be) 원자를 충돌시켜 만든 새 원소에는 멘델레예프의 위대한 업적을 기리

상트페테르부르크의 멘델레예프상 옆에 걸려 있는 대형 주기율표

는 의미에서 그의 이름을 따 멘델레븀(Md)이라는 이름을 붙였습니다. 이 원소의 원자번호는 101번입니다.

참고로 원자번호 113번 원소는 일본인 연구자 모리타 고스케森田浩介가 발견했는데, '일본'의 일본어 발음인 '니혼'에서 따 2015년 12월에 니호늄(Nh)이라는 이름이 붙었습니다.

| 멘델레예프의 예상과 일치한 갈륨의 발견

멘델레예프는 당시 알려져 있던 63종의 원소를 원자량순으로 나열해 분류한 표를 만들었습니다. 원소의 순서보다 각 원소의 성질에 초점을 맞추고, 성질이 비슷한 원소를 세로로 나열하여 배치했다는 점이 핵심입니다.

그래서 주기율표에는 빈칸이 많았는데, 멘델레예프는 이 빈칸에는 지구상에 존재하지만 아직 발견되지 않은 원소가 들어갈 것이라고 예측했습니다.

멘델레예프가 대단한 이유는 빈칸에 들어갈 원소의 성질까지 예측했기 때문입니다. 일례로 그는 원자량이 약 68, 비중이 5.9이며 녹는점이 낮고 비휘발성이고 산과 염기에 천천히 녹는 원소가 알루미늄 아래 빈칸에 들어가리라고 생각했고, 에카알루미늄이라는 이름을 붙였습니다. 1870년의 일입니다.

에카알루미늄의 '에카eka'는 산스크리트어로 '1', 즉 바로 오른쪽을 가리키므로 에카알루미늄은 알루미늄의 바로 오른쪽 원소라는 의미입니다.

1875년 8월 27일, 프랑스의 화학자 폴에밀 르코크 드 부아보드랑Paul-Émile Lecoq de Boisbaudran은 새로운 원소를 발견했습니다. 그는 섬아연석 시료의 스펙트럼을 분석하는 과정에서 미지의 스펙트럼을 발견했습니다. 이 새로운 원소에는 갈륨이라는 이름이 붙었습니다.

성질을 조사해 보니 놀라운 결과가 나왔습니다. 원자량 69.9, 비중 5.94, 녹는점 29.5℃. 멘델레예프가 예측한 에카알루미늄과 거의 똑같았습니다.

그 밖에도 그가 예측한 에카붕소와 에카규소는 각각 1879년 스칸듐, 1886년 저마늄이라는 이름으로 발견되었습니다.

| 스칸듐과 저마늄

1879년 스웨덴의 화학자 라르스 프레드리크 닐손Lars Fredrik Nilson은 기존에 에카붕소로 불렸던 원소를 발견했고, 모국의 이름을 따 스칸듐(스칸듐은 라틴어 'Scandia'에서 유래했으며, 지금의 북유럽 지역 전체를 아우르는 말 - 옮긴이)이라고 명명했습니다.

에카규소로 불렸던 저마늄은 1886년 독일의 화학자 클레멘스 빙클러Clemens Winkler가 프라이베르크 근처 광산에서 캔 은광석에서 발견한 원소입니다.

| 멘델레예프의 일본인 손자

『화학사로의 초대化学史への招待』(화학사학회 엮음, 옴샤, 2019) 중 '멘델레예프와 주기율표의 발견'(가지 마사노리梶雅範 지음)에 따르면 멘델레예프의 맏아들 블라디미르Vladimir와 일본인 여성 히데시마 다카秀島タカ 사이에서 후지フジ라는 아이가 태어났다고 합니다.

블라디미르는 러시아 해군 장교였으며, 1891년 일본을 방문한 러시아 황태자 니콜라이 2세의 수행원으로서 아조프 전함을 타고 일본에 왔습니다.

이 배는 약 1년 반 동안 일본 근해에 머물렀고, 그동안 나가사키항에 다섯 차례 정도 기항했다고 합니다. 이때 일본인 아내 다카와의 사이에서 태어난 아이가 후지입니다.

블라디미르는 러시아로 귀국하고 6년 만에 사망했습니다. 다카가 보낸 편지 두 통이 상트페테르부르크의 멘델레예프 박물관에 전시되어 있습니다. 멘델레예프는 다카와 손자를 위해 돈을 부쳤다고 합니다.

오늘날 멘델레예프의 후손은 일본 어디에 살고 있을까요?

다카와 후지

플러스 +1

| 옛날부터 이용된 금속들

고대 이집트 시대부터 인류는 금속을 실용적인 용도나 장식적인 목적으로 사용했을 뿐만 아니라, 새로운 기능을 찾아 발전시켜 왔습니다. 특히 중세 유럽 사람들은 아름답고 녹슬지 않는 금을 화학적으로 직접 만들어 내기 위해 연금술에 도전했습니다.

아래에 소개하는 금속들은 기원전 1500년경부터 이용되었으며 멘델레예프의 주기율표에도 모두 들어 있습니다.

수은(Hg)

금속처럼 빛나는 액체여서 예로부터 사람들의 눈길을 사로잡았습니다. 실온에서 액체 상태로 존재하는 유일한 금속이며 납보다 무겁습니다. 온도계에도 들어 있습니다. -39℃까지 온도를 낮추면 고체가 됩니다.

금(Au)

녹슬지 않고 황금빛으로 반짝이는 중금속으로, 오랫동안 보석처럼 취급되었습니다. 금 1g을 실처럼 늘이면 3km까지 늘어나고, 두드리면 0.0001mm 두께에 1평(약 3.3m²) 넓이로 펴집니다.

납(Pb)

부드럽고 가열하면 간단히 녹는 중금속입니다. 고대 로마인들은 납으로 수도관 등을 만들었습니다. 연금술사는 납을 금으로 바꾸기 위해 다양한 시도를 했습니다.

은(Ag)

은은 기원전 4000년경 이집트와 메소포타미아 유적에서 금, 구리와 함께 발견되었습니다. 열과 전기가 잘 통하는 금속이며 은 1g은 1.8km까지 늘어나고 0.0015mm까지 얇아집니다.

구리(Cu)

부드럽고 열과 전기가 잘 통하는 금속입니다. 여러 금속과 섞어 합금을 만드는 데 쓰이며 세공하기도 쉬워서 귀중하게 취급되었습니다. 고대 사람들은 주석과 섞은 합금인 청동으로 다양한 도구와 그릇을 만들었습니다.

철(Fe)

가열해도 잘 녹지 않고, 강도가 높고 탄성이 있으며 단단한 금속입니다. 예로부터 알려져 왔지만 실제로 철을 가공해서 무기를 만들기 시작한 것은 기원전 2000년경에 살았던 히타이트인이 시초라고 합니다.

황(S)

화산 지대에서 발견되는 노란색 고체입니다. 옛날에는 약재로도 쓰였고 황을 태워 병실을 소독하기도 했습니다. 열과 전기가 잘 통하지 않으며 태우면 지독한 냄새가 납니다.

주석(Sn)

은백색 금속으로 금속 중에는 비교적 낮은 온도(232℃)에서 녹습니다. 구리와 섞어 만든 청동기는 철기가 출현하기 전까지 인류가 보유한 가장 큰 문명의 이기였습니다.

비소(As)

예로부터 독약으로 유명한 물질이었습니다. 비소가 들어있는 화합물은 모두 독성이 강하지만, 비소 자체는 독이 아닙니다. 태우면 푸른 불꽃을 일으키며 지독한 냄새가 납니다.

비스무트(Bi)

붉은색을 띠는 은백색의 무른 금속입니다. 다른 금속과 혼합하면 낮은 온도에서 녹는 합금을 만들 수 있습니다.

탄소(C)

불에 타는 새까만 돌(석탄)로 옛날부터 유명했지만, 연료로 활발히 쓰이기 시작한 시기는 근대부터입니다. 흑연과 다이아몬드도 탄소로 이루어진 물질입니다.

아연(Zn)

푸른색을 띠는 흰색 금속으로, 구리와 섞으면 세공하기 쉬운 놋쇠가 됩니다. 놋쇠는 청동이나 철보다 늦은 시기인 로마 시대에 이르러 사용하기 시작했습니다.

인(P)

하얀 밀랍 같은 물질로, 공기에 닿으면 초록색 빛(인광)이 납니다.

안티모니(Sb)

녹은 안티모니를 식혀서 굳히면 부피가 늘어나기 때문에, 이 성질을 이용해 다양한 합금을 만들 수 있습니다. 인쇄용 활자는 납 또는 주석과 안티모니를 섞은 합금입니다.

| 저마늄의 예측과 발견

멘델레예프

독일의 화학자로, 1873년 고향 프라이베르크 광산학교의 교수로 취임했습니다. 니켈과 코발트의 공업적 제조법 및 기체 분석법을 고안했습니다.

빙클러

에카규소

멘델레예프가 존재를 예측했다(1871년).

원자량 72
흑회색 금속
녹는점: 높다
밀도: 5.5
제조법: 산화물 혹은 플루오린화칼륨 화합물을 나트륨으로 환원한다.
성질:
▸ 산에 조금 약하다.
▸ 염기와 잘 반응한다.
▸ 가열하면 산화물이 만들어진다. 산화물의 녹는점이 높고, 밀도는 4.70이다.
▸ 염화물은 액체 상태이며 잘 증발하고, 끓는점이 100℃보다 약간 낮고, 밀도는 1.90이다.

저마늄

빙클러가 발견했다(1886년).

원자량 72.59
회색 금속
녹는점: 937.4℃
밀도: 5.4
제조법: 플루오린화칼륨 화합물에 나트륨을 반응시킨다.
성질:
▸ 산에 녹지 않는다(진한 질산에는 녹는다).
▸ 염기에 천천히 녹는다.
▸ 가열하면 산화물이 만들어진다. 이산화저마늄의 녹는점은 1,100℃, 밀도는 4.70이다.
▸ 염화물은 휘발성이 높은 액체이다. 사염화저마늄의 끓는점은 83℃, 밀도는 1.88이다.

"나는 한 번도 실험에 실패한 적이 없다.
전구에 불이 들어오지 않는다는 발견을
지금까지 2만 번 했을 뿐이다."

토머스 에디슨Thomas Edison | 1847~1931

데이비

Humphrey Davy, 1778~1829 / 영국

조각가의 아들로 태어났으며 16세 때 아버지가 돌아가신 뒤로 외과 의사 수업을 받았습니다. 당시 독학으로 라부아지에의 『화학원론』을 읽으며 화학을 공부하는 한편 마찰열만으로 얼음을 녹이는 실험도 했습니다. 1798년 들어간 기체연구소에서 아산화질소(웃음가스)가 마취 작용을 한다는 사실을 발견했습니다. 이 연구로 화학자로서 업적을 평가받은 데이비는 1801년 영국 왕립연구소에 조교수로 채용되었고, 이듬해 교수로 취임했습니다.

데이비는 과학 지식을 널리 전파하고자 일반 시민을 대상으로 공개 강연을 열었습니다. 화려한 과학 실험과 시적인 표현이 어우러져 이해하기 쉬웠던 덕에 매번 만석이 될 정도로 큰 인기를 끌었다고 합니다.

아래에서 소개할 여섯 가지 원소를 발견했을 뿐만 아니라 연구자로서 수많은 성과를 이루어 냈습니다. 일례로 폭발 사고가 자주 발생하는 탄광 안에서 쓸 수 있는 안전한 조명등을 발명했습니다. 뉴턴에 이어 두 번째로 일반 시민에서 귀족 신분이 된 인물로, 왕립학회 회장을 역임하기도 했습니다.

| 대표 업적

이탈리아의 물리학자 볼타(76쪽)는 1800년 아연과 구리로 전지를 발명했는데, 데이비는 이 전지를 여러 개 연결해 전기 분해를 시도했습니다. 처음에는 수용액에 녹인 수산화칼륨(KOH)과 수산화나트륨(NaOH)을 전기 분해하려 했지만, 산소와 수소가 발생하는 물의 전기 분해만 일어날 뿐이었습니다. 그래서 염화칼륨(KCl)과 염화나트륨(NaCl) 분말을 고온에서 가열해 용융한 상태로 전기 분해했더니 칼륨과 나트륨이 작은 입자로 분리되었습니다(1807년). 최초의 수산화

[그림 1] 왕립 연구소 지하실에 설치한 거대 전지

칼륨 전기 분해 실험으로 전극에서 반짝반짝 빛나는 금속 칼륨 입자를 얻었을 때 데이비는 너무나도 기쁜 나머지 방 안을 뛰어다녔다고 합니다.

1808년에는 똑같은 방법으로 알칼리 토금속인 마그네슘(Mg), 칼슘(Ca), 스트론튬(Sr), 바륨(Ba)을 분리함으로써 혼자서 여섯 개나 되는 원소를 발견했습니다. 그리고 붕산을 전기 분해하여 붕소(B)를 분리하기도 했습니다.

| 산에 관한 데이비의 주장

1809년에는 산에 관해 중요한 고찰을 발표했습니다. 그동안 산은 황산(H_2SO_4)이나 탄산(H_2CO_3)처럼 물질 안에 물(H_2O)이 들어 있어 산소(O)가 포함된 물질로 여겨져 왔습니다. 라부아지에가 명명한 '산소'라는 이름의 유래도 여기서 기인했는데, 데이비는 물과 산소를 포함하지 않는 염산(HCl)을 근거로 산의 본질은 수소라고 주장했습니다.

| 데이비가 발명한 탄광용 안전등

이전에는 탄광에서 석유등을 사용했는데, 램프의 불 때문에 대규모 폭발 사고가 일어나 수많은 인명이 희생되는 사건이 자주 발생했습니다. 이에 폭발 사고가 일어나지 않도록 안전한 램프를 만들어 달라는 의뢰를 받고 데이비가 발명한 제품이 [그림 2]처럼 촘촘한 망으로 감싼 램프입니다. 데이비는 불꽃의 성질 때문에 불은 촘촘한 그물망을 통과할 수 없고, 금속망이 방열 작용을 하므로 가스의 주성분인 메테인도 폭발하는 온도까지 이르지 않으리라고 생각했습니다.

그의 발명 덕에 탄광에서 폭발 사고가 일어나지 않게 되면서 영국의 석탄 산업은 더욱 활발히 발전했습니다.

데이비에게 이 기술의 특허를 출원하라고 권한 사람들도 있었지만, 모든 사람이 사용하기를 바랐던 그는 특허를 내지 않았다고 합니다.

광산주들은 데이비에게 감사의 마음을 담아 온 접시를 선물했는데, 이를 기념하여 데이비 메

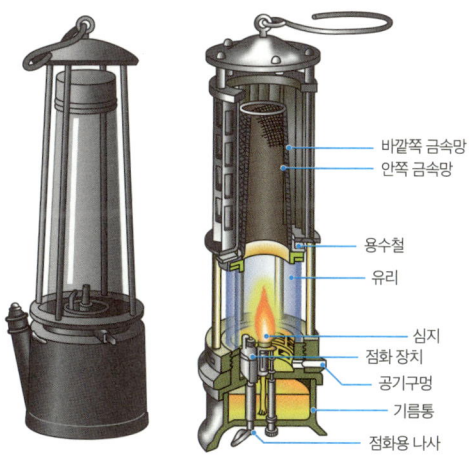

[그림 2] 데이비의 안전등

바깥쪽 금속망
안쪽 금속망

용수철
유리

심지
점화 장치
공기구멍
기름통
점화용 나사

달이 창설되었고 매년 수상자를 배출했습니다. 비활성 기체를 발견한 램지의 스승인 독일의 로베르트 분젠[Robert Bunsen, 1811~1899]과 구스타프 키르히호프[Gustav Kirchhoff, 1824~1887]가 제1회 수상자입니다.

1819년, 데이비는 안전등을 발명한 공로로 뉴턴보다 높은 남작 작위를 받았습니다.

| 신혼여행에 패러데이를 데려간 데이비

1812년 4월 8일, 데이비는 과학자로서 뉴턴에 이어 두 번째로 기사 작위를 받았습니다. 그리고 3일 뒤 부유한 귀족 부인 제인 아프리스[Jane Apreece]와 결혼했습니다.

결혼한 지 1년 반이 지나 왕립연구소에 고용된 22세의 마이클 패러데이(6장 '전기화학' 참조)를 제자로 들였고, 아내와 1년 이상 대륙 여행에 나서면서 그를 데려갔습니다. 당시 영국은 프랑스와 전쟁 중이었지만 파리에서 크게 환영받았고, 이탈리아 밀라노에서는 볼타와 만났으며 피렌체에서는 태양 빛을 렌즈로 모아 다이아몬드를 태우는 실험도 했습니다.

| 파급 효과

왕립연구소에서 데이비가 진행한 공개 강연은 내용도 풍부했고 당시 런던 시민들의 평판도 좋았습니다. 제본소에서 일하던 21세의 청년 마이

왕립연구소
(1840년경)

클 패러데이는 이 강연을 계기로 데이비의 조수가 되었습니다. 당시 강의록도 그가 작성했습니다. 데이비가 이룬 수많은 연구 성과 중 패러데이를 발굴한 것이 최대의 업적이라고 평가하는 사람도 있습니다.

데이비 덕에 사람들은 공개 강연에 관심을 갖게 되었고, 그의 후계자인 마이클 패러데이가 맡은 뒤로 이 공개 강연은 더욱 활발히 열렸습니다. 패러데이가 **왕립연구소**에서 매해 개최하던 크리스마스 강연은 이제 세계 각지로 뻗어 나갔습니다.

2015년에는 고등학생을 대상으로 한 피터 워더스Peter Wothers 케임브리지대학 교수의 크리스마스 특별 강연이 일본 도쿄이과대학의 가쓰시카캠퍼스 도서관 홀에서 열렸습니다. 주제는 다이아몬드의 연소 실험이었습니다. 책의 저자인 저 후지시마가 실험 조수로 참여했는데, 사진처럼 다이아몬드가 기세 좋게 타오르는 광경은 정말 놀라웠습니다.

도쿄이과대학에서 열린 크리스마스 강연의 다이아몬드 연소 실험
오른쪽이 케임브리지 대학의 피터 워더스 교수, 왼쪽이 후지시마 아키라

▶ 역사에 한 획을 그은 과학자의 명언 ⑤ ◀

★ ★ ★

"스스로 타오르는 촛불은 어떤 보석보다도 아름답다."

마이클 패러데이 | 1791~1867

| 연금술

칼럼

연금술이란 철, 구리, 납, 아연 등의 비금속(공기 중에서 가열하면 쉽게 산화하는 금속)을 귀금속(금, 은, 백금 등 공기 중에서 산화하지 않고 다른 물질과 화학적으로 거의 반응하지 않는 금속)으로 변성하는 기술, 또는 불로장생약과 만병통치약을 만드는 기술을 통틀어 이르는 말입니다. 중국에서는 연단술錬丹術이라는 이름으로 알려졌습니다.

연금술의 기원은 고대 이집트와 고대 그리스 시대까지 거슬러 올라갑니다. 1828년 이집트 테베에서 3세기경의 고문서인 레이던 파피루스와 스톡홀름 파피루스가 발견되었습니다. 이 문서에는 카드미아(구리, 아연, 비소 등이 주성분인 산화물의 혼합물)를 섞어 금을 만드는 방법과 수은과 금의 아말감을 이용한 도금법에 관한 기술이 적혀 있었다고 합니다.

연금술은 이처럼 실험적·과학적 측면에서 불로장생약과 만병통치약을 만드는 방법에 접근했으며, 신비적이고 마술적인 면모도 함께 갖춘 채 발전했습니다.

그리고 12세기경에는 비금속을 귀금속으로 바꾸고 모든 질병을 치료하며 장수를 가능케 한다는 '현자의 돌'이라는 물질을 얻기 위해 수많은 연금술사가 매달렸습니다. 영국 작가 조앤 K. 롤링의 소설 『해리 포터와 마법사의 돌』에 나오는 마법사의 돌이 바로 현자의 돌입니다. 현자의 돌은 연금술사에게 가장 중요한 목표가 되었습니다.

연금술 연구는 르네상스 시대(14~16세기)에 들어 점점 활발해졌으며 사회적으로도 큰 파문을 일으켰습니다.

그러나 17세기에는 연금술과 화학이 섞였고, '최후의 연금술사'라고 불리는 아이작 뉴턴과 로버트 보일이 근대 과학의 기틀을 세웠습니다. 그리고 근대 과학의 성립과 함께 연금술은 급격히 쇠퇴했습니다.

연금술을 소재로 한 그림도 많은데, 그중 16세기 연금술사의 일상을 그린 피터르 브뤼헐Pieter Brueghel의 작품을 소개합니다.

조수 두 명은 제 할 일을 하고 아이들은 먹을 것을 찾아 선반을 뒤지고 있으며 집 바깥에서는 생활고에 시달리는 연금술사의 아내들을 수녀가 위로하고 있습니다. 화려한 이미지와 달리 실속 없는 학문에 몰두하며 가난에 시달리는 연금술사의 모습을 묘사한 작품입니다.

한편 연금술의 시행착오 과정에서 이루어진 발명이나 발견의 성과는 현대 과학으로 이어졌습니다. 황산, 질산, 염산, 왕수 등 다양한 산의 발견과 알코올 증류기, 도자기, 화약 등의 발명이 모두 연금술에서 탄생했습니다.

물질의 연소 현상에 관한 연구에도 오늘날의 연소 이론이 확립되기까지 다사다난한 역사가 담겨 있습니다. 아리스토텔레스의 4원소(공기, 흙, 불, 물)설과 중세 아랍 연금술사들이 만든 이론을 발전시킨 파라켈수스의 3원질(수은, 황, 염)설을 거쳐 17세기 후반에 플로지스톤설이 제창되었고, 18세기 후반 라부아지에가 플로지스톤설을 부정하면서 이론이 확립되었습니다.

피터르 브뤼헐
「연금술사」

램지

William Ramsay, 1852~1916 / 영국

영국의 화학자입니다. 글래스고대학을 나왔으며 독일로 유학하여 튀빙겐대학에서 루돌프 피티히Rudolph Fittig에게 유기화학을 배웠습니다. 1880년부터 브리스톨대학에서, 1887년부터는 런던대학에서 교수로 활동했습니다. 희토류 원소를 발견하여 18족 원소의 존재를 증명했습니다. 그리고 방사능 연구에 종사하며 방사성 붕괴설을 제안했습니다. 1904년 노벨 화학상을 받았습니다.

케임브리지대학의 레일리 경은 공기에서 분리한 질소의 밀도와 암모니아를 분해해서 얻은 질소의 밀도 중 전자가 조금 더 크다는 사실을 1892년 《네이처》에 발표했습니다. 레일리 경과 함께 연구하던 램지는 공기에서 산소를 제거한 기체의 방전을 이용한 분광법으로 새로운 원소를 발견했습니다. 이 새로운 원소는 일반적인 방법으로는 다른 화합물과 반응하지 않는 비활성 물질이었습니다.

1898년, 레일리 경과 램지는 비활성을 뜻하는 그리스어에서 따와 이 새로운 원소를 '아르곤(Ar)'이라고 명명했습니다. 발견 당시에는 주기율표에 아르곤이 들어갈 자리가 없었지만, 이후 염소(Cl)와 칼륨(K) 사이에 들어가게 되었습니다.

램지는 주기율표에서 성질이 비슷한 원소가 그 밖에도 있으리라고 여겼고, 액체 공기를 대량으로 입수해 서서히 온도를 높이며 분별 증류했습니다. 그리고 남은 소량의 액체에서 기화한 기체를 대상으로 스펙트럼 분석을 진행했습니다. 그는 이 방법으로 크립톤(Kr), 네온(Ne), 제논(Xe)까지 발견했으며, 화학적으로 안정되어 화학 반응을 잘 일으키지 않는다고 하여 '비활성

> **레일리 경**(존 윌리엄 스트럿)1842~1919
> 영국의 물리학자입니다. 에식스주에서 귀족의 아들로 태어나 케임브리지대학의 트리니티 칼리지를 졸업했습니다.
> 1871년에 진행한 미립자에 의한 빛의 산란에 관한 연구는 **레일리 산란**이라는 이름으로 널리 알려져 있습니다. 레일리 경은 이 연구를 통해 하늘이 왜 푸른지 설명했습니다.

기체'라고 명명했습니다.

비활성 기체를 위해 주기율표에 새 칸이 마련되었습니다. 이 원소들이 비활성인 이유는 뒤에서 소개할 전자 배치도(63쪽)와 함께 설명하겠습니다. 아르곤을 발견하기 전인 1895년에는 헬륨(He)도 발견했습니다. 램지는 1904년 노벨 화학상을 받았으며, 레일리 경도 같은 해에 노벨 물리학상을 받았습니다.

레일리 경은 1879년 맥스웰의 뒤를 이어 캐번디시 연구소의 2대 소장이 되었습니다. 5년 후 퇴임한 그는 자택 실험실에서 연구를 계속했습니다. 캐번디시 연구소에서 일할 당시에는 암모니아를 분해할 때 만들어지는 질소의 밀도보다

공기에서 분리한 질소의 밀도가 더 크다는 사실을 발견했습니다. 그리고 그 결과를 《네이처》에 보고하면서 그 이유에 대한 의견을 구했습니다.

레일리 경은 같은 현상에 주목한 램지와 협력하여 연구를 진행했고, 특히 물리적 관점에서 미지의 기체를 탐구했습니다.

아르곤 발견 실험

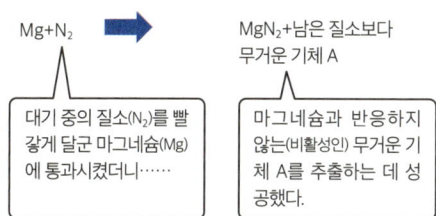

$Mg+N_2$ →

MgN_2+남은 질소보다 무거운 기체 A

> 대기 중의 질소(N_2)를 빨갛게 달군 마그네슘(Mg)에 통과시켰더니……

> 마그네슘과 반응하지 않는(비활성인) 무거운 기체 A를 추출하는 데 성공했다.

무거운 기체 A →

- 원소의 스펙트럼이 질소와 다르다(새로운 기체 발견).
- 아르곤이라고 명명했다.
- 아르곤(Ar)은 비활성 기체이며 밀도는 질소의 약 1.5배다.
- 단원자 분자임이 판명되었다.

램지가 아르곤을 발견하는 데 도움을 준 분광법의 선생, 분젠

분젠 버너는 중고등학교 과학 실험실에 반드시 있는 기구입니다. 가스의 불꽃을 무색으로 만들 수 있고 불꽃 세기까지 자유롭게 조절할 수 있습니다. 이를 발명한 과학자가 로베르트 분젠Robert Bunsen입니다.

대학을 졸업한 램지를 최초로 가르친 스승이 바로 분젠이었습니다.

분젠은 1860년 세슘(Cs)을, 1861년 루비듐(Rb)을 발견했습니다.

분광기 덕에 1861년 영국의 물리학자 윌리엄 크룩스William Crookes가

로베르트 분젠

1811년생이며 괴팅겐대학에서 학위를 받았습니다. 독일의 카셀, 마르부르크에서 교수로 재직하다가 1852년 하이델베르크대학 교수가 되었습니다.

키르히호프의 법칙으로 유명한 키르히호프와는 하이델베르크대학의 동료 사이인데, 두 사람은 협력하여 분광기를 개발했고 분젠이 발명한 버너로 각종 이온 화합물의 **불꽃색 반응**을 연구했습니다.

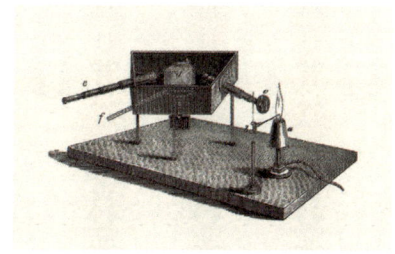

분젠과 키르히호프의 분광기

탈륨(Tl)을, 1863년 독일의 화학자 페르디난트 라이히Ferdinand Reich와 테오도르 리히터Theodor Richter가 인듐(In)을 발견할 수 있었습니다.

각종 비활성 기체

헬륨(녹는점 -272℃, 끓는점 -269℃)

하늘 높이 나는 풍선에 들어 있는 헬륨은 비활성 기체 중에서도 가장 가벼운 원소입니다. 헬륨 가스를 액체로 만들려면 -269℃ 이하로 냉각해야 합니다. 액체 헬륨은 초전도 상태를 유지하는 데 사용되며, 자기부상열차와 의료 검사용 MRI 장치에도 쓰입니다.

헬륨은 1868년, 개기일식이 일어난 날 영국의 천문학자 노먼 로키어Norman Lockyer가 태양을 둘러싼 가스의 스펙트럼을 관측하는 과정에서 발견

했다고 합니다. 헬륨이라는 이름은 그리스 신화에 나오는 태양의 신 헬리오스에서 유래했습니다. 헬륨은 태양에서 일어나는 수소 핵융합 반응으로 생성되는 물질입니다. 지상에서는 1895년 램지가 역청 우라늄석을 연구하던 도중 발견했으며, 오늘날에는 지하의 천연가스에서 채취합니다. 이 때문에 헬륨을 실제로 발견한 사람을 램지로 보기도 합니다. 로키어는 헬륨을 발견한 다음 해인 1869년에 과학 학술지 《네이처》를 창간했습니다.

플러스 +1

헬륨(녹는점 -272℃, 끓는점 -269℃)

헬륨이 액체가 되는 온도는 -268.95℃(4.2K)인데, 그보다 더 낮은 -270.98℃(2.17K)에서는 초유동超流動 현상이 나타납니다.

초유동체 상태에서는 일반적인 액체는 지나가지 못할 만큼 좁은 공간도 지나갈 수 있고, 비커 벽면을 타고 올라가기도 합니다.

아르곤(녹는점 -189℃, 끓는점 -186℃)

대기 중 질소, 산소에 이어 세 번째로 높은 비중을 차지하는 기체입니다. 아르곤argon이라는 이름은 게으름뱅이를 뜻하는 그리스어 'argostrofos'에서 유래했습니다. 열을 잘 전달하지 않으므로 이중창이나 잠수복에 이용되며 금속을 용접할 때 금속이 산소와 반응하여 산화되는 것을 예방하는 기체 역시 아르곤입니다. 절대 게으름뱅이가 아닙니다.

제2장에서 소개한 바 있는 괴짜 연구자 캐번

디시도 1785년 공기 중에 산소와 질소 외에도 무거운 공기가 약 1% 들어 있다는 실험 결과를 노트에 남겼습니다. 정말 놀라운 일이군요.

네온(녹는점 -249℃, 끓는점 -246℃)

지구 대기 중 0.001%를 차지하는 기체입니다. 지구가 탄생할 당시 암석에 갇혔던 네온이 화산 분화로 방출됩니다. 네온 가스를 가스관에 넣은 네온사인으로 친숙한 기체이기도 합니다.

영국의 물리학자 조지프 존 톰슨Joseph John Thomson은 1913년 네온 원자의 질량 분석으로 ^{20}Ne과 ^{22}Ne이라는 동위 원소를 발견함으로써 방사능이 없는 원소의 동위 원소가 존재한다는 사실을 증명했습니다.

크립톤(녹는점 -157℃, 끓는점 -152℃)

크립톤krypton이라는 이름은 '숨겨진 것'을 뜻하는 그리스어 'kryptos'에서 유래했습니다. 광석에는 들어 있지 않고 대기 중에만 극미량 존재합니다. 밝고 하얗게 빛나서 플래시램프에 쓰입니다.

플루오린과 반응해서 만들어지는 플루오린화 크립톤(KrF)은 레이저에 쓰입니다.

제논(녹는점 -112℃, 끓는점 -108℃)

제논이 들어간 램프는 가시광선 영역의 밝은 광원입니다. 광화학 연구에서는 수은 램프와 마찬가지로 종종 쓰이며 살균할 때도 제논 램프에서 나오는 강한 빛을 사용하곤 합니다. 들이마셔도 해롭지 않아 마취제로도 쓰입니다.

제논은 우주선의 추진제에도 들어갑니다. 전기장에서 가열한 이온을 고속으로 분사했을 때의 반동으로 추진력을 얻는 원리인데, 일본 최초

의 소행성 탐사선 하야부사はやぶさ의 엔진에서도 활약하고 있습니다.

라돈(녹는점 -71℃, 끓는점 -61.8℃)

자연에 존재하는 비활성 기체이자 방사성 원소입니다. 화산성 온천에서 뿜어져 나오는 가스에 들어 있습니다. 반감기는 3.8일이며 지진을 탐지할 때 활용합니다.

1995년 일본에서 한신·아와지 대지진이 일어나기 전에 전조 증상으로 지하수의 라돈 농도가 증가했다고 합니다.

| 비활성 기체의 전자 개수

원자번호	원소명	전자 개수					
		K 껍질	L 껍질	M 껍질	N 껍질	O 껍질	P 껍질
2	헬륨	2					
10	네온	2	8				
18	아르곤	2	8	8			
36	크립톤	2	8	18	8		
54	제논	2	8	18	18	8	
86	라돈	2	8	18	32	18	8

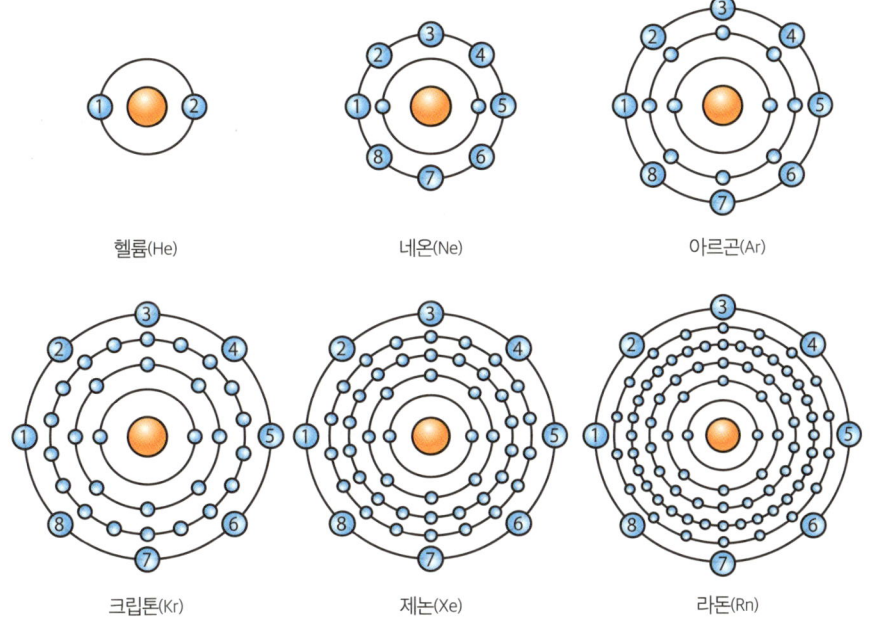

헬륨(He) 네온(Ne) 아르곤(Ar)

크립톤(Kr) 제논(Xe) 라돈(Rn)

5장

물리화학 분야의
세 선구자

야코뷔스 헨리퀴스 판트호프 *Jacobus Henricus van't Hoff* | 1852~1911년
"삼투압과 입체화학 분야에서 업적을 남겼다."

*

프리드리히 빌헬름 오스트발트 *Friedrich Wilhelm Ostwald* | 1853~1932년
"희석률을 발견했다."

*

스반테 아레니우스 *Svante Arrhenius* | 1859~1927년
"전기 해리 이론과 화학 반응 속도론을 제창했다."

세 사람은 저마다 출신은 달라도 서로 협력하며 젊은 시절부터 물리화학의 중요한 주제인 전해질 용액을 연구해 성과를 거둔 물리화학 분야의 선구자입니다. 장년이 되어서도 활발하게 연구 활동을 펼쳤으며 모두 노벨 화학상을 받았습니다.

25세의 스웨덴 과학자 스반테 아레니우스는 웁살라 대학에서 전기화학을 주제로 학위 논문을 완성했습니다. 식용 소금이 물에 녹으면 나트륨 이온과 염소 이온으로 분해되는데, 용액이 전도성을 띠는 이유는 이 이온이 원인이라는 내용을 실험으로 증명하고 이론적으로도 검토한 논문입니다. 그러나 심사 위원들이 이를 이해하지 못한 탓에 그의 박사 논문은 한동안 보류되고 말았습니다.

이후 아레니우스는 31세의 네덜란드 과학자 야코뷔스 헨리퀴스 판트호프와 30세의 라트비아 과학자 빌헬름 오스트발트에게 편지를 보냈고, 그렇게 이온설을 주장한 세 사람이 모였습니다.

염화나트륨(NaCl)을 물에 녹이면 설탕을 물에 녹였을 때와 달리 양이온인 나트륨 이온(Na^+)과 음이온인 염소 이온(Cl^-)으로 나뉘어 물속에 존재하는데, 이온 화합물의 농도는 설탕의 2배였습니다. 오늘날 우리는 전해질이 포함된 수용액에 관한 현상을 당연하게 여기지만, 당시 사람들에게는 받아들이기 매우 어려운 일이었습니다.

다음 그림은 판트호프, 오스트발트, 아레니우스 세 사람이 젊었을 때 교류하는 모습을 나타낸 도식입니다. 노벨상이 창설된 후 세 사람은 같은 해에 함께 받지는 않았지만 거의 연속해서 노벨 화학상을 수상했습니다.

서로 다른 나라에 살던 세 청년이 지금으로부터 140년도 더 전 유럽에서 연락을 주고받고, 때로는 직접 방문하며 공동으로 연구했다니 감동적이지 않나요?

세 사람이 창간한 학술 논문지 《물리 화학 잡지 Zeitschrift für physikalische Chemie》는 오늘날 매우 수준 높은 학술지로 잘 알려져 있습니다.

이온설을 주장한 세 사람의 젊은 시절 교류 관계도

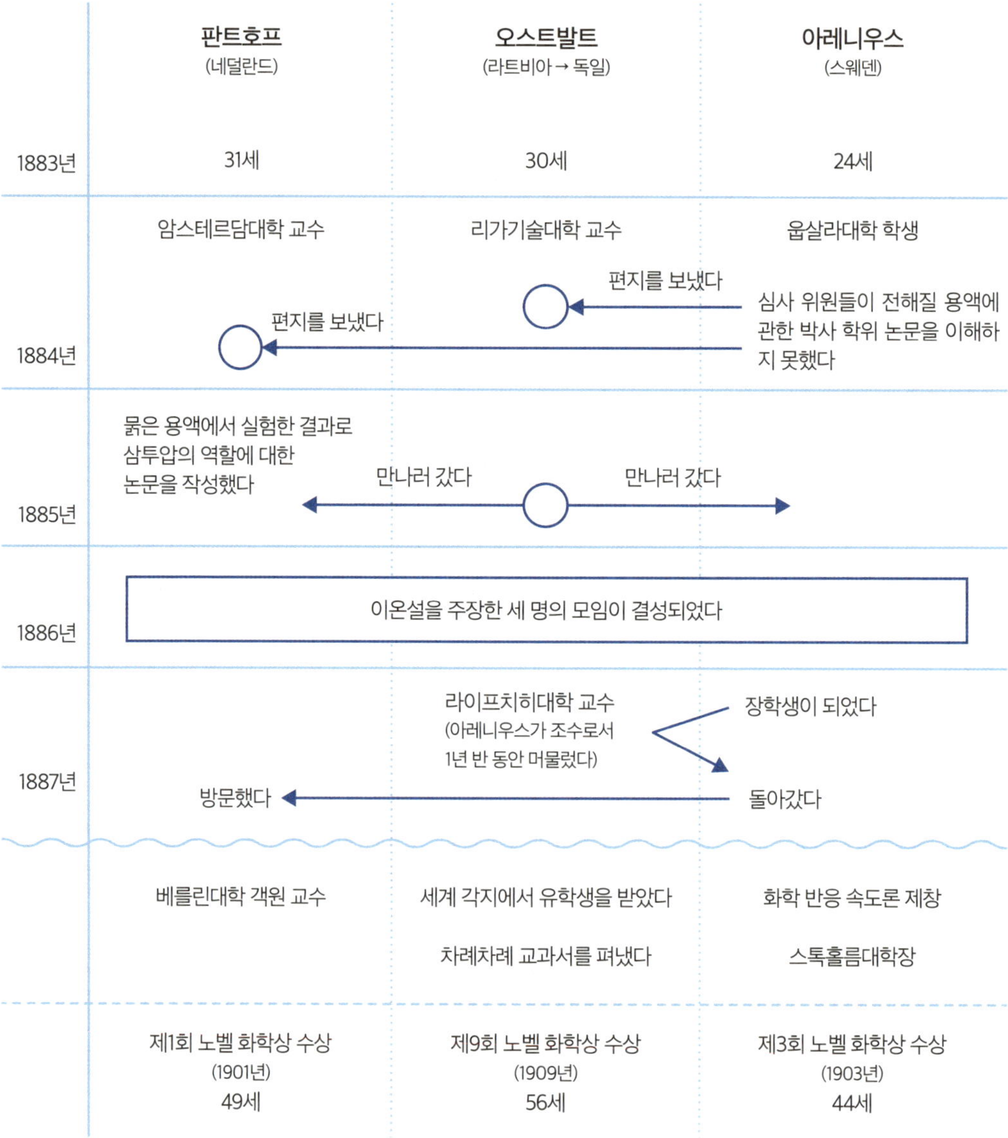

	판트호프 (네덜란드)	오스트발트 (라트비아 → 독일)	아레니우스 (스웨덴)
1883년	31세	30세	24세
1884년	암스테르담대학 교수	리가기술대학 교수	웁살라대학 학생

1884년: 편지를 보냈다 ← 편지를 보냈다 ← 심사 위원들이 전해질 용액에 관한 박사 학위 논문을 이해하지 못했다

1885년: 묽은 용액에서 실험한 결과로 삼투압의 역할에 대한 논문을 작성했다 ← 만나러 갔다 — 만나러 갔다 →

1886년: 이온설을 주장한 세 명의 모임이 결성되었다

1887년:
라이프치히대학 교수
(아레니우스가 조수로서 1년 반 동안 머물렀다)

장학생이 되었다

방문했다 ← 돌아갔다

베를린대학 객원 교수	세계 각지에서 유학생을 받았다 차례차례 교과서를 펴냈다	화학 반응 속도론 제창 스톡홀름대학장
제1회 노벨 화학상 수상 (1901년) 49세	제9회 노벨 화학상 수상 (1909년) 56세	제3회 노벨 화학상 수상 (1903년) 44세

★ ★ ★

"살면서 할 수 있는 일에 집중하라.
할 수 없는 일을 후회하지 말라."

스티븐 호킹 Stephen Hawking | 1942~2018

판트호프

Jacobus Henricus van't Hoff, 1852~1911 / 네덜란드

네덜란드의 물리화학자이자 유기화학자입니다. 네덜란드 로테르담에서 의사의 아들로 태어났습니다. 레이던에서 화학을 배운 뒤 본에서 케쿨레에게 사사했으며 위트레흐트에서 학위를 취득했습니다. 1876년 수의학교에서 교직에 몸담았다가 1877년 암스테르담대학 강사가 되었고 1년 뒤 교수로 취임한 뒤 18년 동안 활동했습니다. 그가 펴낸 『화학 역학 개론Études de dynamique chimique』이라는 교과서는 화학 평형과 온도의 관계를 입증한 책으로 유럽에서 호평받았는데, 이에 주목한 인물 중에는 아레니우스도 있습니다.

유기화학 분야에서는 탄소의 구조가 정사면체라는 가설을 세워 입체화학의 토대를 마련했습니다. 물리화학 분야에서는 삼투압과 화학 평형 연구에 관한 업적으로 물리화학의 개척자라는 명성을 얻었습니다. 1901년 제1회 노벨 화학상을 받았습니다.

삼투압에 관한 논문

삼투압 이론 연구는 판트호프의 대표적인 업적 중 하나입니다. 묽은 용액의 성질을 연구하기 위해 돼지의 방광막을 이용한 삼투압 실험에서 기체와 마찬가지로 보일-샤를의 법칙이 성립한다는 가설을 세웠습니다.

이 가설은 설탕 용액에서는 성립했지만, 염화나트륨(NaCl) 용액에서는 농도를 2배, 황산나트륨(Na_2SO_4) 용액에서는 농도를 3배로 가정해야 맞아떨어졌습니다. 판트호프는 수많은 검토를 거쳐 염화나트륨과 황산나트륨이 해리되어 이온의 농도가 각각 2배, 3배로 늘어났다는 결론에 이르렀습니다.

일반적으로 용매 분자는 통과하지만 용질 분자는 통과하지 않는 반투과성 막을 설치하고 용매와 용액을 접촉했을 때, 용매만 반투과성 막을 통과해서 용액으로 확산하는 현상을 삼투osmosis, 용매의 삼투를 막기 위해 용액에 가해지는 압력을 삼투압osmotic pressure이라고 합니다.

판트호프는 묽은 용액에 대해 다음과 같은 공식을 만들었습니다.

$$\Pi V = nRT$$

(Π: 용액의 삼투압, V: 용액의 부피, n: 용질의 물질량, R: 기체 상수, T: 절대온도)

묽은 용액의 삼투압이 용질의 물질량과 절대온도에 비례한다는 공식을 판트호프 법칙van't Hoff's law이라고 합니다.

입체화학의 창시자 판트호프

판트호프는 물리화학 분야에서 중요한 업적을 남긴 인물로 유명하지만, 그가 20대 초반에 처음 발을 내디딘 분야는 유기 화합물의 입체화학 연구였습니다. 그는 네덜란드어로 쓴 『오늘날 화학에 쓰이는 구조식을 공간으로 확장한 제안』이라는 소책자를 자비로 출판했는데, 이는 나중에 프랑스어와 독일어로도 출판되었습니다.

탄소 원자는 다른 원자와 결합할 때 반드시 4개의 전자를 공유(공유 결합)합니다. 판트호프는 이때 원자끼리 평면이 아니라 입체적으로 결합한다는 탄소 원자의 정사면체설을 제안했습니다.

[그림 1]의 젖산이 정사면체설의 예시입니다. 탄소와 결합하는 4개의 원자는 정사면체의 각 꼭짓점에 위치하고 탄소는 정사면체의 중심에 있습니다. 두 이성질체의 물리적 성질은 같습니다.

그리고 탄소와 탄소가 이중 결합한 분자는 시스cis와 트랜스trans 이성질체로 나뉘는데, 판트호프는 이를 통해 [그림 2]에 소개한 말레산과 푸마르산 화합물의 성질이 다른 이유를 설명했습니다.

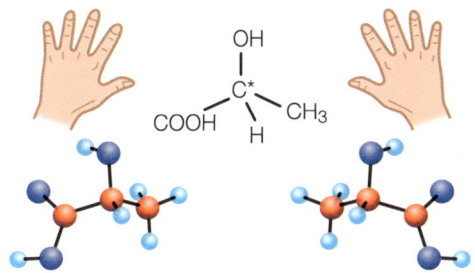

[그림 1] 젖산의 광학 이성질체(거울상 이성질체)

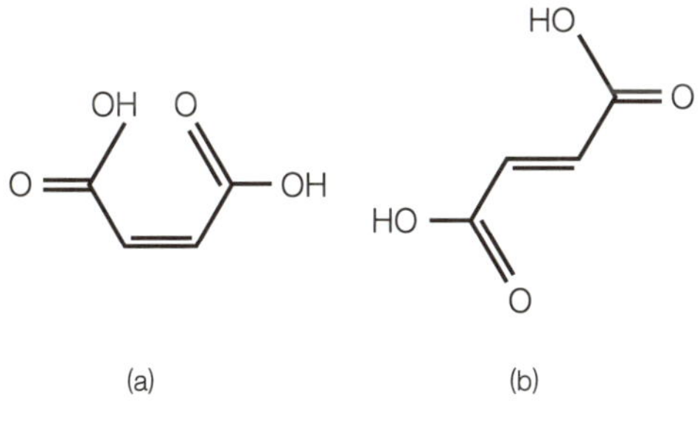

(a)

(b)

[그림 2] (a) 말레산과 (b) 푸마르산

오스트발트

Friedrich Wilhelm Ostwald, 1853~1932 / 라트비아 → 독일

러시아 제국령 라트비아의 리가에서 독일 이민자의 아들로 태어나 러시아 제국 타르투대학에 입학했으며 1878년 박사 학위를 받았습니다. 1881년 리가기술대학 교수가 되었고 1887년 독일 라이프치히대학 교수가 되었습니다. 화학 평형, 화학 반응 속도론, 촉매 등 광범위한 분야에서 활발하게 연구하며 눈부신 업적을 쌓는 한편 물리화학을 화학의 한 분야로 확립하는 데 이바지 했습니다. 열역학을 활용한 판트호프의 화학 평형론과 화학 반응 속도론에 주목했습니다. 그리고 용매에 녹은 용질 일부가 활성 분자가 되어 묽은 용액의 전도를 담당한다는 아레니우스의 가설에도 주목하여 두 사람과 친교를 맺었고, 두 사람의 연구가 학계에서 인정받도록 힘썼습니다. 희석률을 발견하고 반응 속도와 화학 평형을 연구한 공로로 1909년 노벨 화학상을 받았습니다.

물리화학 연구의 중심

1887년, 라이프치히대학에 신설된 물리화학 강좌의 교수로 취임한 오스트발트는 후일 전기화학으로 명성을 떨칠 네른스트를 조수로 채용했습니다. 그의 연구실은 유럽, 미국뿐만 아니라 다양한 나라에서 유학생을 받아들이며, 세계적인 물리화학자 양성 기관으로 발전하게 되었습니다.

감칠맛을 내는 조미료 '아지노모토(국산 조미료 미원의 원조-옮긴이)'를 발명한 이케다 기쿠나에(池田菊苗)도 오스트발트의 제자입니다.

오스트발트의 희석률

오스트발트는 아레니우스의 전기 해리 이론을 응용하여 용액 내 전해질의 이온화 평형에 대해 다음과 같은 식을 도출했습니다. 약전해질 MA가 다음과 같이 두 이온으로 해리할 때,

$$MA \rightleftarrows M^+ + A^-$$

용액의 농도가 V, 이온화도가 a라면

$$\frac{a^2}{(1-a)}V = K$$

K는 온도와 압력이 일정할 때의 이온화 상수입니다.

오스트발트법을 이용한 질산 제조 공정

휘발성 강산인 질산(HNO_3)은 다양한 금속과 반응하여 염을 형성합니다. 염산이나 묽은 황산에는 녹지 않는 구리, 수은, 은 등의 금속도 산화력이 강한 질산에는 녹습니다.

질산은 질소가 함유된 화학 약품과 비료, 폭약 등의 원료로 널리 쓰이며 오스트발트법이라는 공업적 방법으로 만들어집니다. 우선 대량의 암모니아를 공기와 혼합한 다음 백금을 촉매 삼아 약 800℃에서 일산화질소가 될 때까지 산화시킵니다. 이 일산화질소(NO)를 공기 중에서 산화시켜 이산화질소(NO_2)로 만든 다음 물에 흡수시

키면 질산이 만들어집니다.

아지노모토의 개발자 이케다 기쿠나에는 유학생

당시 전 세계에서 수많은 연구자가 라이프치히대학의 오스트발트 연구실로 유학 왔습니다. 최고로 좋은 실험 설비를 갖춘 곳이기도 했고, 오스트발트 교수 본인도 질산 제조법의 개발을 통해 화학 공업에 지대한 공헌을 하고 있었기 때문입니다.

일본 교토에서 태어난 이케다 기쿠나에는 1889년 도쿄제국대학 이과대학 화학과를 졸업한 뒤 대학원과 고등사범학교를 거쳐 도쿄제국대학 조교수가 되었는데, 장학생으로서 1899년부터 1901년까지 오스트발트 밑에서 촉매 작용과 효소를 연구했습니다.

당시 독일은 물리학과 화학의 기초·응용 분야에서 세계를 주도했던 만큼 이케다도 풍부한 경험을 쌓을 수 있었습니다.

그는 귀국 도중 런던에 들러 예전부터 친분이 있던 소설가 나쓰메 소세키夏目漱石의 하숙집에서 50여 일 동안 머물렀다고 합니다.

일본으로 돌아온 이케다는 다시마의 감칠맛에 주목했고, 다시마에서 글루탐산 나트륨MSG 결정

을 얻는 데 성공했습니다. 사업가 스즈키 사부로스케鈴木三郎助와 협력하여 상품명 아지노모토를 개발하고 회사를 설립한 것은 널리 알려진 사실입니다.

볼프강 오스트발트 Wolfgang Ostwald, 1883~1943

빌헬름 오스트발트의 맏아들이며 콜로이드 화학자로 유명합니다. 라이프치히대학에서 생물학을 배웠으나 이후 콜로이드화학으로 전공을 바꿨고, 학술지를 발간하고 교과서를 집필했습니다. 아버지와 마찬가지로 유학생을 적극적으로 받아들였는데, 일본에서 온 유학생도 쓰다 사카에津田栄와 사쿠라다 이치로桜田一郎를 비롯하여 열다섯 명이나 되었다고 합니다.

이케다 기쿠나에

아레니우스

Svante Arrhenius, 1859~1927 / 스웨덴

스웨덴 웁살라대학에서 수학했습니다. 25세에 전기 해리 이론을 주제로 학위 논문을 제출했으나 심사 위원들은 내용을 이해하지 못했다고 합니다. 식용 소금이 물에 녹으면 나트륨 이온과 염소 이온으로 나뉘어 전도체가 된다는 사실을 사람들이 이해하기까지는 시간이 필요했습니다. 전기 해리 이론을 인정받은 뒤로 아레니우스는 물리화학의 대가가 되었습니다. 화학 반응의 속도가 온도에 따라 어떻게 변화하는지에 대한 이론식을 세워 활성화 에너지의 존재를 증명했습니다. 1903년 노벨 화학상을 받았습니다.

| 대표 업적

설탕은 전기가 통하지 않지만, 식염수는 전기가 통한다는 사실을 설명하는 가설을 최초로 제안했습니다.

식용 소금, 즉 염화나트륨은 물에 녹을 때 나트륨 이온과 염소 이온으로 분리되어 녹는다는 전기 해리 이론을 발표했습니다. 음이온^anion과 양이온^cation 같은 이온 개념은 이전에도 마이클 패러데이가 제안한 바 있지만, 아레니우스는 농도와 전기 전도도의 관계를 아울러 조목조목 설명하고 전해질 용액의 기초를 닦았습니다.

| 아레니우스가 내린 산과 염기의 정의

1884년 아레니우스는 산^acid과 염기^base를 다음과 같이 정의했습니다.

- 산: 수용액에 양성자(H^+)를 방출하여 **옥소늄 이온**(H_3O^+)을 만드는 물질.
- 염기: 수용액에서 **수산화 이온**(OH^-)을 만드는 물질.

가령 염화수소(HCl)는 수용액에서 다음과 같이 H_3O^+을 생성하므로 산입니다.

$$HCl + H_2O \rightleftarrows Cl^- + H_3O^+$$

그리고 수산화나트륨($NaOH$)과 암모니아(NH_3)는 다음과 같이 OH^-을 방출하므로 염기로 정의됩니다.

$$NaOH \rightleftarrows Na^+ + OH^-$$
$$NH_3 + H_2O \rightleftarrows NH_4^+ + OH^-$$

아레니우스는 화학 반응 속도에 관해서도 큰 업적을 남겼습니다. 아레니우스가 세운 **화학 반응 속도론**, 특히 활성화 에너지와 아레니우스 식이 유명합니다.

화학 반응은 대부분 온도가 올라가면 속도가 빨라지는데, 아레니우스는 가장 중요한 인자인 속도 상수 k를 도입하여 이 현상의 이론식을 제안했습니다(1889년).

$$k = A \ exp \ \frac{-E}{RT} \ \cdots\cdots \quad (1)$$

여기서 A는 빈도 인자, E는 활성화 에너지, R은 기체 상수($8.3143 J \cdot mol^{-1} \cdot K^{-1}$), T는 반응 온도입니다.

| 파급 효과

화학 반응 속도를 [그림 1]처럼 그래프로 나타내면 활성화 에너지 E의 크기가 중요한데, 이 언덕을 넘으면 반응이 진행되고 촉매를 이용하면 반응 속도가 빨라집니다.

위 식 (1)의 양변을 로그함수로 변환하면 다음과 같은 식을 구할 수 있습니다.

$$log\ k = log\ A\left(\frac{E}{2.303R}\right)\left(\frac{I}{T}\right)$$

따라서 반응 온도(단위: K)의 역수를 X축으로, 속도 상수 k의 로그함수를 Y축으로 하는 그래프를 그리면 두 변수의 관계는 직선으로 표현됩니다. 이것이 아레니우스 그래프입니다.

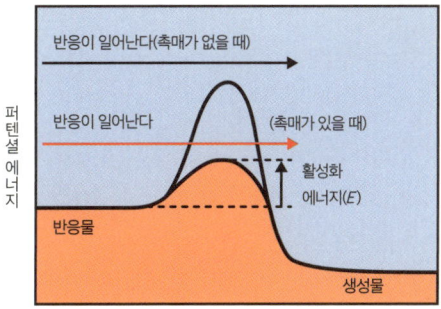

[그림 1] 그래프로 나타낸 화학 반응 속도

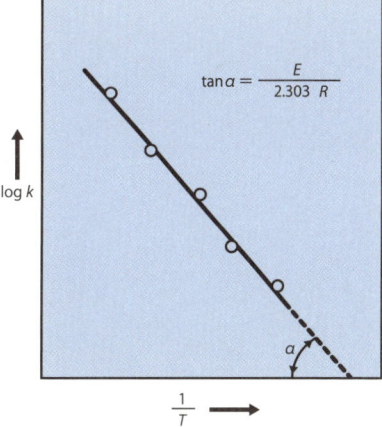

$$tan\ \alpha = \frac{E}{2.303\ R}$$

[그림 2] 속도 상수의 아레니우스 그래프

6장 ▸ 전기화학

알레산드로 볼타 *Alessandro Volta* | 1745~1827년
"볼타 전지를 발명했다."

*

마이클 패러데이 *Michael Faraday* | 1791~1867년
"전기 분해 및 패러데이의 법칙을 증명했다."

*

발터 헤르만 네른스트
Walther Hermann Nernst | 1864~1941년
"기전력과 자유 에너지 변화의 관계식을 발견했다."

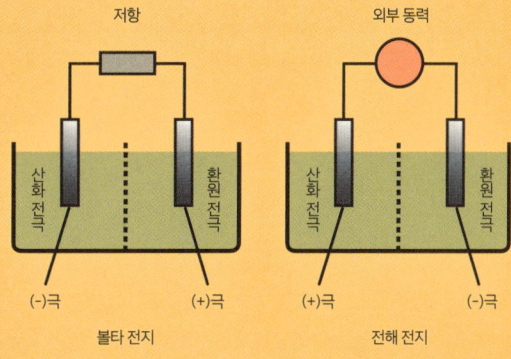

전기화학의 기본 구성

전기화학은 전기와 관련된 화학의 하위 학문입니다. 분자 및 이온의 화학적 변화와 전기 에너지와의 관계, 화학 에너지와 전기 에너지 사이의 상호 변환을 연구하고 이를 공업적으로 응용하는 학문 분야입니다.

전기화학의 연구 대상 중 가장 기본적인 시스템은 위 그림처럼 두 종류의 금속으로 이루어진 도체가 전해질 용액 같은 이온 전도체와 직렬로 연결된 회로입니다. 회로를 닫으면 작동하는 장치는 볼타 전지입니다. 한편 외부에서 전기 에너지를 공급받지 못하면 화학 반응이 일어나지 않는 장치는 전기 분해 반응을 이용한 전해 전지입니다.

최초로 만들어진 전지의 예는 이탈리아의 알렉산드로 볼타가 아연과 구리로 전극을 만든 전지입니다. 그리고 전기 분해의 대표적인 사례는 외부에서 약 2V의 전압을 가하여 물을 산소와 수소로 분해하는 반응입니다. 볼타가 전지를 발표한 직후 영국의 윌리엄 니콜슨 William Nicholson이 물의 전기 분해에 성공했습니다.

영국의 마이클 패러데이는 회로에 흐르는 전기량과 화학 반응으로 생성되는 화합물의 양 사이의 관계를 나타낸 패러데이의 법칙을 발표했습니다.

독일의 발터 네른스트는 여러 전기화학 반응이 일어나는 전위를 열역학적 수치에 관한 식으로 나타내어 이론적으로 증명했습니다.

전기화학과 관련된 제품은 우리 주변 어디에서나 찾아볼 수 있습니다. 각종 전지는 물론 고효율 대형 연료 전지뿐만 아니라 수산화나트륨과 염소 같은 주요 화학 원료를 만들 때도 전기 분해를 활용합니다. 금속으로는 전기 분해로 만드는 알루미늄과, 전기화학적 방법으로 불순물을 제거해서 순도를 높이는 구리를 예로 들 수 있습니다. 철은 가장 중요한 금속인 동시에 녹슬기 쉬운 금속이므로 녹슬지 않게 처리해야 하는데, 이때도 전기화학을 활용합니다.

다양한 물질을 탐지하는 센서에도 역시 전기화학적 원리가 폭넓게 활용되고 있습니다.

볼타

Alessandro Volta, 1745~1827 / **이탈리아**

유복한 가정에서 태어나 파비아대학의 물리학 교수가 되었습니다. 이탈리아 볼로냐대학의 해부학자 루이지 갈바니는 개구리의 근육 운동을 연구할 때 철제 접시 위에 개구리 다리를 놓고 황동으로 만든 철사를 갖다 대자 개구리의 다리가 경련하는 현상에서 영감을 얻어 개구리의 몸에 전기가 흐른다고 발표했습니다. 갈바니의 '동물 전기'를 연구한 볼타는 전기가 발생한 원인이 금속이라고 생각했고, 두 금속 사이에 식염수에 담근 천을 끼웠을 때 전기가 발생하는 현상을 발견했습니다. 1800년에는 이를 토대로 구리와 아연으로 전기를 발생시키는 볼타 전지를 발명했습니다.

| 대표 업적

볼타 전지를 발명했다는 소식은 순식간에 유럽 전역으로 퍼졌고, 프랑스 제국의 황제가 될 나폴레옹 보나파르트^{Napoléon Bonaparte}도 흥미를 보였습니다. 1801년, 파리에 초대받은 볼타가 나폴레옹 앞에서 전지를 이용한 실험을 시연하자 나폴레옹은 크게 기뻐했다고 합니다. 전압의 단위인 볼트(V)는 볼타의 이름을 딴 명칭입니다.

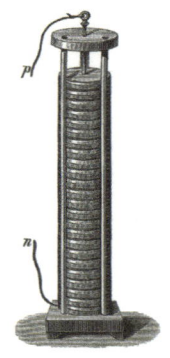

[그림 1] 볼타 전지

나폴레옹 보나파르트 앞에서 전지 사용법을 시연하는 볼타

| 파급 효과

볼타의 발표 이후 유럽을 중심으로 세계 각지에서 전지를 사용하기 시작했습니다. 험프리 데이비가 전기 분해 연구로 나트륨(Na), 칼륨(K), 칼슘(Ca), 마그네슘(Mg), 스트론튬(Sr) 등의 원소를 발견할 때뿐만 아니라 마이클 패러데이의 전자 유도 실험(1831년)에도 전지가 사용되었습니다.

이후 전지는 없어서는 안 될 물건이 되었고, 망가니즈 전지와 이차 전지인 **리튬** 이온 전지 등으로 발전하여, 오늘날 우리 생활에서 다양한 형태로 활용되고 있습니다.

볼타의 고향이자 그가 세상을 떠난 이탈리아

북부 코모에는 볼타 기념관이 있는데 오늘날에도 많은 사람이 찾는다고 합니다.

볼타 기념관

갈바니 전지를 이용한 개구리 실험에서 힌트를 얻은 볼타

이탈리아의 해부학자 루이지 갈바니는 동물, 특히 개구리를 이용해 신경 반응을 연구했습니다. 죽은 개구리의 허리 신경에 구리로 만든 막대를 갖다 대고 철사의 양 끝을 넓적다리 근육과 구리 막대에 각각 접촉하면 개구리의 넓적다리가 급격히 수축하는 현상을 발견했습니다.

갈바니는 죽은 개구리의 근육이 수축하는 원인이 생체 전기라고 확신했고, 이를 주제로 쓴 논문을 따로 인쇄해서 이탈리아 파비아대학의 물리학자 볼타에게 보냈습니다. 볼타는 갈바니의 실험을 이어받아 후속 연구를 진행했습니다. 그는 서로 다른 금속을 접촉하면 한쪽이 (-)극, 다른 한쪽이 (+)극이 되며 근육은 그저 생물적인 반응을 보이는 전도체에 지나지 않는다고 이해했습니다. 생물학자인 갈바니와 물리학자인 볼타는 서로 다른 대상에 흥미를 보인 셈입니다.

최종적으로는 볼타의 설이 정답으로 기울었고, 일정한 전류가 흐르는 볼타 전지가 발명되었습니다. 그리고 그는 아연(Zn), 철(Fe), 주석(Sn), 납(Pb), 구리(Cu), 은(Ag), 백금(Pt), 금(Au) 중에

서 두 금속을 조합해 기전력을 측정했습니다.

이렇게 볼타가 1800년에 아연과 구리를 전해액에 담가 만든 전지가 바로 오늘날 갈바니 전지로도 불리는 볼타 전지입니다.

갈바니의 이름은 그 밖에도 구리판에 아연을 도금하는 아연 도금galvanizing, 서로 다른 금속이 접촉했을 때 일어나는 부식인 '이종 금속 접촉 부식galvanic corrosion' 등 과학 용어의 유래가 되었습니다.

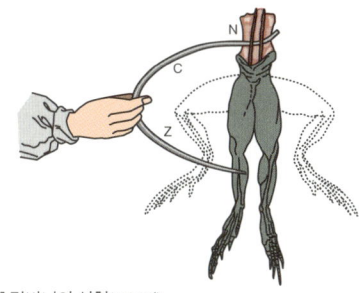

[그림 2] 갈바니의 실험(1790년)
구리로 만든 버팀목(N)에 등뼈와 신경을 통과하도록 늘어뜨린 철사의 한쪽 끝(C)은 버팀목에, 다른 한쪽 끝은 개구리 다리에 닿도록 연결하면 개구리의 다리가 움직인다.

루이지 갈바니 Luigi Galvani, 1737~1798
이탈리아 볼로냐 출신으로 아버지의 뒤를 이어 의사가 되었습니다. 볼로냐대학 해부학 교수로 취임했고 나중에는 학장이 되었습니다. 갈바니는 이탈리아에서 볼타와 어깨를 나란히 할 정도로 존경받는 전기화학 연구자였으며, 갈바니 전지, 갈바니 전위, 검류계galvanometer 등 여러 용어에 이름을 남겼습니다.

저 후지시마도 2011년 이탈리아화학회로부터 **갈바니 메달**을 받았습니다.

저자가 받은 갈바니 메달

| 갈바니 메달

이탈리아화학회가 전기화학 분야에서 업적을 쌓은 외국의 화학자에게 수여하는 상으로, 1986년에 제정되었습니다.

연도	수상자
1986년	로저 파슨스Roger Parsons(영국)
1988년	하인츠 게리셔Heinz Gerischer(독일)
1991년	브라이언 E. 콘웨이Brian E. Conway(캐나다)
1992년	앨런 J. 바드Allen J. Bard(미국)
1994년	마르셀 푸베이Marcel Pourbaix(벨기에)
1997년	장미셸 사베옹Jean-Michel Savéant(프랑스)
1998년	콜린 빈센트Colin Vincent(영국)
2000년	디터 M. 콜브Dieter M. Kolb(독일)
2002년	알레한드로 J. 아비Alejandro J. Arvi(아르헨티나)
2004년	로이스 W. 머리Royce W. Murray(미국)
2007년	크리스티앙 아마토레Christian Amatore(프랑스)
2009년	미하엘 그라첼Michael Grätzel(스위스)
2011년	후지시마 아키라藤嶋昭(일본)
2015년	필립 N. 바틀릿Philip N. Bartlett(영국)

뒷이야기

건식 볼타 전지(야이 건전지)

전지 안에 들어가는 전해액을 종이에 묻혀 사용하는 습전지(볼타 전지)와 달리 액체를 전혀 사용하지 않는 건전지를 만든 사람이 있습니다. 바로 일본의 야이 사키조屋井先藏입니다. 도쿄물리학교(현 도쿄이과대학)에서 기술자로 재직하던 1887년에 최초의 건전지를 만들었다고 합니다. 현재 도쿄이과대학 가구라자카 캠퍼스에 있는 근대 과학 자료관에 야이 건전지가 전시되어 있습니다.

야이 건전지

바그다드 전지

1932년 독일의 고고학자가 이라크 유적에서 고대 전지를 발굴했습니다. 발견 장소의 지명을 따 **바그다드 전지** 혹은 **후주트 라부 전지**라고 합니다. 이 전지는 지금으로부터 약 2,000년 전, 즉 기원전에서 기원후(서기)로 넘어갈 즈음 사용된 물건으로 추정됩니다.

아래 그림은 바그다드 전지의 구조를 나타낸 모식도입니다. 발굴 당시 **전해질 용액**은 당연히 남아 있지 않았지만, 철봉과 바깥의 구리 통 구조물 사이에 포도주를 넣으면 기전력이 발생해서 전류를 추출할 수 있었다고 합니다. 도금에 쓰였던 걸까요? 당시 아라비아인이 은이나 구리로 도금한 반지와 목걸이를 착용했다면 놀랄 만한 일이겠습니다.

저(저자 후지시마)는 일본 전기화학회에서 『새로운 전기화학新しい電気化学』을 편집할 당시 바그다드 전지를 알게 된 뒤로 꼭 실물을 보고 싶었습니다. 이 글을 쓰고 있는 때로부터 35년도 더 전인데, 1984년 후세인 이라크 대통령으로부터 태양 에너지 변환 시설이 완공되어 국제회의를 개최하려 하는데 특별 강연을 해 줄 수 있겠냐는 의뢰를 받은 적이 있습니다. 한창 긴장이 팽팽한 상황이었지만 저는 바그다드로 떠났습니다. 독일의 베르너 H. 블로스 Werner H. Bloss 교수님과 저 외에는 모두 중동 관계자분들이었는데, 도중에 한나절 동안 혼자 **이라크 박물관**에 다녀왔습니다. 접수처에 앉아 계신 분께 한참 사정을 설명한 끝에 전시대에서 반출된 바그다드 전지의 실물을 봤을 때는 감격을 금치 못했습니다.

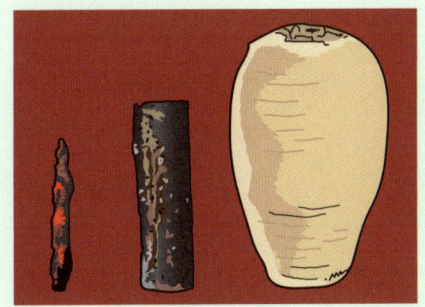

바그다드 전지
왼쪽이 철봉, 가운데가 구리 통

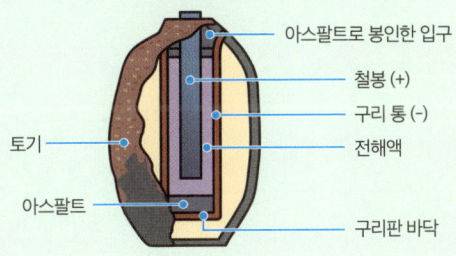

아스팔트로 봉인한 입구
철봉 (+)
구리 통 (-)
전해액
토기
아스팔트
구리판 바닥

바그다드 전지의 구조

이라크의 태양 에너지 변환 시설
독일의 블로스 교수님, 이란의 나만 교수님과 함께

이라크 박물관 앞에서, 바그다드 전지의 설명 카탈로그를 들고

패러데이

Michael Faraday, 1791~1867 / 영국

런던 교외의 대장장이 집안에서 10남매 중 둘째로 태어났습니다. 집안 살림이 어려웠던 탓에 13세의 나이에 제본소에 들어가 일을 시작했고, 틈틈이 책을 읽으며 공부했습니다. 21세가 되었을 무렵 당시 호평을 받고 있던 왕립연구소의 공개 강연을 볼 기회가 생겼던 패러데이는 **험프리 데이비**의 강의를 듣고 감동을 받았다고 합니다. 그리고 데이비에게 편지를 보내 그의 조수로 일할 수 있게 되었습니다. 오랜 세월 좁은 다락방에서 생활하며 70세까지 왕립연구소에서 연구를 계속했으며, 전기 분해 법칙과 전자기 유도 등 수많은 업적을 남겼습니다.

연도	나이	패러데이의 경력과 업적
1791년	0세	런던의 교외 뉴잉턴에서 태어났다.
1795년	4세	일가족이 런던으로 이사했다.
1804년	13세	리보 서점에서 제본 일을 시작했다.
1812년	21세	왕립연구소에서 데이비의 강의를 들었다.
1813년	22세	왕립연구소의 조수가 되었다. 데이비와 함께 대륙 여행을 떠났다(~1815년).
1816년	25세	석회석 분석에 관해 연구했다.
1818년	27세	강철을 연구했다(~1824년).
1821년	30세	세라 바너드Sarah Barnard와 결혼했다.
1823년	32세	염소를 액화하는 데 성공했다.
1824년	33세	왕립학회 회원이 되었다.
1825년	34세	벤젠을 발견했다. 실험실 주임이 되었다.
1826년	35세	매주 금요일 강연을 열었다.
1830년	39세	육군사관학교에서 비상근 교수로 활동했다(~1852년).
1831년	40세	전자기 유도 현상을 발견했다.
1833년	42세	이온, 양이온, 음이온이라는 용어를 도입했다. 전기 분해 법칙을 발견했다.

연도	나이	패러데이의 경력과 업적
1837년	46세	런던대학 평가위원이 되었다. 유도율을 발견하고 정전기 유도 실험을 하고 전자기장 이론을 세웠다.
1839년	49세	심각한 신경쇠약에 걸렸다.
1841년	50세	요양을 위해 스위스에 3개월 동안 머물렀다.
1845년	54세	패러데이 효과를 발견했다. 반자성 현상을 발견했다.
1848년	57세	결정 자기 작용을 발견했다.
1850년	59세	산소의 상자성常磁性을 발견했다.
1857년	66세	왕립학회 회장의 요청을 거절했다.
1858년	67세	빅토리아 여왕에게 햄프턴코트의 저택을 하사받았다.
1861년	70세	〈촛불의 과학〉 강연을 열었다.
1864년	73세	왕립연구소 소장의 요청을 거절했다.
1867년	75세	햄프턴코트에서 세상을 떠났다.

| 대표 업적

전해질의 수용액과 용해액에 두 전극을 넣고 각각 직류 전압을 걸면 액체 안에 들어 있는 물질과 이온, 혹은 전극 자체가 한쪽에서는 산화되고 다른 쪽에서는 환원되는 반응이 일어납니다. 이를 전기 분해라고 합니다. 패러데이는 1833년에 전기 분해로 변화하는 물질의 양이 이동한 전자 수와 비례한다는 사실을 실험으로 증명했습니다. 이를 패러데이의 법칙이라고 합니다.

전기화학 연구에서 다음과 같은 명칭이 정착한 데에는 패러데이의 영향이 컸습니다. 그는 산화 반응이 일어나는 전극을 산화 전극anode, 환원 반응이 일어나는 전극을 환원 전극cathode, 그리고 전해액에 존재하는 이온ion을 각각 양이온cation, 음이온anion이라고 명명했습니다. 전기 모터를 구동하는 원리인 전자기 회전, 즉 자기를 변화시켜 전기를 만드는 전자기 유도의 원리 역시 패러데이가 발견했습니다. 당시 노벨상이 있었다면 상을 6개나 받았을지도 모른다고 합니다.

| 파급 효과

모두가 인정하겠지만 전기를 발생시키는 전자기 유도 현상의 원리가 발견되자 그 파급 효과는 엄청났습니다.

패러데이는 과학을 보급하는 데 이바지했다는 점에서도 높은 평가를 받습니다.

험프리 데이비가 시작한 시민 강연을 더욱 적극적으로 개최하여 금요일 강연, 크리스마스 강연 등 멋진 강의를 선보였습니다. 70세 때 행한 퇴임 강의는 촛불 1개만으로 여섯 번에 걸쳐 열렸는데, 『촛불의 과학The Chemical History of a Candle』이라는 이름으로 당시 강의록이 남아 오늘날에도 사람들에게 감동을 주고 있습니다.

패러데이는 전극electrode, 산화 전극, 환원 전극, 양이온, 음이온 등 전기화학에서 쓰이는 용어를 대부분 확립했습니다.

| 패러데이의 법칙

① 전극에서 일어난 반응으로 생성 또는 용해된 물질의 질량은 전기량과 물질의 화학 당량에 비례한다.
② 1g당량의 물질이 생성 또는 용해될 때의 전기량은 1패럿(F)이다. 1F는 96485C·mol^{-1}이며 F는 패러데이 상수라고도 한다.
1쿨롱(C)은 전류 1A가 1초 동안 흐를 때의 전기량이다.

가령 물의 전기 분해 반응에서 전류가 10mA, 전기가 흐른 시간이 50분이라고 가정할 때 수소와 산소의 발생량을 계산해 봅시다.

우선 전하량은 다음과 같습니다.

$$10 \times 10^{-3}A \times 50 \times 60s = 30C$$

전하량을 패러데이 상수(96485C·mol^{-1})로 나누면 전기 분해로 만들어진 물질의 g당량이 나옵니다.

$$\frac{30}{36.485} = 3.1 \times 10^{-4} \text{g당량}$$

H$_2$의 경우 1mol이 2g당량이므로 H$_2$의 생성량은 다음과 같습니다.

$$\frac{3.1 \times 10^{-4}}{2} = 1.6 \times 10^{-4}\text{mol}$$

O$_2$의 경우 1mol이 4g당량이므로 생성량은 다음과 같습니다.

$$\frac{3.1 \times 10^{-4}}{4} = 7.8 \times 10^{-5} mol$$

25℃, 1기압일 때 두 기체의 부피는 각각 다음과 같습니다.

$$H_2: 1.6 \times 10^{-4} \times 2.24 \times 10^4 = 3.50l$$
$$O_2: 7.8 \times 10^{-6} \times 2.24 \times 10^4 = 1.75l$$

플러스 + 1

패러데이의 실험 노트

패러데이가 1820년부터 1862년까지 42년간에 걸쳐 남긴 실험 노트가 일곱 권의 책으로 출판되었습니다. 책에는 그가 매일 생각해 둔 아이디어와 실험 결과가 모두 실려 있습니다.

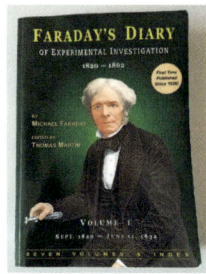

『패러데이의 실험 노트』 1권 표지

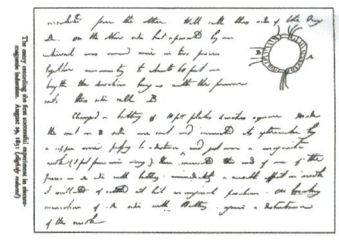

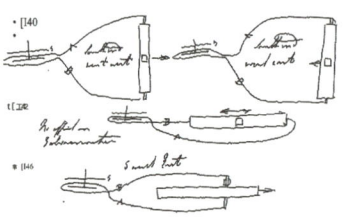

사진은 패러데이가 전자기 유도를 발견한 날인 1831년 8월 29일의 기록입니다. 코일을 감아 전지에 연결한 전자석에 막대자석을 끼웠다 뺐다 했을 때 일어나는 현상을 관찰하고, 그 내용을 기록했습니다.

거의 모든 기록에 이처럼 아이디어를 간단한 스케치로 메모한 그림이 남아 있습니다.

촛불의 과학

촛불 1개만 가지고 여섯 번에 걸쳐 과학의 재미를 강연한 마이클 패러데이. 지금으로부터 160년도 더 전인 1861년 12월, 당시 한국은 철종이 다스리던 조선 시대 후기였습니다. 패러데이의 강연은 『촛불의 과학』이라는 제목으로 한국에도 다양한 판본으로 출판되었습니다.

패러데이는 촛불을 이루는 요소와 촛불이 탈 때 주변 공기의 흐름이 바뀌는 양상을 설명하는 한편 촛불이 타면서 만들어지는 생성물이 물과 이산화탄소임을 실험으로 증명해 보였습니다.

얼핏 보면 단순한 현상이지만 다양한 화학 반응이 연관되어 있음을 알려 주는 패러데이의 설명에 무심코 빠져들 것만 같습니다.

런던 사보이 플레이스에 있는 패러데이의 동상

런던 하이게이트 묘지에 있는 패러데이와 아내 세라의 무덤

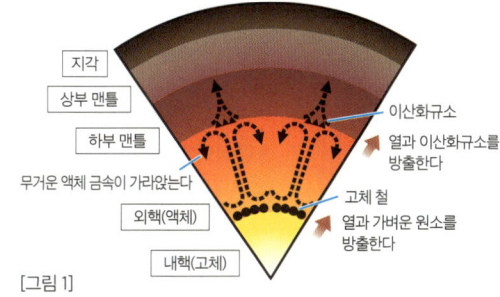

[그림 1]

│ 지구에는 왜 자기장이 존재할까?

지구에는 북극과 남극이 있습니다. 지구 자기장, 즉 지자기는 왜 존재할까요? 자기장은 어떻게 만들어질까요? 이 질문들에 대한 답도 패러데이의 전자기 유도 연구로 설명할 수 있습니다.

지구 내부는 [그림 1]처럼 고체인 내핵, 액체인 외핵, 그리고 맨틀로 이루어져 있는데, 액체 상태인 외핵이 움직이면서 [그림 2]처럼 발전 작용(다이너모)이 일어나 패러데이의 법칙에 따라 자기장이 발생합니다.

물론 아주 최근에 밝혀진 원리이므로 패러데이 본인은 생각지 못한 것입니다.

심지어 이러한 움직임에 의한 자기장의 방향성은 수십만 년이 지나면 뒤집힌다고 합니다. 지금으로부터 78만 년 전에 자기장의 방향이 뒤집혔다는 증거가 일본 지바현 이치하라시에서 발견되었는데, 2020년 1월 17일 국제지질과학연합에서 '지바절Chibanian'이라는 이름을 붙여 해당 기간을 인정했습니다.

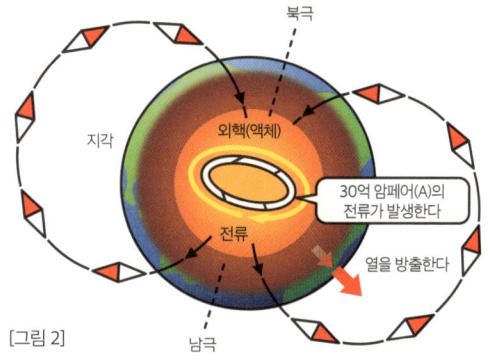

[그림 2]

참고: 『지자기 역전과 지바절: 지구의 자기장은 왜 뒤집혔을까地磁気逆転と「チバニアン」·地球の磁場は、なぜ逆転するのか』(스가누마 유스케菅沼悠介 지음, 고단샤, 2020)

네른스트

Walther Hermann Nernst, 1864~1941 / 독일

현재 폴란드령인 서프로이센 브리젠에서 태어났습니다. 아버지는 서프로이센의 지방 재판관이 었습니다. 취리히, 베를린, 그라츠, 뷔르츠부르크의 각 대학에서 물리학과 수학을 배웠고, 오스트발트 연구실의 조수로 들어간 뒤로 물리화학 연구를 시작했습니다. 연구실에서는 주로 전기 화학과 용액화학 연구를 담당했으며 네른스트 식으로 유명한 기전력과 자유 에너지 변화의 관계식을 도출했습니다. 1891년부터 괴팅겐대학에서 활동했고, 1894년에는 최초로 물리화학 교수가 되었습니다. 1905년 베를린대학으로 자리를 옮겼고 1925년 실험물리화학연구소장이 되었습니다. 베를린에서는 저온일 때 고체의 비열, 고온일 때 기체의 밀도 등을 연구했습니다. 네른스트는 판트호프, 오스트발트, 아레니우스와 함께 20 세기 초의 물리화학을 이끌었으며 열화학에 이바지한 공로로 1920년 노벨 화학상을 받았습니다.

| 대표 업적

네른스트 식은 전지와 전기 분해 등의 전기화학 반응에서 가장 기본적인 식입니다.

$$E = E^0 - \frac{RT}{zF} \, Ina$$

$$E^0 = \frac{-\Delta G^0}{zF}$$

ΔG는 깁스 자유 에너지의 변화량으로, 일정 압력·일정 온도에서 일어나는 화학 반응의 자유 에너지 변화를 가리킵니다. a는 활동도(열역학적 농도)를 가리킵니다.

ΔG^0는 전지의 반응을 구성하는 각 성분의 표준 깁스 자유 에너지를 통해 구할 수 있는데, 이 값은 표로 정리되어 다양하게 활용됩니다.

여기서 ΔG의 값이 중요한데, 화학 반응이 자발적으로 일어날 때는 깁스 자유 에너지가 마이너스 값입니다. ΔG가 0일 때는 평형을 이루며 ΔG가 플러스 값이면 반응이 일어나지 않습니다. 즉 $\Delta G \langle 0$일 때는 전지가 작동하고 $\Delta G \rangle 0$일

때는 전기 분해가 일어납니다.

| 파급 효과

네른스트 식 제2항은 반응을 구성하는 화학종 (원소, 이온, 화합물 등)의 활동도 비의 로그 값과 관련되어 있습니다.

이를테면 수용액 안의 H^+ 농도 변화에 따라 네른스트 전위가 변합니다. 전위를 측정하여 수용액 안의 H^+ 농도를 구할 때 네른스트 식을 이용합니다.

H^+의 활동도가 한 자리만큼 변하면 1pH당 59mV만큼 변합니다. 네른스트 전위를 측정하면 pH도 구할 수 있는 셈입니다.

| 솔베이 회의

물리학의 기초적인 문제를 논의하기 위해 1911년 10월 30일부터 11월 3일까지 벨기에 브뤼셀에서 제1회 솔베이 회의가 열렸습니다. 네른스트가 발안하고 벨기에의 화학자 겸 기업가인 에르네스트 솔베이[Ernest Solvay]가 설립한 회의입

니다. 솔베이는 탄산나트륨의 제조 과정을 공업화한 인물이기도 합니다.

당시 유럽에서 물리학을 연구하고 있던 과학자들이 대부분 솔베이 회의에 참석했습니다. 사진을 보면 앞줄 왼쪽 끝에 네른스트가 앉아 있고, 한 사람을 건너뛰어 흰 수염이 난 사람이 솔베이입니다. 알베르트 아인슈타인Albert Einstein, 마리 퀴리Marie Curie, 막스 플랑크Max Planck, 어니스트 러더퍼드Ernest Rutherford도 있습니다.

1911년에 개최된 제1회 솔베이 회의에 저명한 물리학자들이 모였다.

네른스트 강당의 개소식

지금으로부터 30년도 더 된 과거, 아직 베를린 장벽으로 동서 베를린이 분단되어 있던 시절 동베를린에서는 한때 네른스트가 활약했던 훔볼트대학(현 베를린대학)에서 네른스트 강당 개소식이 열렸습니다.

저는 도쿄대학 명예교수였던 고 혼다 겐이치本多健一 선생님과 함께 초대받아 참석했습니다. 바이올린 사중주로 시작된 개막 공연은 정말 멋졌습니다. 한편으로는 지하도를 따라 베를린 장벽을 통과하며 긴장감도 느꼈습니다. 미국 텍사스로 유학 가서 멕시코 국경을 지났을 때와 마찬가지로 순식간에 분위기가 바뀌는 바람에 놀랐습니다.

정치적으로 적대하는 서방 국가 진영의 방문자였던 저희에게 동베를린 사람들이 매우 친절하게 대해 주셔서 감동했던 기억도 있습니다.

pH 미터와 이온 센서

수용액이 산성인지 염기성인지 판단할 수 있는 pH 미터는 네른스트가 제안한 식을 활용해 전위를 측정하는 장치입니다. 수소 이온 농도에 따라 전위가 변화하는 원리를 이용하는데, 얇은 유리 막을 씌운 전극으로 전위를 측정합니다. 가령 물에 녹아 있는 염소 이온(Cl^-)이나 암모늄 이온(NH_4^+)의 농도를 측정하려면 각 이온에 네른스트 식과 대응하는 막을 사용합니다. 지금은 다양한 이온 센서를 시중에서 판매하고 있으며 수질을 모니터링할 때도 사용합니다.

[그림 1]은 이온 센서를 이용한 측정 시스템입니다.

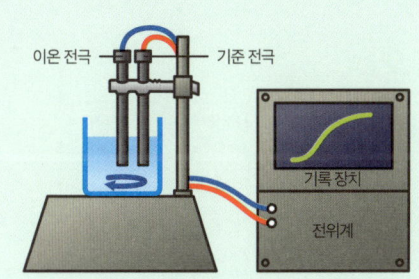

[그림 1] 이온 측정 시스템

| 주요 전기화학 연구

| 주요 전지

현재 실생활에 쓰이는 전지를 표로 정리했습니다. 일차 전지는 일회용이고 이차 전지는 충전하면서 계속 사용할 수 있는 전지입니다. 그리고 연료 전지는 효율이 높아 다방면에 쓰입니다.

주요 일차 전지

명칭	구성		전압(V)	특징 및 용도
	(+)극	(-)극		
망가니즈 전지	이산화망가니즈 (MnO₂)	아연 (Zn)	1.5	가격이 싸고 저율 방전* 특성이 있으며 간헐 방전이 필요한 기기에 적합하다.
알칼리 전지	이산화망가니즈 (MnO₂)	아연 (Zn)	1.5	망가니즈 전지보다 성능이 2~10배 높고 고율 방전* 특성이 있으며 저온에서 잘 방전되지 않는다.
산화은 전지	산화은 (AgO)	아연 (Zn)	1.5	에너지 밀도가 높고, 작동 전압 범위가 넓으며 온도 특성 및 보존 성능이 양호하다.
아연-공기 전지	산소 (O₂)	아연 (Zn)	1.4	(+)극의 재료로 공기 중의 산소를 사용하므로 (-)극에 아연만 충전하면 쓸 수 있고 에너지 밀도도 높다. 낮은 전류를 장기적으로 방전시키는 방식에는 적합하지 않다.
이산화망가니즈-리튬 전지	이산화망가니즈 (MnO₂)	리튬 (Li)	3	에너지 밀도, 전압, 출력이 높다. 넓은 온도 범위에서 사용할 수 있다.

주요 이차 전지

명칭	구성		전압(V)	특징 및 용도
	(+)극	(-)극		
니켈-카드뮴 축전지	산화수산화니켈 (NiOOH)	카드뮴 (Cd)	1.2	수명이 길고 과충전·과방전에 강하며 출력이 높다. 전동 공구처럼 고출력이 필요한 도구에 적합하다.
납축전지	이산화납(PbO₂)	납 (Pb)	2	안정된 품질과 높은 경제성으로 자동차에 널리 쓰인다. 밀폐된 구조라 보존과 취급이 쉬워 각종 구동용 전지 등 거치용 전원에 적합하다.
리튬 이온 전지	리튬코발트 산화물 (LiCoO₂) 리튬니켈 산화물 (LiNiO₂) 리튬망가니즈 산화물(LiMn₂O₄) 리튬인산철(LiFePO₄)	하드 카본	3.6	에너지 밀도가 높고 가벼우면서도 전압이 높다. 넓은 온도 범위에서 사용할 수 있다. 기술 혁신이 빨라 해마다 고성능의 신제품이 출시되고 있다.

주요 연료 전지

명칭	구성			특징 및 용도
	산화제	전해질	연료	
알칼리 연료 전지 (AFC)	산소(O₂) 또는 공기	수산화칼륨(KOH) 음이온(OH⁻) 교환막	순수 수소(H₂)	작동 온도: 통상 60~100℃ 전극 촉매: 백금(Pt), 은(Ag), 니켈(Ni) 등 용도: 우주왕복선, 해저 작업선 등
고체 고분자 연료 전지 (PEFC)	산소(O₂) 또는 공기	양이온(H⁺) 전도성 고분자 전해질	개질** 수소(H₂) 또는 메탄올(CH₃OH)	작동 온도: 실온~100℃ 전극 촉매: 백금(Pt), 백금 합금 용도: 자동차, 가정용 열병합 발전 시스템, 휴대용 전원 공급 장치 등
인산 연료 전지 (PAFC)	공기	인산(H₃PO₄)	개질 수소(H₂)	작동 온도: 170~250℃ 전극 촉매: 백금(Pt), 백금 합금 용도: 건물용 자가발전 설비

옮긴이주
* 저율 방전과 고율 방전(Low-/High-rate discharge): 전지의 용량 대비 방전되는 전류량이 낮으면 저율 방전, 높으면 고율 방전이라고 한다.
** 개질(Reforming): 열 또는 촉매로 탄화수소의 구조를 전환하는 방법. 개질 수소는 이렇게 생산된 가스다.

니콜라 레오나르 사디 카르노 *Nicolas Léonard Sadi Carnot* | 1796~1832년
"증기기관의 효율에 관해 고찰했다."

*

제임스 프레스콧 줄 *James Prescott Joule* | 1818~1889년
"줄의 법칙과 에너지 보존 법칙(열역학 제1법칙)을 발견했다. 열역학 발전에 크게 이바지했다."

*

조사이어 윌러드 깁스 *Josiah Willard Gibbs* | 1839~1903년
"화학 반응의 진행 방향을 정의했다."

나무, 종이, 석유 같은 물질이 타면 이산화탄소와 물이 만들어지면서 커다란 에너지가 열의 형태로 발생합니다. 이처럼 화학 반응에서 발생하는 열을 반응열이라고 합니다. 가령 **메테인**(CH_4) 1mol(약 16g)이 공기 중에서 타는 반응은 다음과 같이 나타냅니다.

$$CH_4 + 2O_2 \rightarrow CO_2 + 2H_2O$$

이때 880kJ/mol의 열에너지가 만들어집니다.

화학 반응은 일반적으로 화학 에너지가 큰 물질이 화학 에너지가 작은 물질로 바뀔 때 일어납니다. 금속도 연소하는데, 미세한 분말 형태의 철과 마그네슘은 공기 중에서 탈 때 큰 연소열을 방출하지만 잘 산화하지 않는 구리와 은은 연소열이 작습니다.

연소 이외에도 철과 황의 화합 반응, 산과 염기의 중화 반응(중화열), 수산화나트륨·진한 질산·염화칼슘 등이 물에 녹는 반응(용해열) 등 여러 발열 반응이 있습니다.

그러나 반드시 화학 에너지가 큰 물질에서 작은 물질로 바뀔 때만 화학 반응이 일어나는 것은 아닙니다. 반응물 자체와 반응물 주위 물질에서 열이 흡수되면서 냉각 반응이 일어나는 반대 경우도 있습니다. 예를 들어 질산암모늄 결정은 물에 녹을 때 비커와 비커 주변의 열을 빼앗습니다. 이처럼 열을 흡수하며 진행되는 반응을 흡열 반응이라고 합니다.

흡열 반응에서는 반응물보다 생성물의 화학 에너지가 크므로 필요한 에너지를 열의 형태로 빼앗으면서 반응이 진행됩니다.

왜 이런 현상이 일어날까요? 화학 반응이 무조건 에너지의 차이만으로 일어나는 것이 아니기 때문입니다. 이에 관한 원리를 설명하려면 **엔트로피**entropy(무질서도)라는 개념이 필요합니다.

이번 장에서는 우선 사디 카르노가 제안한 열기관의 효율을 고찰해 보겠습니다. 열은 온도가 높은 물체에서 낮은 물체로 이동하며, 그 일부가 일로 전환되는데, 카르노는 비효율적인 요소가 없이 이상적인 열기관을 만들 수 있지 않을까 생각했습니다.

다음으로는 열과 일의 관계를 명확하게 정의한 제임스 프레스콧 줄의 실험을 소개하겠습니다. 그리고 에너지 이동 과정을 고찰할 때 엔트로피라는 개념이 등장했는데, 이 엔트로피를 화학 반응의 진행 과정에 도입한 조사이어 윌러드 깁스의 이론을 마지막으로 소개하겠습니다.

카르노

Nicolas Léonard Sadi Carnot, 1796~1832 / 프랑스

프랑스의 물리학자이자 공학자입니다. 파리 에콜 폴리테크니크에서 일류 과학자와 수학자에게 배우고 프랑스 육군 장교가 되었습니다. 관심을 두고 있던 효율적인 열기관을 개발하기 위해 증기기관의 효율을 고찰했습니다. 1824년에는 열이 고온의 물체에서 저온의 물체로 이동할 때 일로 전환된다는 사실을 발표한 논문 「열의 동력에 관한 고찰」을 통해 열을 일로 바꿀 때의 효율을 탐구했습니다. 카르노는 기관을 움직이는 작업물질에 의존하지 않고 열원의 온도 차이에만 의존할 때 열기관이 이상적인 효율로 움직인다는 결론을 내렸습니다. 그러나 그는 당시 사람들에게 이해받지 못한 채 콜레라로 젊은 나이에 세상을 떠났습니다.

| 카르노 사이클에 관한 고찰

카르노는 [그림 1]처럼 높은 온도(T_H)일 때 외부에서 열의 형태로 에너지를 받아 작업물질을 팽창시켜 일을 수행함으로써 외부로 내보내고, 낮은 온도(T_L)일 때 남은 에너지를 열 형태로 외부에 버림으로써 다시 원래 상태로 돌아오는 피스톤으로 움직이는, 이상적인 열기관(카르노 사이클)을 고안했습니다.

카르노 사이클의 피스톤 운동은 등온 변화와 단열 변화를 유지하는 상태를 전제했는데, 여기서 핵심은 '가역적 변화'입니다. 피스톤 운동 중 마찰을 비롯한 다른 힘이 개입하지 않고 처음부터 끝까지 이상적으로 운동하는 상태, 즉 가역 reversible이란 외부에 전혀 영향을 주지 않고 열기관을 [그림 1]의 상태 2에서 상태 1로 회복할 수 있는 상태입니다.

카르노 사이클은 4단계로 이루어져 있습니다. 점 1→2와 점 3→4는 등온 변화 과정이고 점 2→3과 점 4→1은 단열 변화 과정입니다. 점 1, 2, 3, 4로 이루어진 면적이 한 사이클이며 열기관이 외부에 하는 일의 양을 나타냅니다. 열에서

일로 변환하는 효율이 가장 중요한데, T_H와 T_L의 차이가 클수록 효율이 높습니다.

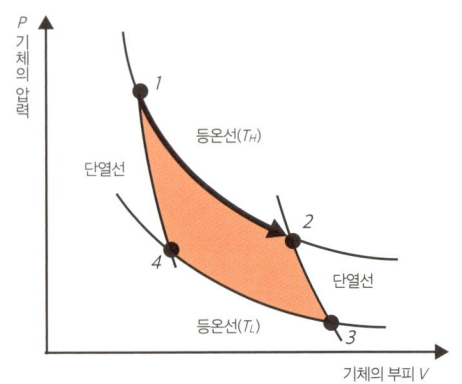

[그림 1] 카르노 사이클

| 엔트로피 증가 법칙이 만들어지기까지

카르노가 제안한 가설은 한동안 주목받지 못했지만, 카르노가 죽고 2년 뒤인 1834년 프랑스의 물리학자 에밀 클라페롱Émile Clapeyron, 1799~1864이 카르노의 업적을 소개하는 논문을 발표했습니다. 그의 이론을 더욱 깊이 이해한 인물은 독일의 물리학자 루돌프 클라우지우스였습니다. 열역학

과 분자 운동론을 발표한 이론가 클라우지우스는 카르노 기관을 상세하게 해석했습니다.

그는 1854년 두 절대온도 T_H와 T_L 사이에서 가역적으로 움직이는 카르노 기관의 효율 η를 다음과 같은 식으로 나타냈습니다.

$$\eta = \frac{Q_H - Q_L}{Q_H} = \frac{T_H - T_L}{T_H}$$

열기관이 이상적인 기관이 아니라면 효율은 이보다 낮아집니다. 순환 기관에서는 위 식으로부터 다음과 같은 관계를 얻을 수 있습니다. 이상적인 기관이면 등호, 그렇지 않으면 부등호 관계를 만족합니다.

$$\frac{Q_H}{T_H} - \frac{Q_L}{T_L} \geq 0$$

클라우지우스는 $\frac{Q}{T}$에 주목하여 논리를 펼쳤습니다. 그는 이 값을 나타낼 때 엔트로피(S) 개념을 도입했습니다. 이로부터 자발적으로 일어나는 과정은 비가역적이므로 자연스러운 과정에서는 열기관과 기관 주위를 포함한 전체의 엔트로피가 반드시 증가한다는 엔트로피 증가 법칙이 도출되었습니다.

루돌프 클라우지우스 Rudolf Clausius,
1822~1888

프로이센의 도시 코샬린(현 폴란드)에서 태어나 베를린대학, 파리대학에서 수학했습니다. 1855년 취리히대학의 물리학 교수가 되었고 이후 본대학의 교수가 되었습니다. 카르노의 이론을 바탕으로 엔트로피의 개념을 제안하고, 열역학 제2법칙을 식으로 확립했습니다.

카르노가 남긴 자료

카르노는 1832년 8월 24일, 26세의 나이에 콜레라로 생을 마감했는데, 콜레라 감염을 예방하기 위해 그의 유품은 대부분 소각되었습니다. 남은 자료는 카르노 본인의 노트와 동생 이폴리트 카르노가 쓴 전기 『카르노의 생애 Notice biographique sur Sadi Carnot』(1878)뿐이었습니다.

전기에 따르면 카르노는 대위로 승진할 만큼 군인으로서 훈련을 받은 한편 교양이 풍부한 청년이었다고 합니다. 육체와 정신을 단련하기 위해 기마, 수영, 스케이트, 펜싱 등을 배웠고 독서, 낭독, 바이올린 연주, 작사, 작곡도 했다고 합니다.

카르노는 다음과 같은 명언도 남겼습니다.

(1) 새로운 생활을 시작할 때나 그렇지 않을 때나 좋은 습관을 들여라.
(2) 사소한 잘못은 눈치채지 못한 척하고 넘어가라.
(3) 다른 사람의 기쁨을 알려면 자기 내면에 귀를 기울여라.
(4) 아는 주제라면 일부만 말해라. 모르는 주제라면 입을 다물어라.
(5) 대화할 때는 상대가 잘 아는 주제를 골라라.
(6) 사람을 상처 줄 수도 있는 농담은 일절 하지 말라.
(7) 논쟁 도중 견해차가 좁혀지면 입을 다물어라.
(8) 나는 재치 있다고 젠체하는 사람보다 꾸밈없고 겸허한 사람을 좋아한다.
(9) 양식과 상식을 혼동하지 말라.
(10) 인생은 짧은 여정이다. 나는 그 길을 반쯤 왔다. 내가 할 수 있는 방식으로 마지막까지 가고 싶다.

| 카르노 가문

카르노 가문은 8장에서 소개할 베크렐 가문과 마찬가지로 여러 분야에서 두드러진 인물들을 배출했습니다.

아버지 라자르 카르노Lazare Carnot, 1753~1823는 프랑스 과학아카데미 회원인 동시에 정치가이자 군인이며 수학자이기도 했습니다. 동생 이폴리트 카르노Hippolyte Carnot, 1801~1888는 니콜라 레오나르 사디 카르노의 전기를 집필한 정치가이며 이폴리트의 두 아들도 저마다 활약했습니다.

맏아들 마리 프랑수아 사디 카르노Marie François Sadi Carnot, 1837~1894는 프랑스 공화국 대통령이 되었습니다. 둘째 아들 마리 아돌프 카르노Marie Adolphe Carnot, 1839~1920는 광산 기술자 겸 화학자로, 우라늄이 들어 있는 방사성 광물 카르노석Carnotite(우라늄광)은 그의 이름을 따서 명명되었습니다.

★ ★ ★

"인간의 가치는 그가 받은 것이 아니라

준 것으로 결정된다."

알베르트 아인슈타인 | 1879~1955

줄

James Prescott Joule, 1818~1889 / 영국

영국 맨체스터 근교에서 태어났습니다. 병약해서 학교에는 다니지 못했지만, 4세 때부터 돌턴(14쪽)을 가정교사로 두고 배웠습니다. 가업인 양조업을 잇는 한편 한평생 과학자로서 과학사에 남을 실험을 수행했습니다. 22세에 줄의 법칙을 발견했으며 그 밖에도 에너지 보존 법칙(열역학 제1법칙)을 발견하고 열의 일당량을 실험적으로 구하는 등 열역학의 발전에 지대한 공헌을 했습니다. 에너지, 일, 열량, 전력량의 국제단위 줄(J)로도 이름을 남겼습니다. 그는 일생에 걸쳐 실험을 계속했으며 전 재산을 실험에 써 버려, 60세부터는 연금으로 생활했다고 합니다.

| 줄의 법칙을 발견하다

줄은 에너지 보존 법칙에 가장 큰 영향을 미친 인물입니다. 1840년 전류의 발열 변화를 연구하던 중 전류로 발생한 열이 도체의 저항과 전류 세기의 제곱을 곱한 값에 비례한다는 줄의 법칙을 발견했습니다.

줄의 연구는 물체를 움직이는 일과 열의 관계를 밝히는 방향으로 나아갔습니다.

[그림 1]처럼 큰 수조 안에서 프로펠러가 회전할 때 상승하는 물의 온도를 측정한 그는 프로펠러를 움직이는 일이 열로 바뀌었다는 사실을 발견했습니다.

줄은 발생한 열량을 측정해 열의 일당량을 계산함으로써 4.169J/cal이라는 값을 얻었습니다. 이러한 실험을 통해 전기 에너지와 열에너지가 일을 통해 서로 변환될 수 있음을 깨달았습니다.

줄은 대학도 나오지 않았고 과학자로 공인받은 인물도 아니었기에 왕립학회에 제출한 논문

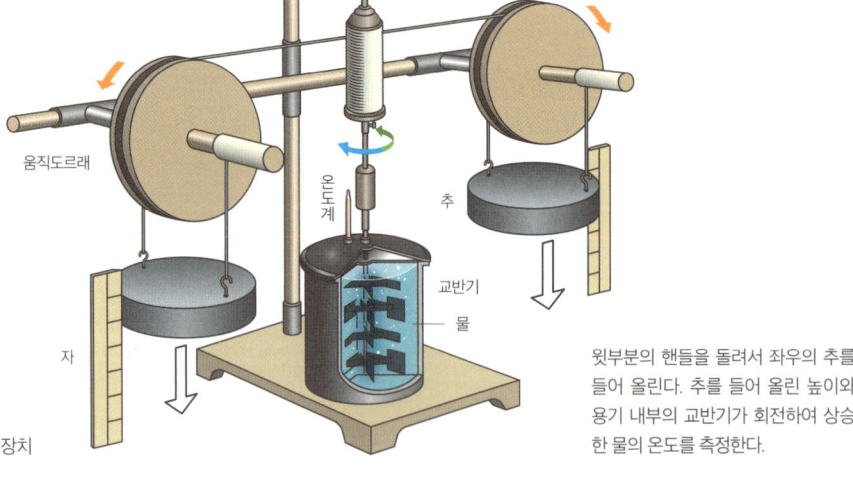

움직도르래
온도계
추
교반기
물
자

[그림 1] 줄의 실험 장치

윗부분의 핸들을 돌려서 좌우의 추를 들어 올린다. 추를 들어 올린 높이와 용기 내부의 교반기가 회전하여 상승한 물의 온도를 측정한다.

은 반려되고 그의 초창기 연구에는 싸늘한 반응만이 돌아올 뿐이었습니다.

그러나 1847년 옥스퍼드대학에서 개최한 영국왕립학회 회의에서 줄의 발표를 들은 윌리엄 톰슨William Thomson(켈빈 경)이 그의 연구의 중요성을 인정하면서 과학자들도 점차 줄의 이론을 받아들이게 되었습니다.

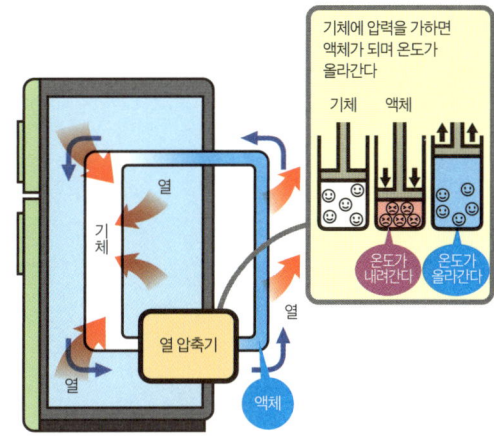

[그림 2] 냉장고의 원리

윌리엄 톰슨(통칭 켈빈 경)1824~1907

　영국의 물리학자입니다. 아이슬란드 벨파스트에서 수학 교수의 아들로 태어나 영재 교육을 받았으며, 10세에 글래스고대학에 입학했고 나중에 케임브리지대학에서 수학했습니다. 22세에 글래스고대학 자연철학 교수로 취임하여 1899년까지 근무했습니다.

　열역학을 체계화하고 줄-톰슨 효과를 발견했으며 전자기학에서 쓰이는 수많은 계측기를 발명한 것으로 유명합니다.

　빅토리아 왕조 시대 대영제국의 과학 기술을 대표하는 위대한 과학자로서 1866년 남작 작위를 받았습니다.

| 줄-톰슨 효과

켈빈 경으로 유명한 윌리엄 톰슨은 1849년 '열역학'이라는 용어를 처음으로 사용한 인물로, 이 새로운 학문의 체계를 갖추는 데 크게 공헌했습니다. 줄과 톰슨은 그 뒤로 친구가 되었고 공동으로 기체의 성질을 연구하기도 했습니다.

특히 기체가 단열 팽창할 때 냉각한다는 줄-톰슨 효과가 유명합니다.

액체 질소와 액체 헬륨을 만들 때도 이 원리를 응용합니다.『물리학자가 들려주는 물리 이야기』 97쪽에서 설명한 것처럼 액체 질소와 액체 헬륨

을 만들려면 매우 큰 규모의 장치가 필요하지만, 일반 가정에서 사용하는 냉장고와 에어컨은 냉매를 통해 [그림 2]처럼 작동합니다. 암모니아를 비롯한 냉매의 기화열을 이용하는 원리가 냉각 작용의 핵심입니다.

| 줄은 어떤 단위일까?

에너지의 단위인 J(줄)은 다양한 분야에서 쓰입니다.

- 전원에 1V(볼트)의 전압을 가하여 1A(암페어)의 전류가 1초 흐를 때 발생하는 열
- 10W(와트)의 전구를 0.1초 켤 때 필요한 전기량
- 물 1g의 온도를 0.24℃만큼 높일 때 필요한 열
- 무게 1N(뉴턴)의 물체를 1m만큼 끌어 올릴 때 필요한 에너지

| 볼타 전지의 활용

줄은 22세에 저항으로 발생한 열량이 전류 세기의 제곱과 전기 저항을 곱한 값에 비례한다는 법칙을 발견했습니다. 이 줄의 법칙을 발견한 실

험에는 전원으로 볼타 전지가 쓰였습니다.

이때 줄은 전지를 잘 사용하면 증기기관보다 더 간단한 동력으로 이용할 수 있겠다고 생각했습니다.

물론 당시 볼타 전지는 그만큼 강력하지 않았기에 꿈같은 이야기였지만, 150여 년이 지난 지금, 리튬 이차 전지와 연료 전지가 동력원으로 활약하고 있습니다.

줄의 반평생

1868년, 줄은 줄 열Joule heat을 이용한 열의 일당량 실험을 했고, 같은 시기에 탄성체 연구도 병행했습니다. 줄은 고무를 단열적으로 늘리면 온도가 상승하는 현상을 발견했는데, 오늘날 이 현상을 줄 효과Joule effect라고 부릅니다.

줄은 1870년 코플리 메달을 수상했고, 1872년에는 영국과학진흥협회의 회장으로 뽑히면서 과학자로서 명성이 두터워졌습니다. 그러나 1875년에는 넉넉했던 재산도 바닥을 보이기 시작하면서 독립적으로 실험을 진행하기 어려워졌습니다. 이후에는 왕립학회로부터 연구비를 지원받아 실험을 계속했다

맨체스터시 청사에 있는 줄의 조각상

고 합니다.

1878년부터는 정부에서 주는 연 200파운드의 연금을 받으며 생활의 안정을 되찾았습니다. 1887년에 다시 영국과학진흥협회 회장이 되었습니다.

코플리 메달

과학 분야에서 뛰어난 업적을 쌓은 인물에게 수여하는 상으로, 영국에서 오래된 상 중 하나입니다. 왕립학회의 회원 고드프리 코플리Godfrey Copley가 기부한 기금으로 1731년에 창립되어 오늘날까지 이어져 오고 있습니다. 2019년에는 노벨화학상을 받은 존 구디너프John Goodenough가 수상했고, 2006년에는 스티븐 호킹이, 2004년에는 해럴드 크로토Harold Kroto가 받았습니다.

이 책에서 소개하는 과학자 중 많은 인물이 코플리 메달Copley Medal을 받았습니다.

1766년	헨리 캐번디시
1772년	조지프 프리스틀리
1794년	알렉산드로 볼타
1805년	험프리 데이비
1832년	마이클 패러데이
1838년	마이클 패러데이(두 번째)
1840년	유스투스 폰 리비히
1860년	로베르트 빌헬름 분젠
1870년	제임스 프레스콧 줄
1885년	아우구스투스 케쿨레
1891년	스타니슬라오 칸니차로
1901년	조사이어 윌러드 깁스
1905년	드미트리 멘델레예프

줄의 무덤

1878년 그가 구한 일당량 값(772.55ft·lb)이 새겨져 있다.

깁스

Josiah Willard Gibbs, 1839~1903 / 미국

예일대학 성서문헌학 교수였던 아버지를 두었으며, 5남매 중 네 명의 누나를 둔 막내로, 내성적인 소년이었다고 합니다. 고향 뉴헤이븐의 예일대학에서 공부했으며 24세에 톱니바퀴의 톱니 형태에 관한 연구로 공학 학위를 받았습니다. 미국 최초로 공학 학위를 받은 인물이자 이공계 과학자로서는 두 번째로 학위를 받은 과학자입니다. 1866년부터 3년 동안 유럽에서 유학하며 키르히호프와 헤르만 폰 헬름홀츠Hermann von Helmholtz의 영향을 받았으며, 1869년 예일대학 수리 물리학 교수가 되었습니다. 자유 에너지와 화학 퍼텐셜 개념을 도입함으로써 열역학을 화학에 응용할 수 있도록 이끌었습니다. 통계역학의 선구자로 평가될 업적을 쌓았으며 미국 최초의 위대한 과학자로 평가받고 있습니다.

| 대표 업적

깁스 자유 에너지의 중요성부터 설명하겠습니다.

화학 반응의 자발성은 열역학적 관점으로 해석하는데, 이때 압력과 온도를 변수로 내부 에너지, 엔탈피(H), 엔트로피(S) 등의 열역학 용어와 정의를 사용합니다.

일정 압력에서 화학 반응이 일어날 때의 엔탈피 변화를 ΔH로 정의합니다. 일반적으로 일정 압력, 일정 온도 조건에서 일어나는 화학 반응을 고찰할 때는 깁스 자유 에너지(G)를 이용합니다.

깁스가 제안한 깁스 자유 에너지는 보통 실험실에서 화학 반응의 진행 여부를 판단할 때 가장 편리하면서도 중요하게 활용되는 개념입니다.

다음과 같은 예를 들어 보겠습니다. '물질 A와 물질 B를 섞으면 화합물 C가 만들어질까?'라는 질문에 대한 힌트가 바로 깁스 자유 에너지입니다. 압력과 온도가 일정할 때 일반적으로 비커 안에서 일어나는 화학 반응을 생각해 봅시다. 깁스 자유 에너지가 마이너스라면 화학 반응이 일어

나지만, 플러스라면 반응이 일어나지 않습니다.

이 깁스 자유 에너지와 전기화학 반응은 밀접한 관계가 있습니다. $\Delta G < 0$이면 전지를 만들 수 있고 $\Delta G > 0$이면 전기 분해가 일어납니다. 전기화학 반응에서 가장 중요한 네른스트 식에서는 전위와 ΔG를 다음과 같이 나타냅니다.

$$E = E^0 + \frac{RT}{nF} \ln \Delta G$$

E^0: 표준 전극 전위
R: 기체 상수
T: 절대온도
n: 전자 수
F: 패러데이 상수

| 깁스의 논문

지금은 상상할 수도 없지만, 약 150년 전에는 영국, 독일, 프랑스 등 유럽이 학문의 중심지였고 미국인이 영어로 제출한 논문은 크게 주목받지 못했습니다. 깁스의 논문 역시 처음에는 거의 알

려지지 않았으나 오스트발트와 셸레에 의해 독일어, 프랑스어로 번역되면서 비로소 주목받았다고 합니다.

오늘날 화학계에서 미국의 기여도는 매우 커졌습니다. 미국화학회가 발행하는《미국화학회지[Journal of the American Chemical Society, JACS]》를 비롯해 수많은 학술지가 크게 주목받고 있습니다. 지금과 같은 위상을 과거와 비교해 보면, 그 변화의 폭이 얼마나 큰지 새삼 놀랍습니다.

엔트로피와 깁스 자유 에너지

엔트로피(S)는 무질서한 상태를 가리키는 척도입니다. 예를 들어 물은 저온에서 고온이 되면서 얼음에서 액체를 거쳐 기체로 변합니다. 얼음 상태에서 분자는 배열이 규칙적이고 미세하게 진동하지만, 분자 자체는 움직이지 않습니다. 한편 액체 상태에서는 분자가 움직이며 기체 상태에서는 분자가 더욱 격렬하게 움직이며 날아다닙니다. 이때 고체에서 액체, 기체로 갈수록 무질서도가 높아지며 엔트로피라는 물리량이 증가합니다.

무질서한 상태에서는 질서 있는 상태보다 화학 반응이 잘 일어나므로 엔트로피가 커지는 방향으로 변합니다. 즉 엔트로피가 클수록 그 상태가 자연스럽게 발생할 확률이 높아집니다.

엔탈피(H, 화학 물질이 가지고 있는 열에너지)와 엔트로피를 합한 값인 깁스 자유 에너지(G)를 알아봅시다. 일반적으로 화학 반응은 화학 에너지, 즉 엔탈피(H)가 높은 쪽에서 낮은 쪽으로, 그리고 엔트로피(S)가 커지는 방향으로 변화합니다. 그렇다면 이 두 물리량이 서로 반대 방향을 가리킬 때 화학 반응은 어떤 방향으로 진행될까요?

일정 압력, 일정 온도 조건에서는 깁스가 정의한 식인 $\Delta G = \Delta H - T\Delta S$를 바탕으로 생각해 볼 수 있습니다. $\Delta G = 0$일 때는 평형 상태입니다. $\Delta G < 0$이면 이 반응이 진행되며 $\Delta G > 0$이면 이 반응이 자발적으로 진행되지 않습니다.

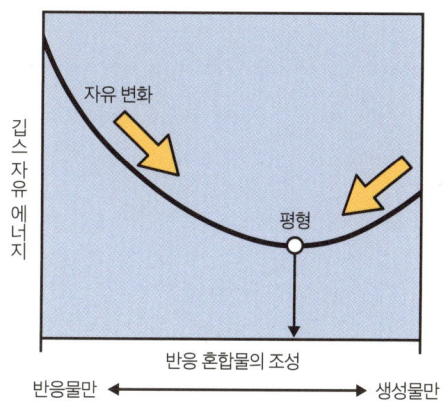

8장

방사선화학

앙투안 앙리 베크렐

Antoine Henri Becquerel | 1852~1908년

"자연 방사선을 발견했다."

*

마리 퀴리

Marie Curie | 1867~1934년

"폴로늄과 라듐을 발견했다."

*

해럴드 유리

Harold Urey | 1893~1981년

"중수소를 발견했다."

세계 최초로 방사선을 발견한 인물은 X선을 발견한 빌헬름 뢴트겐Wilhelm Röntgen입니다. X선이 발견된 1895년 11월 8일은 역사적인 날입니다. 크룩스관으로 음극선을 연구하던 뢴트겐은 가까이 있던 테트라사이아노 백금산(II) 바륨이 빛나는 현상을 발견했습니다. 뢴트겐이 이 현상을 어떻게 발견했고 그 이후 어떤 업적을 쌓아 과학에 이바지했는지는 이전 책인 『물리학자가 들려주는 물리학 이야기』 12장 '방사선'을 참고해 주세요.

뢴트겐이 발견한 X선은 의학은 물론 자연과학과 공학의 여러 분야에 응용되고 있습니다. 제1회 노벨 물리학상도 물론 뢴트겐에게 돌아갔습니다.

이 책에서는 뢴트겐에 이어 자연 방사선을 발견한 앙투안 앙리 베크렐, 라듐(Ra)과 폴로늄(Po)을 발견한 마리 퀴리, 그리고 수소와 우라늄의 동위 원소를 분리한 해럴드 유리를 소개하겠습니다.

베크렐은 100여 년 동안 같은 연구 시설의 같은 교수 자리를 4대에 걸쳐 차지한 프랑스 학자 가문의 2대 손입니다.

마리 퀴리는 다들 아시다시피 폴란드에서 태어나 파리로 이주하여 노력한 끝에 여성 최초로 파리대학 물리학과에 들어갔습니다. 본인은 노벨상을 두 번 받았고 맏딸 부부도 노벨상을 받았습니다.

유리는 중수소를 만드는 한편 원자 폭탄에 필요한 우라늄-235를 분리했으나 원자 폭탄이 실제로 투하된 뒤로 자신의 연구를 반성하고 연구 주제를 우주 분야로 바꿨습니다.

베크렐

Antoine Henri Becquerel, 1852~1908 / 프랑스

1852년 파리에서 태어났습니다. 베크렐 가문은 대대로 과학자를 배출했습니다. 1872년 인재 양성 기관인 에콜 폴리테크니크에 입학했고, 1874년에는 이공계에서 가장 들어가기 힘들다는 국립고등교량도로학교ENPC에서 공학을 배워 1888년 자연과학 박사 학위를 받았습니다. 1878년부터 국립자연사박물관에서 근무했으며 1891년 응용물리학 교수, 1895년 에콜 폴리테크니크 교수가 되었습니다. 우라늄염에서 자연 방사선을 발견한 공로로 1903년 퀴리 부부와 함께 노벨 화학상을 받았습니다.

| 방사선을 발견한 배경

1896년, 베크렐은 우라늄의 질산칼륨염에서 나오는 인광을 연구하던 중 우라늄염 결정이 태양 빛을 받으면 사진 건판을 까맣게 만든다는 가설을 세우고 실험에 들어갔습니다. 그러나 공교롭게도 흐린 날이 계속되자 우라늄염 결정을 검은 종이 위에 두고 사진 건판과 같이 서랍에 넣어 두었습니다. 며칠 뒤 시험 삼아 사진을 현상해 본 베크렐은 결정의 그림자가 찍힌 상이 나타난 것을 보고 깜짝 놀랐다고 합니다. 이로써 우라늄 화합물이 평상시 방사선을 방출한다는 사실이 밝혀졌습니다.

자연 방사선은 우연히 발견된 현상이었습니다.

> **베크렐 가문의 4대**
>
> **1대 앙투안 세자르 베크렐** Antoine César Becquerel, 1788~1878
> 에콜 폴리테크니크를 졸업하고 군대를 다녀온 뒤 광물학을 연구했습니다.
> 전기화학 분야에서 전기 분해로 광석에서 금속을 추출하는 연구를 했으며 자연사박물관 교수로 근무했습니다. 마이클 패러데이와도 깊이 교류했습니다.

> **2대 에드몽 베크렐** Edmond Becquerel, 1820~1891
> 1839년, 19세의 나이에 아버지의 연구를 도우면서 광전 효과를 발견하여 파리대학에서 박사 학위를 받았습니다. 1853년 프랑스 국립예술직업학교CNAM 교수, 1878년 자연사박물관 교수를 역임했으며, 1881년에는 파리 국제전기박람회의 책임자가 되었습니다.
>
> **3대 앙투안 앙리 베크렐** Antoine Henri Becquerel, 1852~1908
> 위에서 자세히 소개한 것처럼 자연 방사선을 발견했습니다. 베크렐 가문 4명 중 가장 젊은 나이에 사망했습니다.
>
> **4대 장 베크렐** Jean Becquerel, 1878~1953
> 아버지와 마찬가지로 에콜 폴리테크니크와 국립고등교량도로학교를 졸업했습니다. 증조할아버지로부터 이어받은 직위를 계승하는 형태로 1909년 자연사박물관 교수가 되었고, 결정의 광학적·자기적 성질에 관한 연구를 수행했습니다.

이처럼 4대에 걸쳐 프랑스 자연사박물관의 응용물리 부문 교수직을 이어받으며, 전기화학·광화학·방사선 분야의 연구를 지속한 것은 매우 드문 일입니다.

| 베크렐 효과

앙리 베크렐의 아버지 에드몽 베크렐은 광전 효과를 발견한 인물로 잘 알려져 있습니다.

그는 아래 그림처럼 백금 전극을 수용액에 넣고 태양 빛을 비추어 전압과 전류의 변화를 측정한 최초의 과학자입니다.

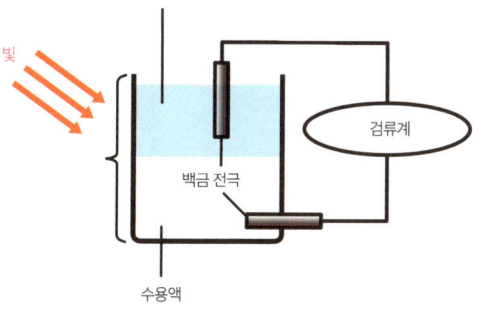

과염소산이 들어 있는 알코올 수용액

빛

검류계

백금 전극

수용액

위 그림은 광전기화학 연구에 최초로 사용된 장치의 개요도인데, 구체적인 수치에 관한 기록은 없습니다. 광전류의 세기는 매우 작았던 듯합니다. 광전 효과를 높이기 위한 연구를 하던 당시 염화은과 브로민화은 같은 할로젠화은에 빛을 비추면 까매지는 사진 현상이 발견되었습니다. 에드몽 베크렐은 할로젠화은을 백금 전극 표면에 씌워 광전류를 키우려고 시도했지만, 할로젠화은이 광분해되는 바람에 일정한 광 응답을 얻을 수 없었습니다.

광전기화학 분야는 실리콘과 저마늄 등을 이용한 반도체 연구가 시작되면서 비로소 궤도에 올랐습니다. 광전 효과가 일어나는 반도체는 베크렐 효과를 실험할 재료로 최적이었습니다.

1966년부터 미국과 독일을 중심으로 저마늄과 산화아연으로 만든 반도체 전극을 수용액에 넣고 실험하는 연구가 활발해졌습니다.

이 분야의 기초 연구를 한 독일의 하인츠 게리셔Heinz Gerischer 덕에 광전기화학이라는 학문 분야가 탄생했습니다. 게리셔가 사망한 뒤 게리셔상이 제정되었습니다.

한편 산화아연을 전극으로 이용하면 mA(밀리암페어) 단위의 광전류가 관측되는데, 이는 산화아연이 용해되기 때문입니다.

광 응답성이 크고 용해 반응이 일어나지 않는 반도체는 없을까요? 산화타이타늄 전극을 이용해 물을 광분해하는 제 연구는 이 질문에서 시작되었습니다.

이 반응은 오늘날 광촉매로 각 방면에서 활용됩니다. 11장 '광화학'의 설명을 참조해 주세요.

하인츠 게리셔상

광전기화학과 관련된 반도체 전극의 기초를 연구한 게리셔의 이름을 딴 상으로, 2003년에 설립되었습니다. 제1회 수상자는 이 책의 저자 후지시마 아키라입니다. 일본 물질재료연구소의 하시모토 가즈히토 이사장도 2017년 게리셔상을 수상했습니다.

2003년	후지시마 아키라藤嶋昭
2005년	미하엘 그라첼Michael Grätzel
2007년	앨런 J. 바드Allen J. Bard
2009년	루디거 메밍Rüdiger Memming
2011년	헬무트 트리부치Helmut Tributsch
2013년	아서 J. 노직Arthur J. Nozik
2015년	애덤 헬러Adam Heller
2017년	하시모토 가즈히토橋本和仁
2019년	네이선 루이스Nathan Lewis

마리 퀴리

Marie Curie, 1867~1934 / 폴란드 → 프랑스

본명은 마리아 스크워도프스카로, 바르샤바에서 5남매 중 막내로 태어났습니다. 어머니와 첫째 언니가 병으로 죽고 아버지도 실직하는 바람에 집안은 가난했습니다. 여학교를 1등으로 졸업한 마리는 가정교사 일을 하며 파리로 간 언니를 뒷바라지했습니다. 언니가 의사 면허를 취득하자 이번에는 마리가 파리로 향했고, 1891년 파리대학에 입학했습니다. 파리에서는 난방 시설도 없는 작은 다락방을 얻어 혹독한 추위를 견뎌야 했습니다. 가난한 형편에 빵과 차로 끼니를 때우는 하루하루였지만 오직 공부에 몰두했고, 물리학 학사 시험에 1등으로 합격했습니다. 대학을 졸업한 후에는 프랑스의 과학자 피에르 퀴리와 결혼해 연구를 이어 가는 한편, 가사와 육아까지 병행하며 바쁜 나날을 보냈습니다. 보통 본명보다 결혼하면서 바뀐 성인 퀴리 부인으로 알려져 있습니다. 마리는 평생 방사선 연구를 하며 노벨상을 두 번이나 받았습니다. 새로운 방사성 원소의 발견 외에도 수많은 업적을 남겼지만, 연구하면서 방사선을 지나치게 많이 쬔 탓에 1934년 백혈병으로 생을 마감했습니다.

광석 8t에서 채취한 우라늄 0.1g

1898년 마리는 남편 피에르와 함께 폴로늄과 라듐이라는 새로운 방사성 원소를 발견했습니다. 두 사람은 이 두 원소를 역청 우라늄석Uraninite (피치블렌드)이라는 광석에서 추출하는 작업에 들어갔습니다. 폴로늄은 비교적 쉽게 추출할 수 있었지만, 라듐을 얻는 과정은 극도로 어려웠습니다.

퀴리 부부는 역청 우라늄석을 대량으로 모았고, 날마다 그것을 잘게 부수어 가루로 만든 뒤, 거대한 냄비에 끓였습니다. 그리고 1902년 마침내 순수한 라듐을 얻는 데 성공했습니다. 추출한 라듐은 겨우 0.1g이었지만 이를 분리하는 데 들어간 역청 우라늄석은 8t이 넘었습니다. 1903년 퀴리 부부는 방사선 연구의 공적을 인정받아 노벨 물리학상을 받았습니다. 상을 받은 뒤 두 사람의 생활은 전보다 나아졌습니다. 그러나 피에르는 1906년 역마차 사고로 죽고 말았습니다. 마리는 슬픔을 무릅쓰고 대학에서 물리학 강사 일을 하며 연구에 몰두했습니다.

1910년 염화라듐을 원료로 순수한 라듐 금속을 추출하는 데 성공한 마리는 1911년 세계 최초로 두 번째 노벨상(노벨 화학상)을 받았습니다.

피에르 퀴리 Pierre Curie, 1859~1906

1859년 파리에서 개업의의 둘째 아들로 태어났습니다. 아버지의 교육 방침에 따라 중학교에 가는 대신 아버지와 가정교사에게 과학과 수학을 중심으로 배웠고, 16세에 대학 입학 자격시험에 합격하여 파리대학에 입학했습니다.

특정 결정에 압력을 가하면 전기가 발생하는 현상(압전기)을 발견하는 등 결정물리학 분야에서 활약했습니다.

그가 발명한 전위계와 **압전기계**는 베크렐 선의 양을 정확하게 측정할 수 있어 마리와의 공동 연구에서 중요한 역할을 했습니다. 1906년 어느 비 오는 날, 짐마차와 역마차 사이에 끼어 급사하고 말았습니다.

| 퀴리 부인의 과학 교실

퀴리 부인은 1906년부터 2년 동안 파리대학의 동료들과 함께 자신들의 자녀 10명을 대상으로 공동 수업을 진행했습니다.

마리의 맏딸 이렌과 함께 수업을 받았던 이자벨 샤반Isabelle Chavannes이 남긴 당시의 기록(아래 그림)이 2000년경 우연히 발견되면서 마리가 아이들에게 가르친 실험 중심의 수업 내용이 밝혀졌습니다.

Mais non. Voilà que l'eau est venue à la même hauteur dans les deux flacons. L'eau qui est dans le tuyau de caoutchouc ne bouge plus maintenant, parce qu'elle est pressée également à droite et à gauche. La pression qui s'exerce de chaque côté est la pression atmosphérique et la pression d'une même hauteur d'eau.

열 번에 걸쳐 진행된 실험의 주제는 다음과 같습니다.

① 진공과 공기의 차이
② 공기의 무게 체감하기
③ 아르키메데스의 원리
④ 고체와 액체의 밀도 측정
⑤ 기압계 만들기
⑥ 그 외

『퀴리 부인의 과학 교실キュリー夫人の理科教室』(깃쇼 미즈에 감수, 오카다 이사오·와타나베 다다시 옮김, 마루젠, 2004)의 표제지

마리의 수업은 질문과 실험을 바탕으로 명쾌하고 독창적으로 진행되어 학생들이 즐거워했다고 합니다.

한국에도 『퀴리 부인이 딸에게 들려주는 과학 이야기』(자음과모음, 2004)라는 제목으로 번역되어 출판되어 있으니 흥미가 있는 분들은 찾아보셔도 좋을 듯합니다.

마리 이외의 다른 선생님들도 초일류 연구자였는데, 마찬가지로 화학을 가르쳤던 장 바티스트 페랭도 그중 한 사람입니다. 페랭도 1926년 노벨 물리학상을 받았습니다.

유리

Harold Urey, 1893~1981 / 미국

미국 인디애나에서 목사의 아들로 태어나 몬태나대학에서 동물학을 배웠습니다. 화학으로 전공을 바꿔 캘리포니아대학 버클리 캠퍼스에서 길버트 뉴턴 루이스의 지도로 학위를 받았습니다. 이후 유럽에서 물리학자 닐스 보어Niels Bohr에게 가르침을 받았으며 귀국 후 1934년 컬럼비아대학 화학 교수가 되었습니다. 이후 중수소를 발견했는데, 그 배경에는 화학 반응론, 양자역학, 분자 스펙트럼 등 광범위한 분야를 연구한 경험이 있었습니다. 중수소 외에도 탄소, 질소, 산소, 황 등 다양한 원소의 동위 원소를 분리하는 데 성공했습니다. 우라늄의 동위 원소인 우라늄-235를 분리해서 원자 폭탄을 제조하는 맨해튼 계획에도 참여했습니다. 1934년 노벨 화학상을 받았습니다.

대표 업적

일반 수소가 중수소보다 잘 증발한다고 생각한 유리는 액화수소를 14K에서 증발시켜 4ℓ에서 1ml까지 농축한 다음 스펙트럼을 측정하여 중수소(D)의 존재를 확인했습니다. 1932년에는 물의 전기 분해로 중수소가 D의 형태로 농축됨을 증명했습니다. 중수소 분자(D_2)는 핵을 변환할 때도 중요한데, 동위 원소는 화학 반응의 메커니즘을 분석할 때는 물론 여러 화학 실험에 널리 이용됩니다.

파급 효과

1933년, 캘리포니아대학의 루이스가 중수(D_2O)를 만드는 데 성공했습니다. 1934년에는 어니스트 러더퍼드가 중수소에 중양성자(중수소의 원자핵)를 충돌시켜 삼중수소를 만들었습니다. 루돌프 쇤하이머Rudolf Schönheimer는 중수소가 들어 있는 지방 분자를 사용해 몸 안에서 지방을 소비하는 메커니즘을 밝혀냈습니다. 유리는 탄소 동위 원소와 질소 동위 원소(^{15}N)를 만들었는데, 쇤하이머는 이러한 동위 원소가 들어 있는 지방과 아미노산을 추적자tracer로 이용해 몸속에서 지방과 아미노산이 어떻게 순환하는지 연구했습니다.

지구물리학 분야에서는 연대를 측정할 때 동위 원소를 사용합니다.

원자 폭탄을 만들 때는 우라늄-235와 우라늄-238 중 우라늄-235만을 사용하는데, 이를 분리할 때도 맨해튼 계획에 참여한 유리가 개발한 확산법이 활용되었습니다.

제2차 세계대전이 끝나고 유리는 원자 폭탄 제조 계획에 관여했던 과거를 반성하며 지구물리학으로 연구 분야를 바꿨습니다. 수소, 암모니아, 메테인 등이 지구의 원시 대기를 구성하는 주요 요소라고 생각했던 유리는 제자 스탠리 로이드 밀러Stanley Lloyd Miller와 함께 원시 대기에서 아미노산이 만들어질 수 있는지 실험했습니다. 교과서에도 실린 번개에 의한 아미노산 합성 실험이 바로 이것입니다.

1940년에는 데이비 메달을, 1973년에는 프리스틀리 메달을 받았습니다.

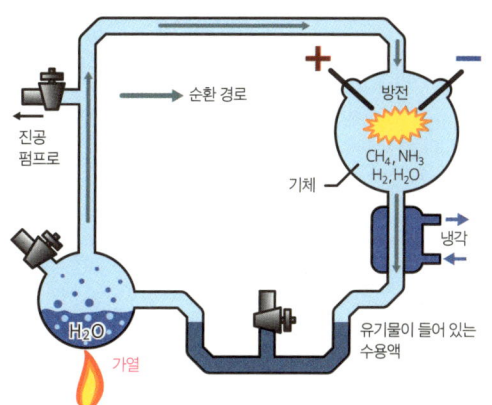

진공
펌프로

순환 경로

+ 방전 −
CH₄, NH₃
H₂, H₂O

기체

냉각

H₂O

가열

유기물이 들어 있는
수용액

유리와 밀러의 실험
생명을 구성하는 요소인 아미노산을 기체에서 합성했다. 1953년 유리의 연구실에서
스탠리 로이드 밀러가 실험을 진행했다.

9장 ▶ 반응 속도

프리츠 하버

Fritz Haber | 1868~1934년

"화학 평형의 본질을 꿰뚫어 암모니아의 대량 합성을 실현했다."

*

헨리 아이링

Henry Eyring | 1901~1981년

"화학 반응의 속도를 이론적으로 산출했다."

*

루돌프 마커스

Rudolph Marcus | 1923~

"전자 이동 반응의 속도에 관한 이론을 구축했다."

물리, 화학, 생명 현상을 이해하고 응용할 때 변화의 속도는 매우 중요합니다.

암모니아의 공업 생산을 예로 들어 보겠습니다. 프리츠 하버는 수소와 산소에서 암모니아를 합성하는 화학 반응에서 **화학 평형**(암모니아 합성 반응과 분해 반응의 균형)에 주목했고, 암모니아 쪽으로 평형을 이동시킴으로써 동료 카를 보슈와 함께 암모니아를 대량 합성하는 데 성공했습니다(하버-보슈법). 하버의 발명으로 화학 비료를 합성할 수 있게 되면서 농작물의 수확량이 비약적으로 증가했습니다.

한편 화학 반응의 속도에 관한 이론은 여전히 통일·확립되지 않은 채 이를 설명하기 위한 이론 모델들이 나왔습니다. 그중 완벽한 이론은 없었지만 다들 중요한 점을 시사했습니다.

헨리 아이링은 반응 도중 에너지가 큰 상태(전이 상태)가 반응 속도를 결정한다고 보았고, 실험에서 도출한 반응 속도 식(아레니우스 식)을 이론적으로 도출하는 데 성공했습니다.

생명 현상에서도 전자 이동 반응은 중요한데, 루돌프 마커스는 이 반응에 쓰이는 속도론을 제시했습니다. 속도론의 공통 원리를 탐색하려면 사고방식의 정리가 정말 중요합니다.

하버

Fritz Haber, 1868~1934 / 독일

실레지아 브레슬라우(현 폴란드 브로츠와프)에서 태어났으며, 이후 베를린대학, 하이델베르크대학에서 유기화학을 배웠습니다. 1891년 베를린 공과대학에서 유기화학으로 학위를 받았습니다. 1894년 카를스루에대학에서 조수로 근무했는데, 전기화학 및 기체 반응을 주제로 교과서를 집필해 호평을 얻어 승진했습니다. 1901년 평형론을 바탕으로 질소 분자에서 암모니아를 합성하는 방법을 개발하기 시작했습니다. 1906년 교수로 승진했으며 1912년에는 새로 설립된 카이저 빌헬름 물리화학·전기화학 연구소 소장으로 취임했습니다. 1918년 노벨 화학상을 받았습니다.

| 하버-보슈법

산업 혁명 이후 유럽에서는 인구가 급증하는 바람에 식량 생산에 필요한 비료가 부족해졌습니다. 특히 질소 비료를 만드는 데 필요한 초석(주요 산지는 남아메리카 칠레)의 공급량에 한계를 느낀 독일은 독자적으로 비료의 원료인 암모니아의 생산법을 연구했습니다.

그러던 중 하버가 1908년 고온 고압 조건에서 수소와 질소를 반응시켜 암모니아를 만드는 방법을 개발했습니다. 1913년에는 보슈가 하버의 방법을 이용해 공장에서 암모니아를 대량으로 생산하는 데 성공했습니다. 하버법으로 만든 암모니아를 냉각·액화하여 추출한 다음 반응하지 않는 수소와 질소를 순환시키는 방법으로, 훗날 '하버-보슈법'으로 불리게 되었습니다.

암모니아는 $3H_2+N_2 \rightarrow 2NH_3$라는 반응으로 만들어지는데, 안정적인 질소 분자로 암모니아를 합성하려면 1,000℃에 가까운 고온 조건이 필요했습니다. 그러나 이렇게 높은 온도에서는 암모니아가 만들어져도 곧바로 분해되는 바람에 효율이 매우 낮다는 점이 문제였습니다.

이에 하버는 온도가 아니라 압력을 조정하기로 했습니다. 압력을 약 175기압으로 높이자 550℃에서도 암모니아 합성 반응이 일어났습니다.

반응 속도를 높이기 위해 다양한 촉매를 시험한 결과, 오스뮴과 철 등이 유효했습니다. 하버는 온도가 낮을수록 암모니아의 수율이 높다는 사실도 발견했습니다. 합성 반응에는 발열이 동반되므로 저온일수록 생성물이 잘 만들어지지만, 온도가 낮아지면 반응 속도가 느려집니다. 그래서 반응 속도를 높이는 촉매를 찾은 그가 발견한 가장 적합한 물질은 오스뮴(Os)이었습니다.

촉매는 자신은 변화하지 않으면서 특별한 반응 경로를 제공하여 반응 속도를 높이는데, 반응의 평형* 조성은 촉매가 작용해도 바뀌지 않습니다. 즉 평형 상수 K는 그대로입니다. K를 결정하는 요소는 온도와 표준 깁스 자유 에너지 ΔG뿐입니다. ΔG는 반응물과 생성물의 종류만으로 결정되므로 촉매가 새로운 반응 경로를 제공해

* 평형
반응이 도중에 멈춘 것처럼 보이는 상태. 농도와 온도와 압력이 달라지면 새로운 평형 상태가 된다.

도 ΔG와 K는 변하지 않습니다.

평형의 본질을 꿰뚫은 하버는 암모니아의 수율을 높이는 데 성공했습니다. 즉 반응에 필요한 압력을 높이고 만들어진 암모니아를 냉각·제거함으로써 평형을 암모니아(생성물) 쪽으로 이동시켰습니다.

제조 장치를 만든 인물은 기술자 보슈입니다. 보슈는 철이 주체인 염가 촉매를 발견했을 뿐만 아니라 금속이 부식되는 고압에도 견디는 장치를 만들었습니다. 하버-보슈법은 오늘날에도 전 세계에서 사용되고 있습니다. 하버-보슈법의 성공은 기초화학이 산업을 뒷받침한 대표적인 사례이자 연구자와 기술자의 연계를 보여 주는 사례입니다.

| 파급 효과

식량 생산에 필요한 비료인 암모니아가 얼마나 중요한지는 두말할 필요도 없습니다. 암모니아의 대량 생산이 실현되기까지 하버-보슈법이 큰 역할을 했습니다.

하버는 제1차 세계대전 당시 독가스 제조에도 관여했으며 유대인 출신이라는 이유로 히틀러에

하버-보슈법

반응하지 않은 질소와 수소는 다시 원료로 쓰인다.

200~1,000기압

가열된 촉매

열교환기

N_2
$3H_2$

가압 장치

400~600℃

액체 암모니아 NH_3

게 박해받는 등 우여곡절을 겪었지만, 눈부신 업적을 남겼습니다. 그가 소장으로 재직했던 베를린의 연구소는 프리츠 하버 연구소라는 이름으로 지금도 그를 기리고 있습니다.

| 하버의 공동 연구 동료 보슈

카를 보슈Carl Bosch, 1874~1940는 하버가 발명한 암모니아 인공 합성법을 산업화한 인물입니다. 라이프치히대학에서 유기화학을 배우고 1898년 학위를 받은 뒤 공업 기술을 배워 세계 최대의 종합 화학 기업 BASF에 입사했습니다. 1913년 하버가 개발한 암모니아 합성법을 공업화했으며 수성 가스Water gas(고온으로 가열한 코크스에 수증기를 가하여 만든, 수소와 일산화탄소의 혼합 기체 - 옮긴이)에서 수소를 생산하는 보슈법을 개발했습니다. 보슈는 1931년 노벨 화학상을 받았습니다.

| 1924년 가을 하버의 일본 방문

프리츠 하버의 삼촌인 루트비히 하버Ludwig Haber는 1874년 독일 영사로 일본 하코다테에 부임했을 때, 외국인을 배척하던 구 아키타번의 사무라이의 칼에 살해당했습니다. 하버는 삼촌이 변을 당한 장소를 찾고, 한편으로는 자신에게 자금을 지원해 주던 호시 하지메星一(호시제약 사장 겸 호시약과대학 창립자)를 만나기 위해 1924년 일본을 방문했습니다. 안내는 하버의 연구실에서 유학했던 다마루 세쓰로田丸節郞가 맡았습니다.

1년 전인 1923년 간토 대지진이 발생했지만 2년 전 상대성 이론의 발견자로서 성대한 환영을 받은 아인슈타인의 권고로 일본에 왔던 것입니다. 그러나 신문은 '독가스 박사의 방일'이라는 헤드라인으로 그의 방문을 보도했습니다.

제1차 세계대전에 관여했던 하버의 행적과 비극

하버는 암모니아 합성법 개발에 성공해 비료 생산량을 높이는 데 이바지했습니다. 한편으로는 암모니아를 산화시켜 폭약의 원료인 질산을 만드는 작업에도 관여했습니다. 그리고 모국 독일을 위해 염소를 독가스로 사용하는 방안을 제안하는 등 어두운 면도 지닌 인물이었습니다.

우수한 여성 과학자였던 아내 클라라 이머바르[Clara Immerwahr]는 남편의 독가스 연구에 반대했는데, 1915년 4월 22일 이프르 전투에 독가스가 쓰이고 열흘 뒤 하버의 권총으로 스스로 목숨을 끊었습니다.

제1차 세계대전이 끝난 1924년, 하버는 재혼한 아내 샤를로테[Charlotte]와 함께 세계 일주를 떠났고, 이후 호시 하지메의 초대로 3개월 동안 일본에 머물며 각지에서 강연을 했습니다. 그는 하버의 연구실에서 유학한 적이 있는 다마루 세쓰로의 가마쿠라 자택도 찾았습니다.

아래 사진에서 여성이 안고 있는 아기가 고[故] 다마루 겐지[田丸謙二] 도쿄대학 명예교수입니다.

가마쿠라의 다마루 자택을 방문한 하버 부부와 다마루 세쓰로 부부(1924년)

파란만장했던 하버의 무덤

국가를 위해 헌신했던 하버는 히틀러의 유대인 학살로부터 도망쳐 온 스위스 바젤의 길거리에서 최후를 맞이했습니다. 그는 독가스 연구에 반대하여 자살한 아내 클라라와 함께 바젤의 묘지에 잠들어 있습니다.

하버의 묘

뒷이야기

하버와 아레니우스의 관계

제1차 세계대전에서 패배한 독일은 막대한 배상금을 물어야 했는데, 그중 4분의 1은 금괴로 지불해야 했습니다. 바닷물에서 미량의 금을 얻을 수 있다는 아레니우스의 주장(바닷물 1t에 함유된 금은 6mg)을 믿은 하버는 1920년 함부르크에서 뉴욕으로 가는 항해 중 직접 금을 채취하려 했습니다. 그리고 1923년에는 아르헨티나로 향하는 항해 중에도 금을 채취했습니다. 그러나 그가 얻은 금은 바닷물 1t당 0.009mg으로, 금을 채취하려는 시도는 실패에 그쳤습니다.

하버의 라이벌, 네른스트

1904~1905년, 암모니아 합성을 시도하던 당시, 화학 평형론을 주장한 네른스트는 하버의 측정값을 비판했습니다. 네른스트도 제1차 세계대전에 독가스가 필요하다고 주장했으나 개발

에 실패했고, 최종적으로 하버의 염소 가스가 전장에 투입되었습니다. 두 사람은 평생의 라이벌이었는데, 1919년에 열린 하버 콜로퀴움[Haber] colloquium(과학의 여러 분야 연구자를 초청해 연구 발표를 진행하기 위해 하버가 개최한 세미나)에는 아인슈타인, 보어와 함께 네른스트도 초대받았습니다.

같은 독일인이었지만 평생의 라이벌이었던 하버와 네른스트

프리츠 하버
현 폴란드 태생(1868~1934)

발터 네른스트
현 폴란드 태생(1864~1941)

오스트발트 연구실의 조수 자리

유대인
오스트발트 연구실 조수로 두 번이나 지원했으나 거절당했다.

카를스루에 공과대학 교수를 거쳐 물리화학·전기화학 연구소(현 프리츠 하버 연구소, 베를린 달렘 소재)의 소장이 되었다.

비유대인
오스트발트 연구실에 조수로 채용되었다.

괴팅겐대학 교수, 물리화학·전기화학 연구소 소장을 거쳐 베를린대학 학장, 물리화학 연구소 소장이 되었다.

전기화학 분야 연구

산화 환원 반응의 전기화학적 연구, 나이트로벤젠의 전기 환원에 의한 아닐린 합성, 전기화학 센서 및 철 부식 반응 연구로 이름을 알렸다.

열역학을 바탕으로 제안한 전기화학의 평형 전위 식(네른스트 식)은 오늘날에도 전기화학의 기본적인 식으로 쓰인다.

암모니아 합성

오늘날에도 전 세계에서 쓰이는 합성법 개발에 성공했다.

이론적으로 고찰하여 시도했으나 합성에 성공하지는 못했다.

독가스 제조

자신이 만든 염소 가스가 제1차 세계대전에서 살포되어 수많은 사상자가 발생했다.

최초 책임자로서 제조에 관여했다.

노벨 화학상 수상

1918년
원소에서 암모니아를 합성한 공로로 상을 받았다.

1920년
열역학에 이바지한 공로로 상을 받았다.

아이링

Henry Eyring, 1901~1981 / 멕시코 → 미국

멕시코 북부에서 태어났으나 어린 시절 멕시코 혁명으로 추방되어 미국으로 이주했습니다. 애리조나대학에서 공부한 뒤 캘리포니아대학 버클리 캠퍼스에 입학했고 1927년 학위를 취득했습니다. 1935년 미국으로 귀화했습니다. 프린스턴대학 교수로 활동하다 유타대학 학장이 되었습니다. 화학 반응의 속도를 이론적으로 구하는 절대 반응 속도론을 제창했습니다.

| 전이 상태란 무엇일까?

화학 반응이 진행되려면 열 같은 에너지가 필요할 때도 있습니다. 가령 숯(탄소)이 공기 중의 산소와 반응하여 이산화탄소가 되려면 불에 타야 하는데, 이때 [그림 1]처럼 반응 도중에 에너지가 큰 상태를 거쳐야 합니다. 이처럼 반응 중 에너지가 큰 상태를 전이 상태라고 합니다.

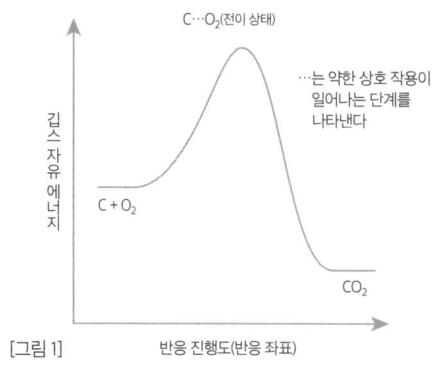

[그림 1]

| 전이 상태일 때 화학 반응의 속도

아이링은 화학 반응의 속도가 전이 상태에 따라 결정된다고 생각했습니다. [그림 2]처럼 A와 B가 반응하면 일단 전이 상태 $C^{\ddagger}$에 들어가고,

* ‡는 전이 상태를 나타내는 기호입니다.

전이 상태의 에너지 언덕을 넘으면 생성물이 만들어지는 화학 반응

$$A + B \rightleftarrows C^{\ddagger} \rightarrow 생성물 \qquad (1)$$

에서 반응물 A와 B에서 전이 상태 $C^{\ddagger}$가 되는 반응과 전이 상태 $C^{\ddagger}$에서 반응물로 돌아오는 반응이 혼재하는, 즉 화학 평형이 성립하는 상태가 존재한다는 이론입니다.

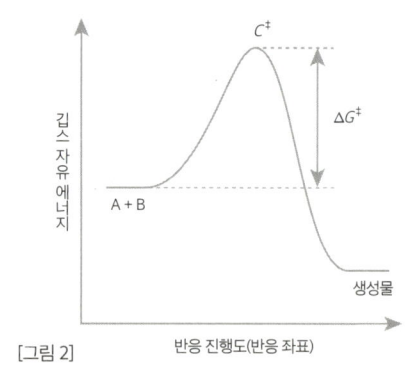

[그림 2]

화학 반응의 속도는 반응물의 농도에 비례합니다. A와 B에서 전이 상태 $C^{\ddagger}$가 되는 반응, 그리고 전이 상태 $C^{\ddagger}$에서 A와 B로 돌아오는 반응의 속도는 A, B, $C^{\ddagger}$의 농도 [A], [B], $[C^{\ddagger}]$와 속도 상수 k_1, k_2를 사용하여 각각 $k_1[A][B]$,

$k_2[C^\ddagger]$로 나타냅니다. 둘의 속도가 같으므로

$$k_1[A][B] = k_2[C^\ddagger] \qquad (2)$$

이며

$$K^\ddagger = \frac{k_1}{k_2} = \frac{[C^\ddagger]}{[A][B]} \qquad (3)$$

을 만족하는 $K^\ddagger$는 일정한 값(평형 상수)입니다.

한편 생성물이 만들어지는 반응의 속도가 r일 때 반응물 A와 B의 속도 상수를 k, 전이 상태 $C^\ddagger$의 속도 상수를 $k^\ddagger$라고 하면

$$r = k[A][B] = k^\ddagger[C^\ddagger] \qquad (4)$$

이므로 식 (3)과 (4)로부터

$$k = k^\ddagger K^\ddagger \qquad (5)$$

라는 관계를 유도할 수 있으며, 전이 상태에 기인하는 상수 $K^\ddagger$와 $k^\ddagger$를 통해 반응물 A와 B의 속도 상수 k를 구할 수 있습니다.

| 반응 속도를 구할 수 있는 아이링 식

다음으로 아이링은 전이 상태 $C^\ddagger$일 때 만들어지는 화학 결합 중 한쪽이 끊어지면 생성물이 만들어진다고 생각했습니다. 이 $C^\ddagger$에서 생성물이 만들어지는 반응의 속도는 화학 결합이 끊어지는 속도이며, 이때의 속도 상수 $k^\ddagger$는 화학 결합의 진동수(1초 동안 진동하는 횟수)와 비례한다고 생각했습니다. 자세한 방법은 생략하겠지만(관심이 있으신 분은 다음 '발전' 항목을 참조해 주세요), 양자역학과 통계역학을 활용하여 반응물의 속도 상수 k를 구할 수 있는 아이링 식

$$K = \frac{\kappa\, k_B T}{h}\, exp\left(-\frac{\Delta G^\ddagger}{RT}\right) \qquad (6)$$

을 이론적으로 도출했습니다. 여기서 κ는 끊어진 결합의 비율(투과 계수), k_B는 볼츠만 상수, h는 플랑크 상수, $\Delta G^\ddagger$는 반응물과 전이 상태의 깁스 자유 에너지 차이(그림 2), T는 온도입니다. 앞에서 실험으로 도출한 아레니우스 식과 근본적으로 같은 식입니다.

마커스

Rudolph A. Marcus, 1923~ / 캐나다 → 미국

캐나다 몬트리올에서 태어났으며 1946년 맥길대학에서 박사 학위를 받았습니다. 이후 미국으로 이주했고 1958년 미국으로 귀화했습니다. 화학 반응에 관한 이론 연구에 몰두한 끝에 용액 내 전자 이동 반응에 관한 마커스 이론을 확립한 공로로 1992년 노벨 화학상을 받았습니다. 현재 캘리포니아 공과대학 교수로 활동하고 있습니다.

| 분자와 분자 사이의 전자 이동 반응

분자와 분자 사이에서 일어나는 전자 이동 반응은 특히 중요한 화학 반응입니다. 효소 반응이나 광합성 반응에서도 전자가 이동하는 만큼 생체 에너지를 만들 때 꼭 필요한 과정입니다. 따라서 이 전자 이동 반응의 속도를 지배하는 요인이 무엇인지 이해하는 과정은 매우 중요합니다.

용매 안에서 전자 공여체[Donor] D에서 전자 수용체[Acceptor] A로 전자가 이동할 때 다음과 같은 단계를 거칩니다.

$$D + A \rightarrow D{\cdots}A \rightarrow D^{+}{\cdots}A^{-} \rightarrow D^{+} + A^{-} \quad (1)$$

여기서 …는 약한 상호 작용이 일어나는 단계를 나타내는 기호입니다. 마커스는 위 단계 중

$$D{\cdots}A \rightarrow D^{+}{\cdots}A^{-} \quad (2)$$
$$\text{상태 I} \quad\quad \text{상태 II}$$

의 부분이 가장 오래 걸리는 반응이자 전체 반응 속도를 결정한다고 보았습니다. 그는 상태 I에서 상태 II로 넘어갈 때의 반응 속도가 전자 이동 반응 전체의 속도를 결정한다고 생각했습니다.

| 전자 이동 반응의 속도를 산출하다

마커스는 각 상태의 깁스 자유 에너지를 [그림 1]처럼 생각했습니다. 여기서 ΔG_0는 상태 I과 상태 II에서 가장 안정된 상태일 때 깁스 자유 에너지의 차이입니다. 전하 이동 반응으로 상태 I에서 상태 II로 넘어가려면 도중에 $\Delta G^{\ddagger}$만큼의 크기를 가진 에너지 언덕을 넘어야 하는데, 이 크기는 ΔG_0에 의해 결정됩니다.

반응 속도를 계산할 때 쓰는 아레니우스 식과 $\Delta G^{\ddagger}$ 값을 이용해 상태 I에서 상태 II로 넘어가는 반응의 속도를 구할 수 있습니다. 자세한 계산은 생략하겠지만(관심이 있으신 분은 다음 '발전' 항목을

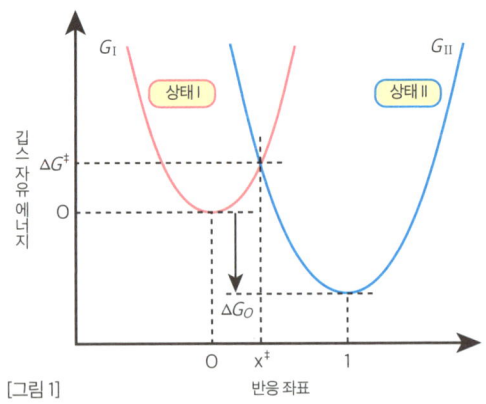

[그림 1]

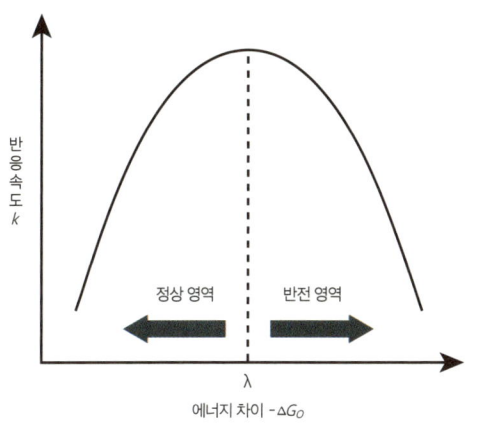

[그림 2]

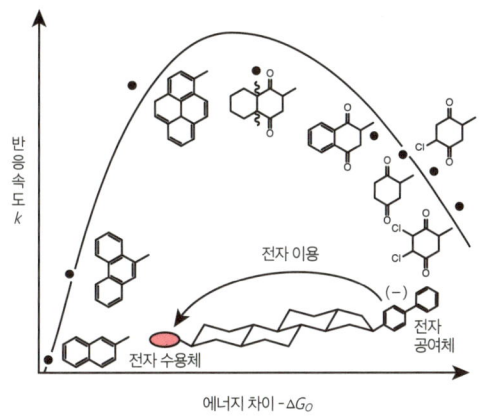

[그림 3]

참조해 주세요), 반응 속도는 ΔG_0의 크기에 따라
변하며 [그림 2]처럼 반응 도중 최댓값이 됩니다.

즉 상태 I에서 상태 II로 넘어갈 때의 에너지
차이($-\Delta G_0$)가 너무 크거나 너무 작아도 반응 속
도는 느려집니다. 안정화 에너지가 너무 커서 전
자 이동 속도가 느려지는 영역을 반전 영역이라
고 합니다.

| 반전 영역 관측의 성공으로 증명된 이론

마커스가 이 이론을 발표한 1956년에는 내용
이 너무나도 참신했던 탓에 이해하는 사람이 많
지 않았고, 에너지 차이의 값이 커질수록 반응
속도가 빨라진다는 경험적 사실이 알려져 있었
기 때문에 마커스의 이론은 쉽게 받아들여지지
않았습니다.

1948년 존 밀러[John Miller], 리디아 칼카테라[Lidia Calcaterra], 게르하르트 클로스[Gerhard Closs] 등 세 과학자
가 전자 공여체와 다양한 전자 수용체를 잘 변형
되지 않는 스테로이드와 결합했고 일정 거리를
유지하면서 전자 이동 속도를 측정했습니다. 그

결과 반전 영역이 관측되면서(그림 3) 마커스의
이론이 증명되었습니다.

전자 이동 반응의 속도를 산출하는 방법

[그림 1]에 모식적으로 나타낸 상태 I, II의 깁스 자유 에너지가 각각

$$G_I = \lambda \chi^2 \qquad (3)$$

$$G_{II} = G_0 + \lambda (\chi - 1)^2 \qquad (4)$$

라고 가정해 봅시다. 여기서 ΔG_0는 그림에서 볼 수 있는 것처럼 가장 안정된 상태일 때 G_I과 G_{II}의 차이이며($\Delta G_0 < 0$), ΔG_0의 절댓값을 '에너지 차이'라고 합니다. χ는 반응 좌표로, 상태 I의 반응 좌표 $\chi = 0$, 상태 II의 반응 좌표 $\chi = 1$입니다. λ는 재배치 에너지입니다. 상태 II에서 $D^+ \cdots A^-$ 단계가 되도록 D와 A 주위 용매의 방향이 바뀌는 데 필요한 에너지를 의미합니다.

계^{system}가 상태 I에서 상태 II로 넘어가려면 중간에 존재하는 반응 장벽 $\Delta G^\ddagger$를 넘어야 합니다. 이 활성화 깁스 자유 에너지 $\Delta G^\ddagger$ 값은 식 (3), (4)를 통해

$$x^\ddagger = \frac{1}{2} \left(1 + \frac{\Delta G_0}{\lambda} \right) \qquad (5)$$

$$\Delta G^\ddagger = \frac{\lambda}{4} \left(1 + \frac{\Delta G_0}{\lambda} \right)^2 \qquad (6)$$

로 구할 수 있습니다. 이 값을 아레니우스 식에 대입하면 상태 I에서 상태 II로 넘어가는 반응의 속도 상수 k를 다음과 같이 구할 수 있습니다.

$$k = A exp \left(-\frac{\Delta G^\ddagger}{RT} \right)$$

$$= A exp \left\{ -\frac{\lambda}{4RT} \left(1 + \frac{\Delta G_0}{\lambda} \right)^2 \right\} \qquad (7)$$

이 속도 상수(k)를 에너지 차이($-\Delta G_0$)에 따른 도식으로 나타내면 [그림 2]처럼 $-\Delta G_0 = \lambda$인 시점에 극대화되는 그래프를 그릴 수 있습니다.

프리드리히 아우구스투스 케쿨레 *Friedrich August Kekule* | 1829~1896년
"원자가原子價(화학 결합을 이루는 팔) 개념을 제창했다."

*

길버트 뉴턴 루이스 *Gilbert Newton Lewis* | 1875~1946년
"화학 결합에 한 쌍의 전자가 관여한다(공유 결합)는 개념을 제창했다."

*

라이너스 칼 폴링 *Linus Carl Pauling* | 1901~1994년
"화학 결합을 양자역학으로 설명했다. 혼성 궤도, 공명 이론 등을 제창했다."

인류 역사상 최초로 발견된 원소는 탄소일 수도 있고, 금일 수도 있습니다. 확실하게 말할 수 없는 이유는 근대 화학 관점에서 보면 아직 원소라는 개념이 확립되기 전부터 발견되어 사용되었기에 언제 발견되었는지 명확하지 않기 때문입니다.

물질의 구성에 대한 개념은 17세기부터 근대 과학이 성립되기 전까지는 탈레스Thales, 데모크리토스Democritus, 아리스토텔레스Aristotle 등 고대 그리스의 철학자들이 세운 관념적인 사고방식에서 거의 벗어나지 못했습니다.

그러나 우리 주변의 물질을 발견하고 이를 이용하게 되면서 물질에 관한 사고방식이 크게 발전했습니다. 특히 금을 향한 갈망은 고대부터 한 번도 사라진 적이 없었던 만큼 수은을 금으로 바꾸고자 했던 연금술이 중세부터 근세 초기(17세기)까지 발전했습니다.

만유인력을 발견한 물리학 분야의 거인 아이작 뉴턴 1642~1727조차 연금술을 연구했다고 합니다. 연금술 자체는 과학적으로 올바른 학문이 아니었지만, 연금술을 연구하는 과정에서 습득한 방대한 지식과 연금술사들이 개발해 낸 실험 방법과 기술 및 실험 기구는 근대 과학이 자리 잡는 데 굉장히 중요한 역할을 했습니다. 수소와 산소처럼 기본적인 원소가 차례차례 발견되면서 물질의 구성에 대한 인간의 이해는 급속히 발전했습니다.

물질의 구성단위가 원자라는 사실이 밝혀지자 이번에는 원자와 원자가 어떻게 결합하는지, 결합한 원자는 어떻게 다른 원자와 치환되는지 같은 의문이 제기되었습니다. 원자와 원자가 결합한 상태를 '화학 결합'이라고 하는데, 사람들은 이 신비한 개념을 탐구하기 시작했습니다.

아우구스투스 케쿨레는 원자가 화학 결합하는 팔(원자가)을 가지고 있다고 주장했습니다. 그리고 길버트 뉴턴 루이스는 화학 결합하는 팔이 2개의 전자로 이루어졌다(공유 결합)고 주장했고, 라이너스 폴링은 화학 결합을 양자역학으로 설명하고 혼성 궤도, 공명 이론 등을 발전시켜 오늘날과 같은 화학 결합의 개념으로 이끌었습니다.

케쿨레

Friedrich August Kekule, 1829~1896 / **독일**

독일에서 태어나 기센대학에서 건축학을 전공했으나 2학년 때 유기화학의 권위자였던 유스투스 폰 리비히Justus von Liebig의 강의를 듣고 감명을 받아 유기화학으로 전공을 바꾸었습니다. 전공을 바꾸기 위해 대학을 자퇴했다가 다시 기센대학에 입학하는 열의를 보인 학생이었습니다. 졸업한 뒤에는 장 바티스트 뒤마Jean-Baptiste Dumas의 연구실로 유학 가서 결합의 형태에 관해 배웠고, 다시 리비히에게 돌아와 박사 학위를 받았습니다. 1856년에는 분젠의 연구실에서 강사로 있다가 이후 하이델베르크대학, 벨기에의 헨트대학, 본대학에서 교수로 활동했습니다.

| 메테인의 발견

화학 결합의 이해는 탄소 화합물 연구에서 비롯되었습니다. 가장 기본적인 탄소 화합물인 메테인은 천연가스의 주성분으로, 탄소 원자 1개와 수소 원자 4개로 이루어져 있습니다.

아연과 구리 전극을 이용한 최초의 전지를 발명한 것으로 유명한 이탈리아의 볼타(76쪽)는 이탈리아와 스위스에 걸쳐 있는 마조레호수의 늪지대에 이는 거품을 모았는데, 이 거품에서 전기 불꽃이 생기는 현상을 발견했습니다. 이 기체가 바로 메테인이었습니다(1776년).

| 탄소는 다른 원자와 결합하는 팔을 4개 가지고 있다: 원자가 이론

19세기 초, 물질을 이루는 단위가 분자라는 개념이 정착하면서 분자를 구성하는 원자의 결합 방식, 즉 화학 결합의 구성으로 관심이 옮겨 갔습니다. 탄소를 포함한 대표적인 유기 화합물로는 메테인(CH_4), 에테인(C_2H_6), 에틸렌(C_2H_4), 벤젠(C_6H_6) 등이 있습니다.

케쿨레도 이 무렵에 등장했습니다. 그는 탄소

화합물 연구를 시작한 지 얼마 안 되어 탄소가 다른 원자와 결합하는 팔을 4개 가지고 있다는 설을 제창했습니다(1858년). 가령 메테인(CH_4)의 탄소는 원자 4개와 결합할 수 있고, 수소와 할로젠은 원자 1개, 산소는 원자 2개, 질소는 원자 3개와 각각 결합할 수 있다는 것이 케쿨레의 생각이었습니다. 이처럼 한 원자가 다른 원자와 결합하는 팔의 수를 원자가라고 합니다.

케쿨레는 이중 결합이라는 개념도 제안했습니다. 원자와 원자 사이의 결합은 무조건 한 쌍이 아니라 결합할 원자 수에 따라 다른데, 예를 들어 탄소와 탄소가 결합할 때는 에틸렌(그림 1)처럼

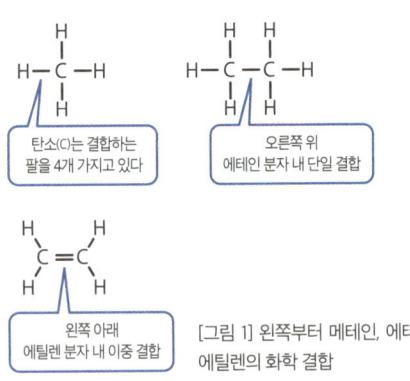

탄소(C)는 결합하는 팔을 4개 가지고 있다

오른쪽 위 에테인 분자 내 단일 결합

왼쪽 아래 에틸렌 분자 내 이중 결합

[그림 1] 왼쪽부터 메테인, 에테인, 에틸렌의 화학 결합

팔 두 쌍이 동시에 결합한다고 주장했습니다.

에틸렌(C_2H_4) 분자가 만들어질 때 탄소와 탄소가 팔 한 쌍끼리 결합하면 팔이 남아 버리므로 두 쌍씩 결합한다고 생각했습니다.

두 원자가 결합하는 팔(화학 결합)을 나타낼 때 팔 한 쌍(단일 결합)은 선으로, 팔 두 쌍(이중 결합)은 이중선으로 그립니다.

벤젠의 고리 구조: 꿈에서 얻은 발상

벤젠의 고리 구조 확립은 케쿨레의 또 다른 업적입니다. 유기 화합물 중 지방족 화합물은 주로 사슬을 연결하듯 탄소가 사슬 모양으로 연결된 구조라고 케쿨레 본인이 밝혀냈지만(1854년), 탄소 비율이 높은 방향족 화합물의 구조는 사슬 모양 구조로 설명할 수 없었습니다.

예를 들어 대표적인 방향족 화합물인 벤젠(C_6H_6)이 탄소 6개와 수소 6개로 이루어져 있다는 사실은 알려졌지만, 사슬 구조로 설명하기에는 수소가 너무 적었습니다. 그러나 케쿨레는 벤젠이 탄소 6개가 고리 구조(육원자 고리)로 되어 있다고 발상을 전환함으로써 구조를 밝히는데 성공했습니다(1865년).

이후 프리드리히 틸레(그림 2 오른쪽)도 표기법을 제안했으며 최종적으로는 화학 결합의 세 번째 거인 폴링의 공명 이론이 정착되었습니다. 현재는 고리 구조 안의 원을 점선 대신 실선으로 그립니다.

케쿨레(1865년)

틸레(1899년)

[그림 2] 벤젠 구조의 표기법

뒷이야기

그때까지 아무도 생각지 못한 벤젠의 고리 구조를 케쿨레는 어떻게 떠올렸을까요?

1890년, 케쿨레가 벤젠의 구조를 제안한 지 25년째가 되어 벤젠 축제가 열렸습니다. 벨기에 헨트대학에서 기념 강연을 진행한 케쿨레는 난로 앞에 앉아 교과서를 집필하던 중 얕은 잠을 자다가 탄소 원자가 뱀처럼 이어져 자기 꼬리를 무는(우로보로스, 아래 그림 참조) 꿈을 꾸고 벤젠의 고리 구조를 떠올렸다고 밝혔습니다.

케쿨레는 지방족 화합물의 사슬 구조 역시 1854년 런던에 머물 당시 마차 안에서 꾼 꿈에서 영감을 얻었다고 밝혔습니다. 이 이야기가 진짜인지 아닌지 의견이 분분하지만, 본인이 한 말이니 사실이라고 생각합니다.

과학자는 '꿈꾸는' 사람이니까요!

우로보로스Ouroboros: 꼬리를 물고 있는 뱀
시작도 끝도 없는 완전성의 상징

루이스

Gilbert Newton Lewis, 1875~1946 / 미국

미국의 물리화학자입니다. 하버드대학에서 박사 학위를 받았으며 라이프치히대학에서 오스트발트에게, 괴팅겐대학에서 네른스트에게 가르침을 받았습니다. 공유 결합을 발견했을 뿐만 아니라 광범위한 분야에 눈부신 업적을 남겼습니다. '원자'라는 개념에 회의적이었던 네른스트와는 이견을 좁히지 못한 채 평생 합당한 평가를 받지 못하고 갈등으로 괴로워했다고 합니다. 그의 고향인 매사추세츠 웨이머스에는 루이스 거리가 있습니다.

결합에는 전자가 2개 있다: 공유 결합의 발견

루이스는 케쿨레가 제창한 '원자 결합을 위한 팔'이라는 개념에 전자를 결합해서 화학 결합에 대한 이해를 한층 더 발전시켰습니다. 원자 내부의 전자가 어디에 존재하는지 자세히 파고든 것입니다. 루이스는 보어의 원자 모형처럼 전자가 원자핵 주위를 빙글빙글 도는 형태가 아니라 원자의 가장 바깥쪽 껍질에 전자가 8개 배치되어 안정을 유지하는 옥텟 규칙을 연결 지었고, 원자가 결합할 때 쓰는 팔이 전자라고 생각했습니다.

즉, 결합에 참여하는 각 원자는 결합을 위해 전자를 1개씩 준비하며 상대의 전자 1개와 함께 총 2개의 전자를 공유한다고 주장했습니다(1916년).

어빙 랭뮤어Irving Langmuir, 1881~1957(미국 출생, 1932년 노벨 화학상 수상)는 이 이론에 동의했고 공유 결합이라는 이름을 붙였습니다. 전자를 점으로 나타낸 루이스의 전자식이 정착되면서 지금도 화학 결합의 표기법으로 널리 쓰이고 있습니다.

메테인의 결합 4개는 모두 상대와 전자를 공유하는 형태이지만, 물(H₂O) 분자를 이루는 산소 원자는 상대와 결합하지 않는 팔에도 전자를 2개 가지고 있습니다. 이를 비공유 전자쌍이라고 합니다(그림 1).

> ### 원자, 분자, 이온
> 이 셋은 무엇이 다를까요?
> 원자atom는 전자와 원자핵으로 이루어져 있습니다. 분자molecule는 물질의 화학적 성질을 잃지 않으면서 전기적으로 중성인 최소 단위 물질로, 아보가드로의 가설처럼 기본적으로는 여러 개의 원자로 이루어져 있는 다원자 분자입니다. 그러나 헬륨(He)을 비롯한 비활성 기체처럼 1개의 원자가 분자로 기능하기도 하는데, 이를 단원자 분자라고 합니다.
> 이온ion은 나트륨 이온(Na⁺)처럼 원자 또는 분자의 전자가 부족하거나, 황산이온(SO₄²⁻)처럼 전자가 더 많은 물질입니다.

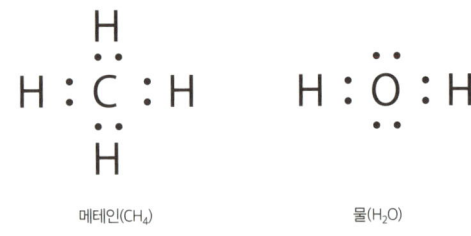

메테인(CH₄)   물(H₂O)

[그림 1] 메테인과 물의 화학 결합

이온 결합

영국의 화학자 험프리 데이비(56쪽)는 다양한 물질을 전기 분해하는 연구를 통해 나트륨(Na), 칼륨(K), 칼슘(Ca), 마그네슘(Mg), 붕소(B), 바륨(Ba) 등 혼자서 6종의 원소를 발견했습니다. 그리고 물질을 이루는 결합에 양전하와 음전하가 관여한다는 전기화학적 가설을 제안했습니다 (1806년). 데이비의 가설을 발전시킨 인물은 스웨덴의 베르셀리우스[1779~1848]입니다. 베르셀리우스는 원소를 전기적 양성과 음성으로 분리하면 반대 전하를 가진 원자끼리 인력으로 결합한다고 생각했습니다(전기화학적 이원론, 1811년). 이 이론은 이후 이온 결합 개념으로 이어지게 됩니다.

▶ 파급 효과 ◀

원자와 원자가 2개의 전자를 공유해서 결합한다는 루이스의 공유 결합 이론은 **폴링의 혼성 궤도,** 원자가 결합 이론으로 발전했습니다(124쪽). 루이스는 그 밖에도 산과 염기에 관한 포괄적 이론을 확립했습니다. 그 전까지 주류였던 아레니우스(72쪽)의 H+(산)과 OH−(염기) 정의, 'H+을 주는 물질(산)과 H+을 받는 물질(염기)'이라는 브뢴스테드-라우리[요하네스 브뢴스테드Johannes Brønsted, 1879~1947(덴마크), 토머스 라우리Thomas Lowry, 1874~1936(영국)]의 정의에서 한층 나아가 '전자쌍(2개의 전자)을 주는 물질(산)과 전자쌍을 받는 물질(염기)'이라는 **루이스의 산-염기 이론**을 확립했습니다. 그뿐만 아니라 순수한 중수를 분리하고, 화학 열역학적 활동도fugacity(휘산도)의 개념을 제시하고, 삼중항 들뜬 상태Triplet excited state를 발견했으며, 빛을 광자photon로 명명하는 등 그의 공적은 실로 헤아릴 수 없습니다.

뒷이야기

근대 화학에서 이렇게 광범위하고 독창적인 업적을 남긴 루이스는 그야말로 천재이자 희대의 화학자였습니다.

노벨상을 네다섯 번씩 받아도 이상하지 않지만, 이상하게도 29세부터 연속으로 41번이나 후보로 선정되었는데도 정작 상을 받은 적은 없습니다. 해럴드 유리Harold Urey(1934년), 윌리엄 지오크William Giauque(1949년), 글렌 시보크Glenn Seaborg(1951년), 윌러드 리비Willard Libby(1960년), 멜빈 캘빈Melvin Calvin(1961년) 등 제자나 그의 영향을 받은 화학자들은 차례차례 노벨상을 받았습니다.

네른스트와의 갈등 때문이라는 설도 있지만, 여전히 밝혀지지 않은 과학사의 미스터리입니다.

폴링

Linus Carl Pauling, 1901~1994 / 미국

오리건 포틀랜드에서 태어났습니다. 오리건 농업대학을 졸업한 뒤 캘리포니아 공과대학 대학원으로 진학했습니다. 로스코 디킨슨[Roscoe Dickinson]에게 사사하여 X선 회절을 이용한 결정 구조 해석에 관한 논문으로 물리화학 및 수리물리학 박사 학위를 받았습니다. 1954년 노벨 화학상을, 1962년 노벨 평화상을 각각 단독 수상했습니다.

메테인의 화학 결합을 양자역학으로 해석한 폴링

케쿨레는 탄소가 다른 원자와 결합하는 팔을 4개 가지고 있다는 사실을 밝혔고(1858년), 네덜란드의 판트호프는 메테인의 구조가 탄소를 중심에 둔 정사면체라고 추측했으며(1874년), 루이스는 원자와 원자가 각자 공유하는 2개의 전자로 결합을 이룬다고 제창했습니다(1916년). 연구는 여기서 더욱 진전되었는데, 일본의 닛타 이사무[仁田勇, 1899~1984]가 X선 결정 구조 해석으로 탄소에서 뻗어 나온 결합각이 109도임을 밝혀 판트호프의 가설을 증명했습니다(1927년). 슈뢰딩거의 파동 방정식(1925년)이 도출되면서 양자역학이 꽃피기 시작했고, 발터 하이틀러[Walter Heitler]와 프리츠 런던[Fritz London]이 수소 분자의 결합을 양자역학으로 설명하면서(1927년) 화학에 양자역학을 적용한 양자화학의 시대가 열렸습니다.

혼성 궤도: 원자가 결합 이론의 완성

이 시기에 폴링이 등장했습니다. 양자역학에 따르면 탄소의 결합에 관여하는 전자 4개는 구형태의 2s 및 각각 x, y, z축 방향으로 뻗은 $2p_x$, $2p_y$, $2p_z$ 궤도를 따라 움직입니다(그림 1).

만약 결합에 관여하는 팔 4개가 각각 이 궤도에 있는 전자 1개와 결합 상대의 궤도에 있는 전자 1개, 총 2개의 전자를 공유하면 x, y, z축이 서로 수직으로 만나므로 탄소 주변의 결합각은 90도가 됩니다. 하지만 닛타 이사무가 X선 결정 구조 해석으로 증명했듯이 실제 결합각은 약 109도입니다(그림 2).

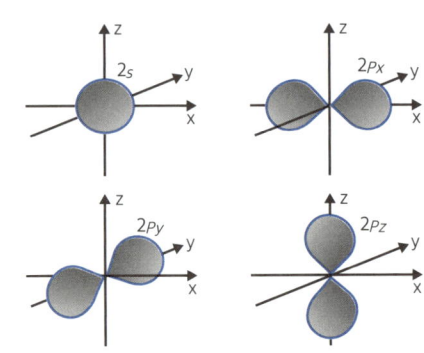

[그림 1] 탄소의 최외각 전자 궤도

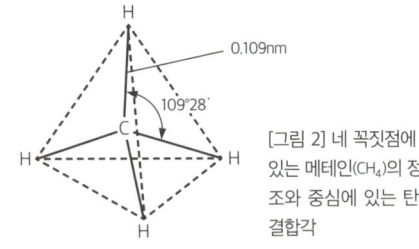

[그림 2] 네 꼭짓점에 수소(H)가 있는 메테인(CH_4)의 정사면체 구조와 중심에 있는 탄소 주변의 결합각

폴링은 아르놀트 조머펠트Arnold Sommerfeld, 닐스 보어, 에르빈 슈뢰딩거Erwin Schrödinger에게 각각 양자역학을 배웠고, 미국으로 돌아온 뒤 양자역학을 화학에 적용하기 위해 고민했습니다. 1930년대에 그는 탄소의 결합에 대해 1) 에너지 준위가 같은 결합 4개를 이루는 전자의 궤도, 2) 정사면체 구조, 3) 약 109도의 결합각 등을 전부 설명할 수 있는 혼성 궤도 개념을 제창했습니다(1939년).

공간 방향성이 서로 다른 4개의 궤도 $2s$, $2p_x$, $2p_y$, $2p_z$가 따로 움직이는 게 아니라 전부 섞여 에너지 준위가 같은 궤도 4개가 만들어진다고 생각했습니다. 이를 혼성 궤도라고 합니다.

탄소의 경우 $2s$ 궤도 1개와 $2p$ 궤도 3개로 sp^3 혼성 궤도 4개를 형성합니다. 약 109도의 결합각을 이루는 4개의 전자가 정사면체의 꼭짓점을 향해 sp^3 혼성 궤도에 하나씩 배치됩니다. 그리고 탄소와 결합하는 원자의 전자 1개와 함께 전자 2개가 공유 결합합니다.

폴링, 판트호프, 케쿨레, 루이스가 발전시킨 원자가 결합(원자가 갖는 결합의 팔) 개념은 양자역학적 관점이 더해진 끝에 완성되었습니다.

공명 이론

케쿨레는 벤젠(C_6H_6)이 6개의 탄소로 이루어진 고리 구조라고 주장했는데, 단일 결합과 이중 결합이 교대로 존재하는 구조는 [그림 3]처럼 대칭적인 구조식으로 나타낼 수 있습니다. 케쿨레는 벤젠이 이 두 구조를 빠르게 오간다고 생각했지만, 양자역학을 바탕으로 생각한 폴링은 두 구조에 차이가 없고 전자의 운동에 따라 두 구조가 중첩되어 있다는 공명 개념을 고안했습니다. 프리드리히 틸레Friedrich Thiele, 1865~1918(독일)는 벤젠의 구조를 [그림 3]의 오른쪽 구조식처럼 나타내자고 제안했습니다(1899년). 오늘날에는 폴링의 공명 이론에 따라 두 표기법을 모두 인정합니다. 틸레가 그린 벤젠 고리 안의 둥근 점선은 실선으로 바뀌었습니다.

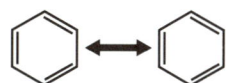

케쿨레가 주장한 벤젠(C_6H_6)의 구조　　틸레(1899년)가 제안한 벤젠의 구조

[그림 3] 벤젠 구조의 표기법

전기 음성도

폴링은 이온 결합(123쪽)과 공유 결합의 원리는 같고 결합하는 원자들이 서로 전자를 끌어당기는 세기가 다를 뿐이라고 생각했습니다. 그는 원자가 전자를 끌어당기는 세기를 '전기 음성도'라고 명명하고 결합 에너지에서 산출한 전기 음성도를 표로 나타냈습니다.

이후 로버트 멀리컨(172쪽)도 다른 관점으로 전기 음성도를 정의했는데, 두 사람이 제시한 값은 거의 일치했습니다.

▶파급 효과◀

혼성 궤도 개념은 메테인의 화학 결합을 깔끔하게 설명할 수 있습니다. 이중 결합을 가진 에틸렌(결합각 120도)에서는 $2s$, $2p_x$, $2p_y$ 등 세 sp^2 혼성 궤도가 평면 구조를 이루며, 삼중 결합을 가진 아세틸렌(결합각 180도)에서는 $2s$와 $2p_x$라는 두 sp 혼성 궤도가 직선 구조를 이루는 이유도 설명할 수 있습니다(그림 4).

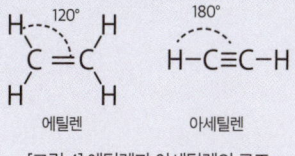

[그림 4] 에틸렌과 아세틸렌의 구조

칼럼

화학 결합의 원리

서로 다른 결합처럼 보이는 세 화학 결합은 같은 원리로 이해할 수 있습니다. 고등학교 과정에서는 화학 결합을 크게 세 종류(공유 결합, 이온 결합, 금속 결합)로 나누어, "공유 결합은 두 원자가 전자 2개를 공유하여 결합하고, 이온 결합은 양이온과 음이온의 쿨롱 힘(정전기적 인력)으로 결합하며, 금속 결합은 자유 전자가 금속 원자 사이를 자유롭게 돌아다니며 결합한다"고 설명합니다.

세 종류의 화학 결합에 대한 설명이 제각기 다른데, 이를 이상하게 생각하면서도 '화학은 암기 과목'이라고 생각하며 그대로 외우는 학생이 있을지도 모릅니다. 하지만 사실 전부 다른 것처럼 보이는 세 화학 결합을 모두 같은 원리로 이해할 수 있습니다. 가장 기본적인 분자인 수소 분자(H_2)의 공유 결합부터 알아보겠습니다(그림 1).

원자는 양전하(+)를 띠는 원자핵과 음전하(-)를 띠는 전자로 이루어져 있습니다. 양전하와 음전하는 서로 끌어당기므로 전자는 원자핵 쪽으로 끌려가며 원자핵 주위를 돕니다. 원자핵에서 멀리 떨어질 수 없으므로 좁은 상자(실제로는 위가 뚫린 나팔꽃 형태의 상자) 안에 갇힌 것처럼 움직입니다. 좁은 공간에 갇힌 전자의 움직임은 이렇게 양자역학으로 설명할 수 있습니다. 양자역학에서는 상자(전자가 돌아다닐 수 있는 범위, 행동 범위)의 크기에 따라 에너지가 결정되며(양자화), 상자가 클수록 전자의 에너지가 안정됩니다. 수소 원자끼리 가까워지면 상자(전자의 행동 범위)가 커지므로 전자의 에너지는 한층 안정되고, 수소 원자가 멀어질 때보다 붙어 있을 때 원래 상자보다 큰 상자가 만들어져 안정됩니다(그림 1).

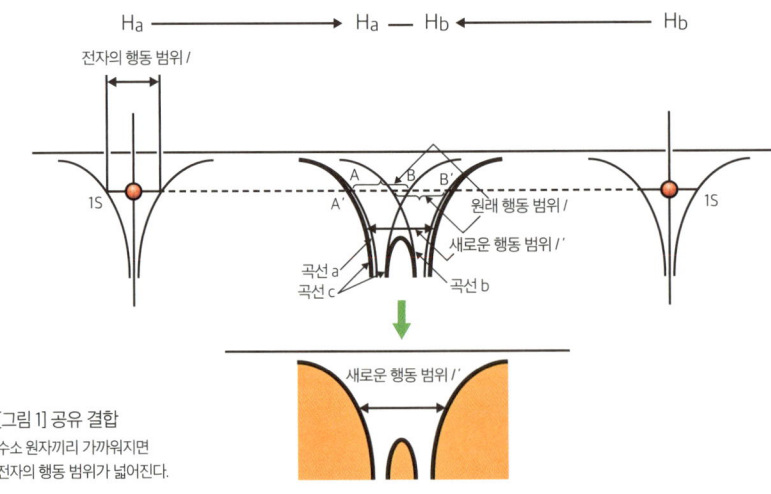

[그림 1] 공유 결합
수소 원자끼리 가까워지면
전자의 행동 범위가 넓어진다.

그렇다면 이온 결합으로 이루어진 대표 물질인 소금(NaCl)은 어떨까요(그림 2)? 기본적인 원리는 수소 분자와 같습니다. 단지 수소 분자를 이루는 두 원자는 같은 수소 원자이지만, NaCl은 Na(나트륨, 원자핵의 양전하가 +11)과 Cl(염소, 원자핵의 양전하가 +17)라는 서로 다른 원자로 이루어져 있으므로 두 상자의 크기가 매우 다릅니다.

원자핵의 양전하가 클수록 전자를 끌어당기는 힘이 강해지므로 전자가 돌아다닐 수 있는 상자의 크기도 커집니다. Na 원자와 Cl 원자가 가까워지면 전자가 돌아다니는 상자는 커지지만 [그림 2]처럼 크게 비뚤어진, 즉 Cl 쪽으로 치우친 상자가 만들어집니다. 궤도 하나에 전자가 2개까지 들어가므로 Na 쪽에 있던 전자도 Cl 쪽 전자와 함께 Cl 쪽의 안정된(바닥에 가까운) 궤도로 2개가 들어갑니다. 결과적으로 Na에서 Cl로 전자

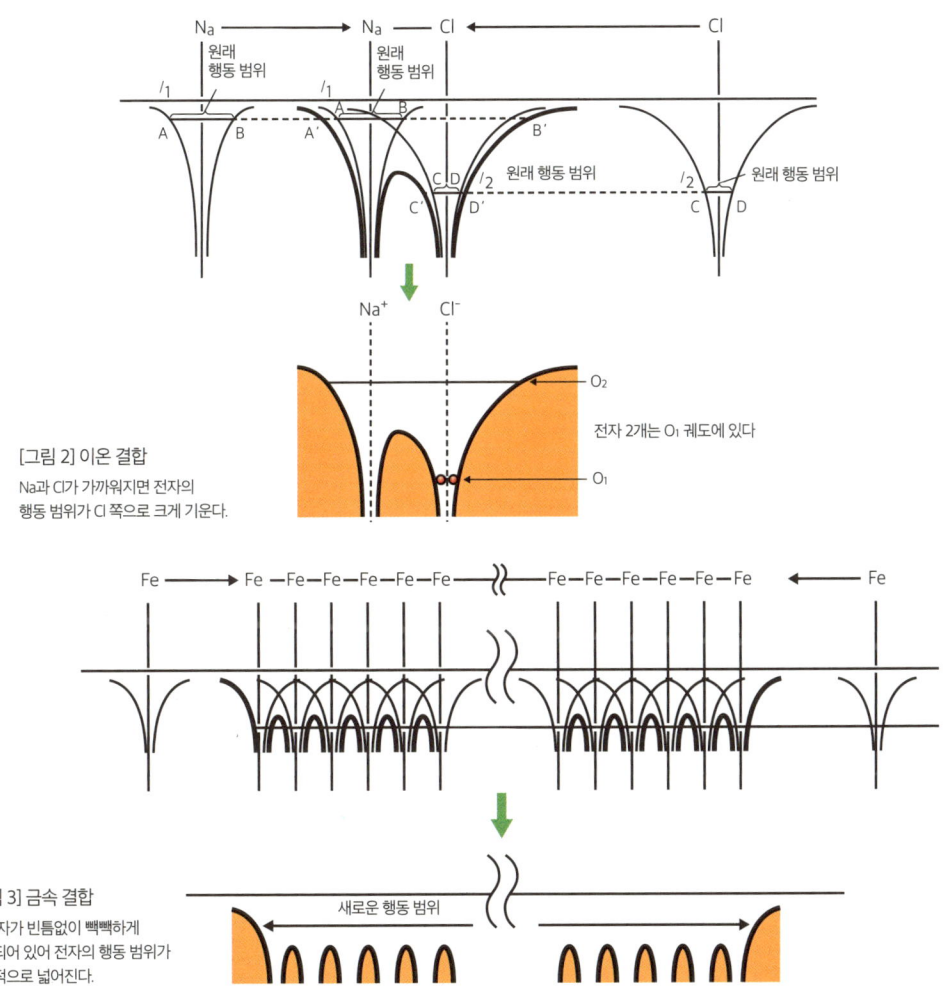

[그림 2] 이온 결합
Na과 Cl가 가까워지면 전자의 행동 범위가 Cl 쪽으로 크게 기운다.

전자 2개는 O_1 궤도에 있다

[그림 3] 금속 결합
철 원자가 빈틈없이 빽빽하게 배열되어 있어 전자의 행동 범위가 극단적으로 넓어진다.

가 이동해서 각각 Na^+, Cl^-이라는 양이온, 음이온의 형태로 결합합니다.

금속 결합은 어떨까요? 가령 철 안에는 철 원자(Fe)가 빈틈없이 빽빽하게 배열되어 있습니다. 이 역시 수소 분자의 연장선으로 생각할 수 있습니다. 전자의 행동 범위가 극단적으로 넓어지므로 각 전자의 에너지는 지극히 안정되고, 겉보기에는 양자화된 에너지의 차이도 없어져 전자가 자유롭게 돌아다니게 됩니다. 이를 자유 전자라고 합니다(그림 3).

| 그 외 결합

그 밖에도 원자끼리 결합하는 배위 결합과 수소 결합 등이 있습니다.

▪ 배위 결합

공유 결합의 일종으로, 결합하는 원자가 서로 전자를 1개씩 공유하는 대신 산소 원자나 질소 원자 등이 일방적으로 자신의 전자 2개를 제공하여 금속 이온과 결합합니다. 이를 배위 결합이라고 하며 생성된 화합물을 배위 **화합물**(착화합물)이라고 합니다.

▪ 수소 결합

물 분자(H_2O)의 OH기나 암모니아 분자(NH_3)의 NH기에 들어 있는 수소 원자는 전자를 끌어당기는 힘이 큰(전기 음성도가 큰) 산소 원자나 질소 원자와 결합하므로 양전하를 띱니다. 이 수소 원자가 음전하를 띤 물 분자의 산소 원자 또는 암모니아 분자의 질소 원자와 약하게 결합한 상태를 수소 결합이라고 합니다.

수소 결합 하나의 결합력은 수 kcal/mol 정도로 그다지 강하진 않지만, DNA나 단백질 안에서는 수소 결합이 여러 개 존재하므로 벨크로처럼 전체적인 결합력은 강합니다.

▪ 분자와 분자의 결합

이상 기체 상태[압력(P), 부피(V), 온도(T), 농도(n)]를 나타낼 때는 보일의 법칙[로버트 보일(1662년)]과 샤를의 법칙[자크 샤를(1787년), 조제프 루이 게이뤼삭(1802년)]을 바탕으로 하는 상태 방정식($PV=nRT$)이 적용됩니다. 그러나 실제 기체, 특히 낮은 온도에서는 이 상태 방정식에서 어긋나기도 합니다.

요하네스 디데릭 판데르발스 Johannes Diderik van der Waals, 1837~1923(네덜란드)는 이에 주목해 실제 기체에 관한 판데르발스 상태 방정식

$$\left(P = \frac{RT}{V_m-b} - \frac{a}{V_m^2} \right)$$

(V_m: 몰 부피, a, b: 판데르발스 상수)을 발표했습니다(1873년).

이상 기체라면 기체 상태에서 분자가 다른 분자와 독립적으로 상호 작용하지 않지만, 실제로는 분자와 분자가 각각 전하를 가지지 않는 중성일 때도 약하게 상호 작용한다는 사실을 증명했습니다. 이 업적은 1910년 노벨 물리학상 수상으로 이어졌습니다. 이후 프리츠 런던[1900~1954](독일→미국)이 이 힘을 양자역학으로 규명했습니다(런던 분산력, 1937년).

▪ 전하 이동에 의한 결합

전하를 가지지 않는 중성 분자 사이에서, 부분적으로 발생한 전자가 이동하는 힘으로 전자를 내보내기 쉬운 분자(전자 공여체)와 전자를 받기 쉬운 분자(전자 수용체) 사이에 약한 결합력이 발생하는 현상을 멀리컨이 양자역학적으로 고찰했습니다(1950년).

마이클 카샤 *Michael Kasha* | 1920~2013년

"카샤의 법칙(들뜬상태의 분자는 2층에서 반응한다)**을 발견했다."**

*

조지 포터 *George Porter* | 1920~2002년

"'순간을 관찰하는 방법'을 개발했다."

*

니콜라스 투로 *Nicholas J. Turro* | 1938~2012년

"분자 관점으로 접근한 분자광화학을 확립했다."

우리 주변의 가장 친숙한 화학 반응은 무엇일까요? 원시 시대라면 산불이었을지도 모르겠네요. 신문지에 불을 붙이면 타는 현상으로도 알 수 있듯이 연소 반응은 열을 가했을 때 일어납니다. 이러한 열 반응과 달리 빛을 비췄을 때 일어나는 화학 반응도 있습니다. 이러한 반응을 광화학 반응이라고 합니다.

사실 광화학 반응은 지구상에서 일어나는 화학 반응의 과반수를 차지합니다. 식물, 조류, 균류 등이 하는 광합성이 바로 광화학 반응이기 때문입니다(138쪽).

헤르만 트롬스도르프Hermann Trommsdorff, 1811~1884(독일)가 연구한 산토닌의 광반응 현상은 명확하게 빛을 이용하는 화학 반응으로 학계에 보고되었습니다(1834년). 그러나 광화학 반응이 학술적으로 다뤄지기 시작한 시기는 20세기 초에 양자론, 양자역학, 양자화학이 발전하면서부터입니다.

알베르트 아인슈타인1879~1955(독일)이 **광양자설**(「광전 효과의 이론적 규명」, 1905년 발표, 1921년 노벨 물리학상 수상)을 발표하면서 광화학은 크게 발전했습니다. 광양자설은 금속에 빛을 비추면 전자가 튀어나오는 광전 효과를 통해 **빛에너지**를 $h\nu$(h는 플랑크 상수, ν는 빛의 진동수)로 설명할 수 있다는 내용의 학설입니다.

사실 아인슈타인은 광화학 실험에서도 중요한 역할을 한 레이저의 원리인 유도 방출 이론의 개념 역시 빛의 방출과 흡수를 설명한 양자론으로 도출했습니다(1916년).

이런 흐름 속에서 이번 장의 주인공들이 등장했습니다. 마이클 카샤는 빛에 의해 높은 에너지 준위로 들뜬 분자가 2층으로 내려간 다음 반응한다는 카샤의 법칙을 발견했고, 조지 포터는 짧은 시간밖에 존재할 수 없는 반응 중간체를 관찰(순간을 관찰)하는 방법을 개발했으며, 니콜라스 투로는 분자의 관점으로 접근한 분자광화학을 확립했습니다.

분자에 빛을 비추면 어떤 현상이 일어나는지를 다루는 광화학이 꽃핀 데에는 세 사람의 공이 컸습니다.

카샤

Michael Kasha, 1920~2013 / 미국

뉴저지 엘리자베스에서 우크라이나 이민 가정의 아들로 태어났습니다. 미시간대학을 졸업한 뒤 캘리포니아대학 버클리 캠퍼스의 **길버트 뉴턴 루이스** 밑에서 박사 학위를 받았습니다. 플로리다주립대학 분자생물물리학연구소를 창설했으며 1990년 **포터 메달**을 수상했습니다.

분자의 에너지 준위가 수 층짜리 건물이라고?

14장 '양자화학'에서 설명하겠지만, 분자 안에 있는 전자는 작은 자석 같은 성질을 지니고 있습니다. 자석의 N극과 S극은 전자의 자전^{spin}으로 설명할 수 있는데, 이를 전자스핀이라고 합니다. 분자 궤도 하나당 2개의 전자스핀이 서로 반대 방향으로 들어 있습니다(전자 배치).

[그림 1] 왼쪽을 먼저 보겠습니다. 분자 안에 전자가 들어가는 가장 첫 번째 궤도가 HOMO$^{Highest Occupied Molecular Orbital}$(최고 피점 궤도)입

니다. 그 위에 채워지지 않은 LUMO$^{Lowest Unoccupied Molecular Orbital}$(최저 공궤도)가 있습니다. 이 상태의 전체 에너지는 각 전자의 에너지를 더한 값과 같습니다(그림 1 오른쪽). 건물 1층에 해당하는 이 상태를 바닥상태라고 합니다. 여기에 빛을 비추면 무슨 일이 벌어질까요?

광자의 에너지를 흡수해서 HOMO(호모)의 전자 1개가 LUMO(루모)로 뛰어오르고, 분자의 에너지는 LUMO로 뛰어오른 분자만큼 커집니다. 건물 2층 높이로 에너지가 커지면서 1층과 2층의 에너지 차이만큼 광자가 흡수됩니다. 물질이

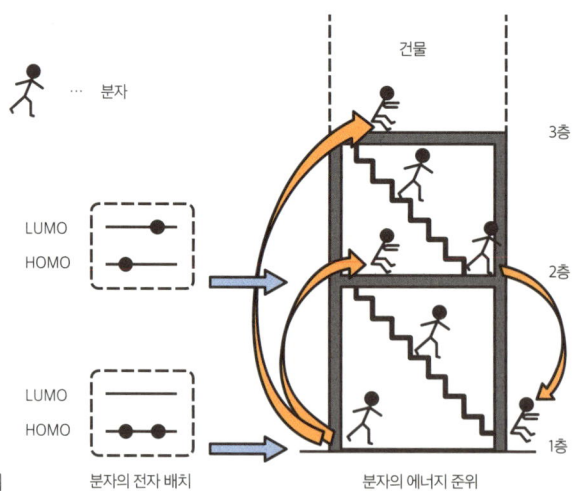

[그림 1]
분자의 전자 배치와 에너지 준위

분자의 전자 배치   분자의 에너지 준위

색을 띠는 이유는 이 때문입니다. 흡수한 광자 중 여분에 색이 다른 광자가 반사되거나 투과되어 눈으로 들어오면 우리는 그 색을 인식합니다.

더 큰 에너지의 광자가 분자에 충돌하면 전자가 LUMO보다 더 높은 궤도로 뛰어오르거나 HOMO보다 더 낮은 궤도에 있던 전자가 뛰어오르기도 합니다. 이 광자 에너지를 흡수한 상태는 건물에 비유하면 3, 4, …층에 해당합니다. 전자가 2층 이상 올라간 상태를 들뜬상태라고 하며 들뜬상태 중에서도 가장 에너지가 작은 2층을 최저 들뜬상태라고 합니다.

모든 것은 2층부터: 카샤의 법칙

그렇다면 전자가 3층 위로 올라가면 어떻게 될까요?

건물에 각 층과 층을 연결하는 계단이 있듯이 분자에도 계단이 있습니다. 분자 내 결합의 진동 에너지는 양자화되어 있는데, 위층에 있는 분자는 아래층과 연결된 결합 진동의 계단을 따라 한 층씩 내려갑니다. 격렬한 결합 진동은 열의 형태로 분자 밖으로 나옵니다. 즉 큰 광자 에너지(파장이 짧은 빛)를 흡수해서 3, 4층으로 직접 뛰어오른(들뜬) 분자는 결합 진동 계단을 따라 열을 방출하며 아래층으로 내려갑니다. 내려올 때 빛이 아니라 열을 방출하므로 비복사성 비활성화 과정이라고 합니다. 카샤는 이 과정을 이론적으로 깊이 고찰했고, 3층 이상의 상위 들뜬상태에서는 결합 진동의 계단을 따라 2층의 최저 들뜬상태까지 매우 빠른 속도로 내려간다는 사실을 발표했습니다(1950년). 이를 카샤의 법칙이라고 합니다.

카샤의 법칙이 발견된 뒤로 상위 들뜬상태에서 수 피코초(ps, 1조 분의 1초) 이내에 2층까지 빠르게 내려가는 현상이 관찰되었습니다.

그렇다면 2층 최저 들뜬상태로 내려간 분자는 어떻게 될까요? '최저' 들뜬상태라지만 1층인 바닥상태보다 훨씬 에너지 준위가 높은 상태입니다(그림 2). 분자가 특정 에너지 준위에 있을 때 그 분자가 존재할 확률은 볼츠만 통계라는 통계열역학에 따릅니다. 가령 황록색 빛의 광자 에너지는 최대 50kcal/mol인데, 이 광자에서 50kcal/mol의 2층(최저 들뜬상태)으로 들뜬 분자가 존재할 확률을 계산하면 다음과 같습니다. 1층 바닥상태에 존재할 확률이 1일 때 2층에 존재할 확률은 약 4×10^{-37}밖에 되지 않습니다. 거의 0에 가깝습니다.

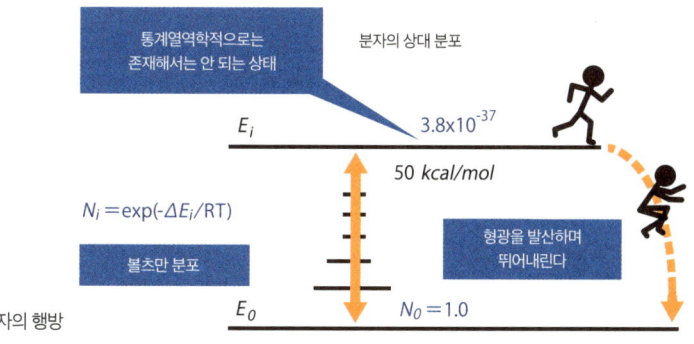

[그림 2]
들뜬상태일 때 분자의 행방

통계열역학적으로는 존재해서는 안 되는 상태

분자의 상대 분포

E_i 3.8×10^{-37}

50 $kcal/mol$

$N_i = \exp(-\Delta E_i / RT)$

볼츠만 분포

형광을 발산하며 뛰어내린다

E_0 $N_0 = 1.0$

즉 통계열역학적으로 분자는 2층 최저 바닥상태에 존재해서는 안 된다는 뜻이 됩니다. 따라서 들뜬상태에 있는 분자는 곧장 1층 바닥상태로 돌아오려 합니다. 돌아오려면 그대로 1층까지 떨어지거나(에너지 차이만큼 빛을 방출하는 현상, 형광), 계단을 따라 열을 방출하며 바닥상태로 내려가는 방법이 있습니다(비복사성 비활성화). 2층 최저 바닥상태에 존재하는 시간은 1나노초(ns, 10억 분의 1초)~수백 나노초(수천만 분의 1초) 정도로 극히 짧습니다.

우리 주변에서 찾아볼 수 있는 사례로는 깜깜한 밤에 도로 표지판에 자동차 헤드라이트를 비췄을 때 표지판이 반짝 빛났다가 라이트를 끄면 바로 빛이 사라지는 현상을 들 수 있습니다. 이는 표지판에 발린 형광 도료가 빛을 흡수해서 2층의 들뜬상태에서 매우 짧은 시간 동안 형광을 방출하기 때문입니다.

카샤의 법칙이 발견되면서 광화학은 크게 발전했습니다. 물질이 빛을 흡수하면 모두 2층 최저 바닥상태부터 시작한다고 생각할 수 있게 되었기 때문입니다. 2층에서는 형광과 비복사성 비활성화 외에도 중요한 과정인 광화학 반응도 일어납니다. 2층의 최저 바닥상태에서 옆 건물로 뛰어넘는 과정에 비유할 수 있으며, 분자의 형태가 바뀌는 이 화학 변화를 광화학 반응이라고 합니다.

플러스 +1

| 중간층 발견: 삼중항 들뜬상태

카샤는 은사인 루이스와 함께 역사적인 업적을 또 하나 남겼습니다. 바로 들뜬상태의 중간층이라고 할 수 있는 상태를 발견한 것입니다(1944년).

그 이전에는 물질에 빛을 비췄을 때 초 단위라는 긴 시간 동안 빛나는 인광이 관측되었습니다. 옛날에는 전등 스위치를 끈으로 잡아당겨서 껐는데, 끈 끝에 원뿔 모양 플라스틱이 달려 있었습니다. 전등을 꺼도 이 플라스틱이 어둠 속에서 한동안 빛나는 현상을 이용해서 스위치에 연결된 끈을 찾기 위해 달아 둔 것입니다. 인광은 곧바로 사라지는 형광과 달랐습니다.

루이스와 카샤는 이 인광이 아래서 설명할 삼중항 들뜬상태에서 나오는 빛임을 증명했습니다.

전자는 전자스핀이라는 위 방향과 아래 방향이라는 두 종류의 작은 자석 같은 성질을 띠는데, 전자스핀의 방향도 전자의 상태를 결정하는 네 가지 양자수 중 하나입니다. 바닥상태에는 HOMO까지의 궤도에 전자 2개가 서로 반대 방향으로 들어 있습니다. 광자 에너지를 흡수해서 HOMO의 전자 1개가 LUMO로 뛰어오를 때 이 스핀도 유지됩니다.

지금까지 설명한 2층 최저 들뜬상태의 전자스핀은 1층 바닥상태와 같습니다. 들뜬상태에서는 각기 다른 궤도에 전자가 1개씩 들어가므로 사실 전자스핀의 제한이 사라져 바닥상태와는 다른 세 종류의 전자스핀 상태가 나타납니다. 루이스와 카샤는 이를 이론적으로 해석해서 바닥상태의 스핀을 유지하는 최저 들뜬상태(최저 단일항 들뜬상태)보다도 에너지가 작은 세 가지 들뜬상태(삼중항 들뜬상태)가 존재함을 밝혀냈습니다.

이 삼중항 들뜬상태의 전자스핀은 주로 같은 방향으로 놓여 있으며 바닥상태의 전자스핀(역평행)과 달리 곧장 뛰어내릴 수 없으므로 비교적 긴 시간 동안 들뜬상태에 머무릅니다. 인광이 오래 빛나는 이유는 이 때문입니다. 삼중항 들뜬상태는 1층과 2층의 중간층 같은 개념으로 볼 수 있습니다.

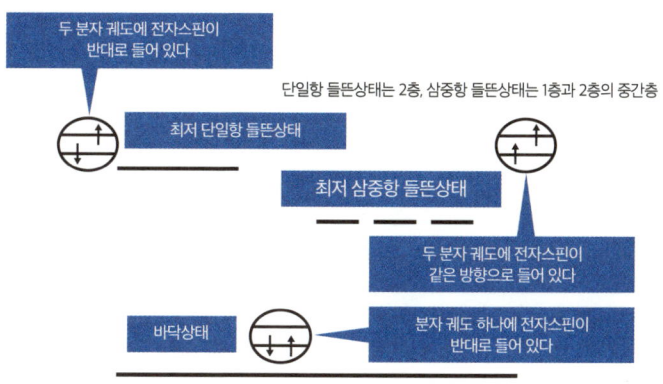

[그림 3] 단일항 들뜬상태와 삼중항 들뜬상태

포터

George Porter, 1920~2002 / 영국

요크셔 스테인포스에서 태어나 리즈대학을 졸업한 뒤 케임브리지대학 교수인 **로널드 노리시**의 제자로 들어가 광화학 연구로 학위를 받았습니다. 1967년 노리시와 함께 연구한 섬광분해법으로 **노벨 화학상**을 받았습니다. 1972년 기사 작위를 받으면서 '조지 경'이라는 존칭과 함께 초대 귀족으로서 켄트의 지명을 따 '러드넘의 포터 남작[Baron Porter of Luddenham]'이라는 작위를 하사받았습니다.

순간을 관찰하는 방법

보통 여러 물질을 섞거나 가열하는 등 물질에 어떤 자극[action]을 가한 뒤 관찰했을 때, 원래 물질과 비교해서 변화가 생기면 물질이 반응했다(action에 따른 변화, re-action), 즉 화학 반응이 일어났다고 합니다. 가령 수소와 산소를 섞고 불을 붙이면 식 (1)처럼 물 분자가 만들어집니다.

$$2H_2(수소) + O_2(산소) \rightarrow 2H_2O(물) \qquad (1)$$

이때 반응하기 전의 수소와 산소는 시간이 지나도 반응하지 않고, 반응으로 만들어진 물 분자도 변하지 않으므로 여유롭게 관측할 수 있습니다.

하지만 반응이 일어나는 도중에는 어떨까요? 화학 반응이 일어나는 순간을 관찰할 수 있을까요?

이 방법을 발견한 인물이 포터입니다. 포터는 학위 논문을 쓰기 위해 로널드 노리시[Ronald Norrish, 1897~1978]의 지도에 따라 기체 물질의 광화학 반응을 연구했는데, 연구를 시작한 지 1년 만에 강렬한 섬광(광 펄스)을 반응 물질에 비추고 관측하는 아이디어를 떠올리고 새 실험 장치를 만들었습니다(1949년). 이것이 화학 반응이 일어나는 순간을 관찰하는 기술인 섬광분해법[Flash photolysis]입니다.

기체가 들어 있는 유리관의 양 끝을 전극으로 막은 다음 높은 전압을 걸어 한 번에 방전시키면 번개처럼 강렬한 섬광이 나옵니다. 이 빛을 반응 용기에 비추는 동시에 광화학 반응을 일으킵니다.

'준비, 땅!' 신호와 동시에 반응이 일어나는 도중에 만들어지는 고농도의 불안정한 물질(중간체)은 반응물과 스펙트럼 분포가 다릅니다. 따라서 반응의 진행에 따라 스펙트럼의 분포와 속도가 어떻게 달라지는지 관측할 수 있습니다.

우리는 주변이 어두우면 물체를 볼 수 없고, 방에 전등을 켜야 비로소 볼 수 있습니다. 마찬가

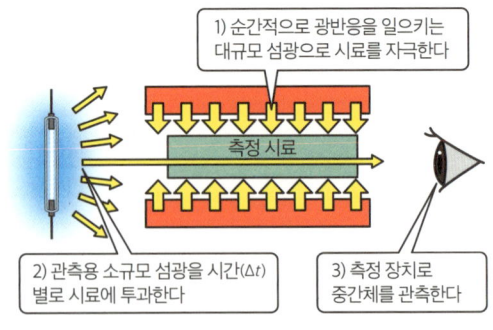

[그림 1] 광분해법

지로 반응물의 색(스펙트럼 분포) 변화를 관측할 때도 빛이 필요합니다. 포터가 중간체 관측에 섬광을 사용한 이유도 그 때문입니다.

[그림 1]처럼 광 펄스를 맨 처음 비춘 다음 시간(Δt)별로 관측용 소규모 광 펄스를 비추어 스펙트럼의 분포와 세기의 변화를 관측합니다. 시간(Δt)을 조금씩 바꿔 가며 측정하면 광화학 반응을 처음부터 끝까지 전부 관측할 수 있습니다.

당시 시간의 정밀도는 1밀리초(ms, 1,000분의 1초)에서 수십 마이크로초(μs, 수십만 분의 1초) 정도였지만, 화학 반응이 일어나는 순간을 포착하는 기술로서 순식간에 전 세계에서 쓰이게 되었습니다.

레이저의 등장으로 더욱 발전한 기술

레이저의 등장

아인슈타인이 도출한 유도 방출 이론에 따라 1953년 미국의 찰스 타운스Charles Townes, 1915~2015를 비롯한 과학자들은 세계 최초로 마이크로파 증폭기를 개발했고, 메이저MASER, Microwave Amplification by the Stimulated Emission of Radiation라고 명명했습니다.

같은 시기에 소비에트 연방(현 러시아)의 니콜라이 바소프Nikolay Basov, 1922~2001와 알렉산드르 프로호로프Aleksandr Prokhorov, 1916~2002도 독자적으로 메이저를 개발했습니다. 그리고 타운스와 아서 숄로1921~1999는 벨연구소에서 광 증폭기를 개발했는데, 이를 레이저LASER, Light Amplification by the Stimulated Emission of Radiation로 명명하고 특허를 등록했습니다. 1964년 타운스, 바소프, 프로호로프는 노벨 물리학상을 받았습니다. 숄로도 1981년 노벨 물리학상을 받았습니다.

레이저의 등장으로 광 펄스의 정밀도는 점점 높아졌는데, '순간'이 나노초(ns, 10억 분의 1초), 피코초(ps, 1조 분의 1초), 펨토초(fs, 1,000조 분의 1초)로 좁혀졌습니다. 이제 아토초(as, 100경 분의 1초)의 영역으로 발을 내디딜 준비를 하고 있습니다.

관측 시간이 짧아지면서 광화학 반응의 중간체뿐만 아니라 분자가 광자를 흡수할 수 있는 들뜬상태 자체까지 볼 수 있게 되었습니다. 아토초 영역에서는 분자에 존재하는 전자의 확률적인 움직임도 볼 수 있지 않을까 하는 기대를 모으고 있습니다.

포터가 개발한 섬광분해법은 화학 현상의 순간을 관찰하는 기술로 지금도 비약적인 발전을 거듭하고 있습니다.

포터 메달의 창설

1988년 포터의 이름을 따 광화학 분야에서 가장 권위 있는 상인 포터 메달이 제정되었습니다. 카샤와 투로를 비롯하여 지금까지 스무 명의 과학자가 상을 받았는데, 혼다 겐이치本多健一(1992년), 마타가 노보루又賀昇(1996년), 마스하라 히로시增原宏(2006년), 이리에 마사히로入江正浩(2014년), 그리고 이 책의 저자인 이노우에 하루오井上晴夫(2018년)까지 다섯 명의 일본인 과학자도 포함되어 있습니다.

뒷이야기

포터의 성공으로 섬광분해법이 전 세계로 퍼져 나갔고, 일본에서도 많은 대학이 섬광분해용 장비를 도입했습니다. 개중에는 섬광의 강도를 올리기 위해 전압을 최대한 높여서 마치 진짜 번개가 치는 듯한 굉음을 내는 장비도 있습니다.

실험자는 연구실의 다른 사람들이 놀라지 않도록 큰 소리로 "시작합니다!" 하고 말한 다음 섬광 스위치를 켠다고 합니다. 실험자 본인은 귀마개를 끼고 말이지요.

투로

Nicholas J. Turro, 1938~2012 / 미국

코네티컷 미들타운에서 태어나 1960년 웨슬리안대학을 졸업했습니다. 1963년 캘리포니아 공과대학의 **조지 해먼드** 밑에서 학위를 받았으며, 하버드대학을 비롯한 여러 대학에서 연구하다가 1969년 컬럼비아대학의 교수가 되었습니다. 1994년 **포터 메달**을 받았습니다.

| 광화학의 큰 발전

광화학 반응에 관한 연구는 1834년 트롬스도르프[1770-1837](독일)의 최초 보고에서 시작되었습니다. 이후 20세기 초에는 자코모 루이지 시아미시안[Giacomo Luigi Ciamician, 1857~1922](이탈리아)이 주로 유기 화합물을 대상으로 한 광화학 반응을 다루며 학문적 기반을 넓혔습니다. 그러나 양자역학이 확립되고 양자화학이 발전하기 전까지는, 개별적인 사례를 축적하는 단계에 머물러 있었습니다. 1940년대에 들어 최저 들뜬상태가 중요하다는 사실(카샤의 법칙)이 발표되고 삼중항 들뜬상태가 발견(루이스 · 카샤)되면서 연구의 초점이 점차 명확해졌습니다.

물질에 빛을 비췄을 때 나타나는 발광 현상의 관측 사례 역시 고체 상태 위주로 보고되었습니다. 포터(134쪽)가 1940년대에 연구를 시작했을 무렵에는 기체 상태에서의 광반응이 주류였지만, 점점 용액 내 유기 화합물에서 일어나는 광반응을 관측하는 사례가 많아졌습니다.

이후 광화학 반응이 발전하면서 발견된 주요 현상을 알아보겠습니다.

들뜬 에너지 이동

이번 장의 머리말(129쪽)에서도 언급했지만,

광자의 에너지는 $h\nu$(h는 플랑크 상수, ν는 빛의 진동수)로 나타냅니다. 광자 에너지가 분자 D에 흡수되면 들뜬상태(D*)가 됩니다(식 1).

이때 들뜬 에너지가 고체나 용액에 존재하는 두 종류의 분자(D, A) 사이를 이동합니다. 이를테면 D*가 아니라 A*에서 일어나는 발광 현상이 관측되기도 합니다.

$$D + h\nu\,(광자) \rightarrow D^*\,(들뜬상태) \qquad (1)$$
$$D^* + A \rightarrow A^*\,(들뜬상태) \qquad (2)$$
$$A^* \rightarrow A + h\nu'\,(광자) \qquad (3)$$

여기서 D*와 A*가 모두 단일항 들뜬상태일 때와 삼중항 들뜬상태일 때의 메커니즘이 다릅니다.

단일항 들뜬상태의 에너지 이동에 대해서는 1953년 독일의 테오도어 푀르스터[Theodor Förster, 1910~1974]가 식 (2)의 에너지 이동 중 비활성과 들뜸, 두 과정에서 일어나는 공명 상호 작용이 원인이라는 공명 에너지 이동 이론을 발표했습니다[그림 1(a)].

그리고 미국의 데이비드 덱스터[David Dexter, 1924~]는 삼중항 들뜬상태의 에너지 이동에서 전자의 교환이 중요함을 증명했습니다[1953년, 그림 1(b)].

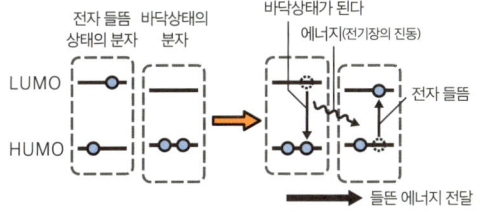

(a) 공명 에너지 이동

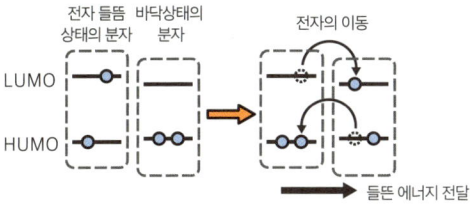

(b) 전자 교환에 의한 들뜬 에너지 전달

[그림 1] 들뜬 에너지 이동
『인공 광합성이란 무엇인가人工光合成とは何か』(이노우에 하루오 감수, 고단샤, 2016)에서 인용

들뜬 복합체, 전자 이동

전자 이동은 들뜬 에너지 이동과 어깨를 나란히 할 만큼 중요한 과정입니다.

$$D^* + A \rightarrow [D^{\delta+} \cdots A^{\delta-}] \rightarrow D^+ + A^- \qquad (4)$$

들뜬 분자(D*)가 다른 분자(A)에 접근했을 때 전자가 팔 일부를 뻗으며 준안정 상태의 들뜬 복합체 $[D^{\delta+} \cdots A^{\delta-}]$(D와 A가 같은 분자라면 엑시머Excimer, 서로 다른 분자라면 엑시플렉스Exciplex)를 형성하며, 최종적으로는 전자가 이동하는 경우가 확인되었습니다. 전자는 들뜬 복합체를 뛰어넘어 D*에서 A로 직접 이동하기도 합니다. 엑시머를 최초로 발견한 인물은 푀르스터입니다(1955년).

전자 이동 이론은 미국의 루돌프 마커스(116쪽)가 증명했습니다. 그 밖에도 존 밀러1944-(미국)가 진행한 실험적 검증이나, 용매를 포함한 분자의 움직임으로 전자 이동이 빨라진다는 결과를

발견한 마타가 노보루1927-2011(일본)의 연구 덕에 유기 분자의 광화학 반응을 한층 깊이 이해할 수 있게 되었습니다.

분자광화학의 개념 확립

투로의 스승 조지 해먼드George Hammond, 1921-2005는 미국 유기화학의 권위자입니다. 해먼드는 유기화학 분야에서 다양한 연구를 수행했는데 유기 광화학 반응 연구도 그중 하나입니다. 25세에 학위를 받은 투로는 주로 해먼드의 연구실에서 광화학 연구를 담당했습니다. 그는 당시 어떤 물질이 광화학 반응을 보일지 시약장에 있는 모든 화합물을 대상으로 시험했다고 합니다. 해먼드는 광화학 반응에 관한 논문을 여러 편 발표했는데, 1,000편이 넘을 만큼 방대한 양입니다. 20대 중반부터 세상을 떠날 때까지 50여 년 동안 논문을 발표했으니 매년 평균 20편의 논문을 낸 셈입니다.

투로는 전자스핀의 표현을 시각화했을 뿐만 아니라 광화학을 이론적으로 체계화하는 데도 크게 이바지하는 등 실험뿐만 아니라 양자역학에 대해서도 깊이 이해했습니다. 분자광화학의 개념을 확립하는 데에도 큰 공헌을 했습니다. 26세에는 전 세계에서 광화학 연구의 바이블처럼 여겨지는 『분자광화학Molecular Photochemistry』(1965)을 집필했습니다.

그뿐만 아니라 『현대 분자광화학Modern Molecular Photochemistry』(1978), 『분자광화학의 원리: 소개Principles of Molecular Photochemistry: An Introduction』(2009), 『유기 분자의 현대 분자광화학Modern Molecular Photochemistry of Organic Molecules』(2010) 등 분자광화학의 개념을 확립한 책을 펴냈습니다.

분자광화학이란 반응물 분자를 공에 비유했을

때, 분자가 들뜬상태의 퍼텐셜 에너지(자연계로 따지면 지면)의 산 혹은 계곡을 빠져나가 가장 안정적인 상태에 도달하는 반응 경로를 따라간다고 해석하는 반응론입니다(그림 2).

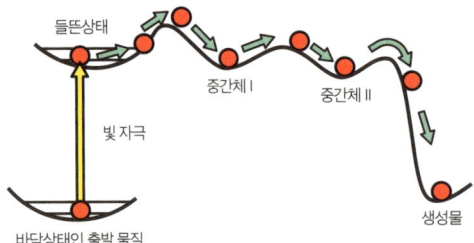

[그림 2] 광화학 반응 경로의 비유

▶ 광합성과 인공 광합성 ◀

| 빛의 이용

지구상의 생물은 대부분 저마다의 방식으로 빛을 이용합니다. 우리는 어둠 속에서 물체를 볼 수 없습니다. 우리가 무언가를 볼 수 있는 이유는 눈의 시각세포가 빛(광자)을 인식하고 그 정보를 뇌세포로 보내기 때문입니다. 봉화를 올려 신호를 보냈던 것처럼 인류의 가장 오래된 정보 통신 수단은 빛이었습니다.

근대에 빛을 실용적으로 이용한 사례는 사진의 발명이 최초였을지도 모릅니다. 조제프 니세

포르 니엡스Joseph Nicéphore Niépce, 1765~1833(프랑스)는 1825~1826년경 아스팔트에 빛을 비추면 굳는 현상을 활용해서 **헬리오그래피**(태양 사진)를 발명했습니다. 그는 무대 배경 화가 루이 자크 망데 다게르Louis Jacques Mandé Daguerre, 1787~1851(프랑스)와 함께 은판 사진 개발에 들어갔고, 니엡스가 죽은 뒤 다게르가 1839년에 완성했습니다(다게레오타입).

'그라의 창문에서 바라본 조망'
니엡스가 찍은 사진(1826~1827년경)

| 광합성

지구상에서 일어나는 가장 큰 화학 반응은 광합성입니다. 산소를 발견한 것으로 유명한 프리스틀리(30쪽)는 박하를 넣은 유리 용기에 쥐를 넣으면 죽지 않는데 식물이 없는 용기에 쥐를 넣으면 죽는 실험 결과를 보고 식물이 깨끗한 공기를 만든다고 생각했습니다. 이 기체는 나중에 산소로 밝혀졌습니다.

율리우스 로베르트 폰 마이어Julius Robert von Mayer, 1814-1878(독일)는 식물이 빛에너지를 화학 에너지로 변환한다고 주장했습니다(1842년).

그리고 율리우스 폰 작스Julius von Sachs, 1832-1897(독일)는 아이오딘-녹말 반응으로 햇빛을 받은 잎이 보라색으로 변하는 현상을 보고 '식물이 빛을 받으면 이산화탄소로 녹말을 만든다'는 결론을 내렸습니다(1862년).

이후 찰스 레이드 반스Charles Reid Barnes, 1858-1910(미국)는 이 현상에 '광합성'이라는 이름을 붙였습니다(1893년). 즉 광합성에는 1) 빛에너지 변환과 2) 화학 합성 반응이라는 두 가지 측면이 있습니다. 하지만 식물의 광합성은 일반적으로 식물학에서 다루는 경향 때문에 다른 화학 반응과 구별되는 듯합니다.

| 지구 온난화와 이산화탄소

스웨덴의 아레니우스(72쪽)는 전해질에 관한 연구로 1903년 노벨 화학상을 받았습니다.

다재다능한 과학자였던 그는 대기의 온난화와 이산화탄소 농도의 관계를 최초로 고찰하고 이를 추산하는 식까지 제안했습니다. 대기 중의 이산화탄소 농도가 증가하면 이산화탄소에 의한 보온 효과로 대기 온도가 상승한다고 생각했습니다. 그 영향인지 문학에도 지구 온난화가 등장합니다. 미야자와 겐지宮沢賢治의 동화 『구스코 부도리의 전기グスコーブドリの伝記』에는 이산화탄소로 인한 온난화에 관한 내용이 나옵니다.

약 27억 년이라는 아득히 긴 시간 동안 식물의 광합성으로 축적된 이산화탄소는 화석 연료의 형태로 지구에 묻혀 있었는데, 인류는 석유를 비롯한 이 화석 연료를 당연하다는 듯이 사용해 왔습니다. 자연에서 채취한 에너지를 탕진에 가깝게 소비한 것입니다.

석유를 에너지원으로 태우면 이산화탄소가 발생합니다. 화석 연료를 대량으로 연소하면 물론 이산화탄소도 대량으로 방출됩니다. 아레니우스의 상상이 현실로 나타나고 있습니다. 이대로 내버려뒀다가 정말로 손쓸 수 없어지기 전에, 자원을 탕진하지 않고 행성을 쾌적하게 유지하는 청정에너지 시스템을 개발해야 합니다.

전 세계 국가들은 태양광을 이용해서 전기를 만드는 태양 전지의 보급과 물을 원료로 수소를 비롯한 청정에너지 물질을 만드는 인공 광합성의 개발을 서두르고 있습니다.

| 인공 광합성

태양광에 초점을 맞춰 인공적으로 미래 에너지원을 만들자는 아이디어가 약 100년 전《사이언스Science》학술지에 실렸습니다.

광화학 연구의 원류로 평가받는 이탈리아의 과학자 시아미시안이 투고한 논문으로, 식물이 자랄 수 없는 불모지에 유리로 지은 건물을 세우고 그 안에서 유리 기구를 이용해 식물 대신 광화학 반응을 일으키자는 내용이었습니다.

다음은 논문에서 인용한 문장 일부입니다.

황야에 굴뚝도 없고 연기도 없는 공장 지대가 나타날 것이다. 유리 숲이 펼쳐지고 여기저기 유리로 지은 건물이 세워질 것이다. 개중에는 지금까지 식물의 신비였던 광화학 반응을 인류와 인류의 산업이 밝혀낸 끝에 자연보다 더 큰 결실을 가져올 것이다. 자연은 절대 서두르지 않지만, 인류는…….

실험동 창가에 유리 실험 기구들을 세워 두고 태양 빛을 쬐는 실험 중인 시아미시안의 모습이 매우 인상적입니다(그림 1).

[그림 1] 실험동 창가에 세워 둔 엄청난 수의 유리 실험 기구와 시아미시안

자연을 배우고 이해하고 흉내 낸 끝에 자연을 뛰어넘겠다는 의지, 즉 광합성을 모방해서 태양광을 이용한 화학 합성으로 '태양 에너지를 화학 변환할 수 있으리라는 기대와 인공 광합성을 구현하겠다는 강한 의지', 그리고 식물의 광합성을 향한 경외심이 느껴집니다. 과학사에서 인공 광합성의 움직임이 싹튼 순간이라고 할 수 있습니다.

인공 광합성 연구의 계기가 된 획기적인 세 연구

인공 광합성 연구가 시작되어 오늘날에 이르기까지의 여정에 이정표milestone가 된 획기적인 세 가지 연구가 있었습니다.

1) 첫 번째 이정표: 혼다-후지시마 효과

구체적인 인공 광합성 연구가 본격적으로 시작된 시기는 20세기 후반입니다. 방아쇠가 된 최초의 사건은 일본인 과학자가 발견한 혼다-후지시마 효과입니다.

당시 도쿄대학 생산기술연구소에서 사진화학·전기화학 분야를 담당하던 혼다 겐이치[1925-2011]와 그의 연구실 소속 대학원생 후지시마 아키라[1942-]는 전기 분해 시 전극에 빛을 쬐는 연구 도중 물에 담글 전극의 소재로 이산화타이타늄(TiO_2) 결정을 사용했습니다. 여기에 자외선을 비추면 회로에 전류가 흐르면서 반대편 백금 전극에서 수소가 발생하고, 빛을 받는 이산화타이타늄 전극에서는 산소가 발생한다는 사실을 발견했습니다(1967년, 그림 2).

후지시마는 빛에 의해 물이 분해되는 현상을 발견하고 식물의 광합성과 비슷한 현상이라고 직감했다고 합니다. 이 발견이야말로 현대 인공 광합성 연구의 출발점입니다. 1972년 《네이처》에 논문이 실린 뒤로 이산화타이타늄에 빛을 쬐었을 때 물이 분해되는 현상은 발견한 사람의 이름을 따 혼다-후지시마 효과라고 부르게 되었습니다.

이산화타이타늄의 광화학 반응은 산화력이 강한 특성이 있으므로 인공 광합성 외에도 유해 물

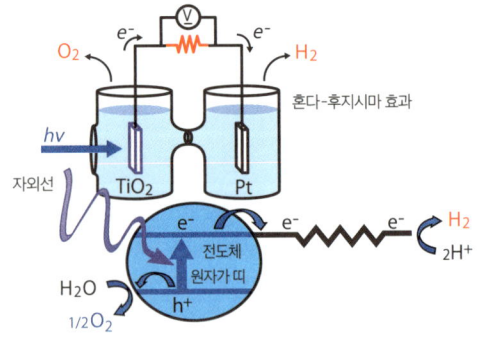

[그림 2] 반도체 광촉매(혼다-후지시마 효과)에 의한 물의 광분해

질을 빛으로 제거할 때도 쓰일 수 있습니다. 빛을 비추면 물에 대한 친화성이 한층 커지는 초친수성도 발견되었으며 유리 표면에 발라 '더러워지지 않는 표면'을 만드는 등 광촉매로도 널리 응용되고 있습니다.

2) 두 번째 이정표: 배위 화합물에 의한 물의 화학 산화

혼다-후지시마 효과의 발견에 자극받은 화학계는 1970년대부터 인공 광합성을 의식한 기초 연구에 주목했습니다. 가시광선을 효율적으로 흡수하는 분자로는 배위 화합물과 유기 색소가 있습니다. 배위 화합물은 금속 이온을 둘러싸는 형태로 분자나 이온이 결합한 화합물로, 광합성의 주체인 엽록소도 마그네슘 이온의 배위 화합물입니다. 미국의 토머스 마이어Thomas Meyer, 1942~ 연구진은 배위 화합물을 이용해서 물을 화학적으로 분해하고 산소를 만드는 방법을 발견했습니다. 화학적으로 매우 안정된 물을 분해했다는 그의 발표는 엄청난 파문을 일으켰습니다(그림 3).

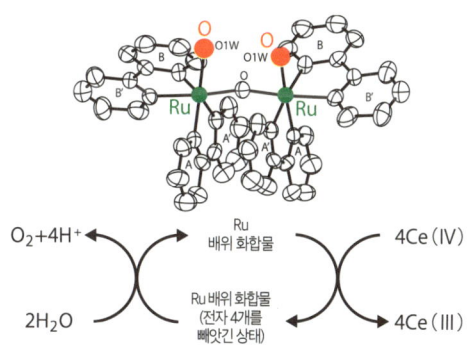

$$O_2 + 4H^+ \quad \quad \text{Ru 배위 화합물} \quad \quad 4Ce(IV)$$

$$2H_2O \quad \quad \text{Ru 배위 화합물 (전자 4개를 빼앗긴 상태)} \quad \quad 4Ce(III)$$

[그림 3] 루테늄(Ru)을 2개 가지고 있는 배위 화합물로 물에서 산소를 만드는 과정

3) 세 번째 이정표: 배위 화합물에 의한 이산화탄소의 광환원

마이어 연구진이 배위 화합물을 이용한 물의 분해법을 발견하고 몇 년 뒤 인공 광합성 연구에서 중요한 세 번째 이정표가 될 연구가 보고되었습니다. 포접 화합물inclusion compound(동공cavity이 있는 화학종에 다른 화학종이 들어가서 만들어진 화합물 – 옮긴이) 연구로 노벨 화학상을 받은 장마리 랭Jean-Marie Lehn, 1939~ 연구진은 레늄[Re(I)] 바이피리딘 배위 화합물 분자에 자외선을 쬐면 이산화탄소가 전자를 받아(환원되어) 환원 생성물인 일산화탄소가 만들어진다고 발표했습니다(그림 4).

이산화탄소가 환원되면서 받는 전자는 물에서 빠져나온 전자가 아니라 용액 속의 다른 물질에서 빠져나온 전자로, 인공 광합성 과정에서 최종적으로 전자를 받는 이산화탄소에 전자를 건네주는 반응을 발견했다는 면에서 획기적인 연구였습니다.

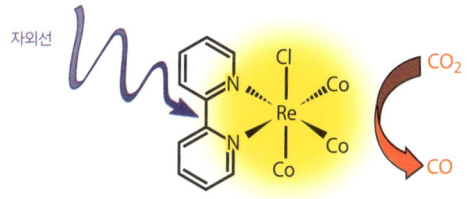

[그림 4] 레늄(Re) 배위 화합물에 의한 이산화탄소의 광환원

위와 같은 세 가지 이정표의 영향을 받아 시작된 전 세계의 인공 광합성 연구는 각 분야에서 급속도로 발전하고 있습니다. 물론 조류에 의한 천연 광합성을 인간의 편의에 맞춰 변형하는 시도도 발전하고 있습니다.

오늘날 인공 광합성 연구는 크게 세 가지 접근

법으로 분류됩니다.

- 생물화학적 접근: 천연 광합성을 개량하려는 시도
- 색소 분자 촉매, **배위 화합물** 촉매 관점의 접근: 두 번째, 세 번째 이정표 연구의 연장선
- **반도체**·광촉매 관점의 접근: 첫 번째 이정표 연구(혼다-후지시마 효과)의 연장선

앞으로 인공 광합성 연구가 얼마나 발전할지 기대됩니다.

헤르만 슈타우딩거 *Hermann Staudinger* | 1881~1965년

"고분자 개념을 확립했다."

*

윌리스 흄 캐러더스 *Wallace Hume Carothers* | 1896~1937년

"나일론을 발명했다."

*

사쿠라다 이치로 桜田一朗 | 1904~1986년

"비닐론을 발명했다."

분자량이 큰(1만 이상) 분자를 고분자라고 합니다. 우리 주변에는 수많은 종류의 고분자가 있습니다. 이를테면 대표적인 고분자로 천연 유기 고분자인 동식물의 조직이 있습니다. 셀룰로스와 녹말은 당이 여러 개 연결된 다당류, 근육의 주성분은 아미노산이 여러 개 연결된 단백질입니다.

예로부터 인류는 식물 섬유로 옷을 만들었습니다. 피라미드에 매장된 미라도 삼베로 감싸인 상태로 발견되었다고 합니다. 목화도 인더스강 유역과 이집트, 페루 등지에서 마와 비슷한 시기에 재배된 것으로 보입니다. 일본에서는 늦어도 조몬 시대(기원전 1만 4900~기원전 300)부터 마로 옷을 만들었고, 무로마치 시대(1336~1573)에 대륙에서 목화가 들어오면서 목화 재배가 점차 정착되었습니다. 누에가 만드는 동물성 섬유 명주는 아미노산이 연결된 고분자인데, 4,000년 전부터 중국에서 직물을 만드는 데 사용했다고 합니다. 이후 유럽으로 전파되면서 프랑스 리옹을 중심으로 양잠이 유행했습니다.

일본에 명주가 전파된 시기는 조몬 시대 다음인 야요이 시대 후기입니다. 에도 막부 말기(1853~1868) 당시 유럽에 누에의 미립자병이 만연하면서 양잠 산업이 괴멸할 지경에 이르렀는데, 당시 쇼군 도쿠가와 이에모치德川家茂가 프랑스의 나폴레옹 3세에게 누에알을 선물해서 지원했습니다. 루이 파스퇴르Louis Pasteur도 이렇게 받은 누에알로 미립자병을 연구했다고 합니다. 1870년대 메이지 유신 이후 일본 정부가 국가 차원에서 양잠 산업을 지원하면서 세계 유산으로 지정된 도미오카 제사장製絲場을 비롯한 일본의 견직물 생산 시설이 세계의 중심으로 자리 잡았습니다.

이처럼 천연 고분자는 인류 역사와 함께 널리 쓰였지만, 고분자화학의 역사는 20세기에 들어서 비로소 시작되었습니다. 헤르만 슈타우딩거는 실험을 바탕으로 고분자의 개념을 확립했습니다. 고분자라는 개념이 자리 잡으면서 고분자화학은 빠르게 발전했습니다. 윌리스 캐러더스는 천연 명주의 대체재인 나일론을 발명했고, 사쿠라다 이치로는 일본 최초의 합성 섬유 비닐론을 발명했습니다. 이처럼 석유와 석탄을 원료로 만든 합성 섬유와 플라스틱이 개발되면서 고분자는 사회의 문명화에 크게 공헌했습니다.

슈타우딩거

Hermann Staudinger, 1881~1965 / 독일

독일 보름스에서 태어났으며 1903년 할레대학에서 학위를 받았습니다. 스트라스부르대학, 뮌헨대학, 다름슈타트대학에서도 공부했습니다. 1912년 스위스연방 공과대학 교수, 1926년 프라이부르크대학 교수로 활동했고, 전쟁에 반대하여 나치당의 방해를 받으면서도 우수한 연구 업적과 명성 덕에 연구를 계속할 수 있었습니다. 1953년 **노벨 화학상**을 받았습니다.

기존의 상식을 뒤엎다

과학의 발전은 크게 연속적인 발전과 비연속적인 발전으로 나뉩니다. 연속적인 발전은 해당 분야를 깊이 파고들어 끝까지 노력한 끝에 개선에 개선을 거듭한 발전이고, 비연속적인 발전은 기존 지식을 바탕으로 한 단계 성장하는 발전입니다.

한 단계 위로 올라서려 할 때는 대부분 "그럴 필요 없다", "지금까지 쌓아 온 지식을 연속적으로 깊게 탐구하기만 해도 충분하다"라는 권위자들의 의견이 높은 벽처럼 가로막습니다.

물론 둘 다 중요하지만, 슈타우딩거는 그 벽을 뛰어넘어 고분자를 이해하고 고분자화학 분야를 창설하며 학문의 단계를 한층 끌어올렸습니다.

천연고무는 고분자일까, 작은 분자의 집합체일까?

19세기 말까지 수많은 유기 화합물이 발견되거나 합성되었습니다. 개중에는 천연고무처럼 일반적인 액체 및 고체와 탄력성이 다른 물질도 있었습니다. 파라고무나무의 수액에서 채취하는 천연고무는 1490년대에 콜럼버스에 의해 유럽으로 전파되었는데, 이 천연고무를 지우개로 사용한 최초의 인물이 산소를 발견한 프리스틀리입니다.

$$n\,CH_2=C-CH=CH_2 \Rightarrow \left[\begin{array}{c} CH_2 \quad CH_2 \\ C=C \\ CH_3 \quad H \end{array}\right]_n$$

아이소프렌   폴리아이소프렌

[그림 1] 아이소프렌의 중합 반응으로 만든 폴리아이소프렌(천연고무)

천연고무는 아이소프렌이 여러 개 연결된(중합된) 폴리아이소프렌 구조임이 나중에 밝혀졌습니다(그림 1). 찰스 핸슨 그레빌 윌리엄스[Charles Hanson Greville Williams, 1829~1910](영국)는 1860년에 천연고무를 가열 분해하면 아이소프렌이 만들어진다는 사실을 발표했습니다. 그리고 그는 아이소프렌을 오랫동안 놔두면 끈적끈적한 상태(중합)가 되는 현상도 관찰했습니다.

오스트발트(70쪽)는 끈적끈적한 아교 물질의 구성이 이차 원자가(일반적인 화학 결합을 만드는 대신 약하게 상호 작용한다는 당시의 사고방식)에 의해 분자가 모인 상태, 즉 작은 분자의 집합체라는 가설을 지지했습니다. 위대한 유기화학자 에밀 헤르만 피셔[Emil Hermann Fischer](1902년 노벨 화학상 수상)도 분자량 5,000을 넘는 분자는 존재하지 않는다고 생각했고, 다른 유기화학자들도 천연고무가 큰 고리 형태로 아이소프렌이 연결된 작은 분자의 집합체라는 설을 믿었습니다.

이때 슈타우딩거가 등장합니다. 그는 케쿨레의 화학 결합 개념을 발전시켜 탄소와 탄소가 사슬처럼 연속해서 연결된 고무의 곧은 사슬형 구조식을 1917년 스위스 학회에서 제안했고, 1920년에는 논문도 발표했습니다. 즉 천연고무가 곧은 사슬형 고분자라고 주장했지만, 그의 주장을 지지한 사람은 별로 없었습니다.

당시는 브래그 부자William Henry Bragg·William Lawrence Bragg(1915년 노벨 물리학상 수상)가 1913년에 개발한 X선 구조 해석법으로 유기물의 결정 구조 연구가 시작된 시기였습니다. 슈타우딩거가 고무의 곧은 사슬형 구조설을 발표한 해에 식물 섬유를 구성하는 셀룰로스의 구조는 4개의 글루코스가 규칙적으로 배열된 작은 분자의 집합체라는 결과가 X선 구조 해석의 최신 결과로 보고되었습니다. 나중에 정정되긴 했지만, 당시 형세는 슈타우딩거에게 매우 불리했습니다. 그야말로 고립무원이었지만 그는 포기하지 않았습니다.

슈타우딩거는 만약 천연고무가 작은 분자의 집합체라면 작은 분자에 존재하는 이중 결합(그림 1)이 집합의 원인이라고 생각했고, 이중 결합이 사라지면 집합이 무너지고 고무의 성질도 크게 바뀌리라는 가설을 세웠습니다.

하지만 이중 결합에 수소를 2개 더해서 단일 결합으로 만드는 수소화 처리를 해도 고무의 성질은 크게 바뀌지 않았습니다. 이를 바탕으로 슈타우딩거는 1922년 고무가 작은 분자의 집합체가 아니라 곧은 사슬 구조의 고분자임을 다시 발표했습니다.

나아가 훨씬 구조가 단순한 폴리스타이렌의 벤젠 고리(그림 2 왼쪽, 이중 결합이 있는 고리 구조)

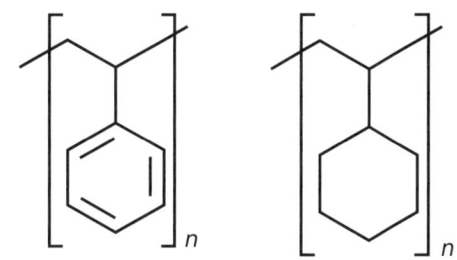

[그림 2] 폴리스타이렌(왼쪽)과 폴리비닐 사이클로헥세인(오른쪽)

를 수소화해서 이중 결합을 없앤 사이클로헥실 고리(그림 2 오른쪽)로 변환해도 분자량에 크게 영향을 받는 점성은 거의 달라지지 않는다는 사실도 발견했습니다(1926년).

이처럼 철저한 연구 덕에 슈타우딩거는 고립무원에서 조금씩 벗어나기 시작했습니다. 한때 그를 강력하게 비판했던 허먼 프랜시스 마크 Herman Francis Mark, 1895~1992(오스트리아)는 셀룰로스의 X선 구조 해석을 다시 진행했고, 이전에 다른 연구자가 발표한 구조와 달리 글루코스 고리가 일직선으로 결합한 고분자임을 증명했습니다.

슈타우딩거의 고분자설은 10여 년이 지나서야 비로소 받아들여졌습니다. 고분자 개념이 과학자들 사이에 뿌리내리면서 합성 고분자, 합성 섬유, 플라스틱의 개발로 이어졌습니다. 오늘날 슈타우딩거는 고분자화학의 아버지로 불립니다.

고무는 왜 신축성이 있을까?

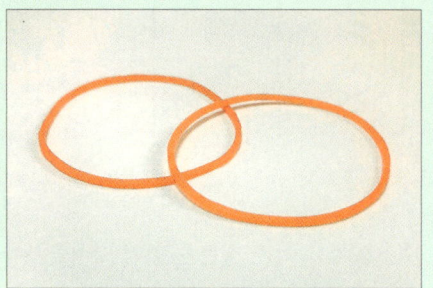

고무는 탄성 물질입니다. 늘려도 원래대로 줄어들고, 지나치게 줄어들었다가도 원래대로 돌아옵니다. 이는 고무의 구조와 관련되어 있습니다. 천연고무(그림 1)는 탄소 사슬이 길게 연결된 고분자입니다. 사슬은 똑바로 뻗기도 하지만 같은 에너지 상태에서도 여러 번 꺾일 수 있습니다. 고무를 늘리면 분자 사슬이 똑바로 뻗은 구조로 제한되는데, 이때 다양한 구조로 변할 수 있는 구조로 돌아오려 합니다. 이를 **열역학**에서는 엔트로피 탄성이라고 합니다.

★ ★ ★

"혼자 돌을 들어 올릴 마음이 없다면
두 사람이 함께 들어 올려도 돌은 들리지 않는다."

요한 볼프강 폰 괴테 | 1749~1832

캐러더스

Wallace Hume Carothers, 1896~1937 / 미국

아이오와 벌링턴에서 태어났습니다. 어렸을 때부터 성적이 우수했는데, 타키오대학에 다니던 중 교수가 다른 대학으로 이적하자 학생 신분으로 교수 대신 강의를 맡았다고 합니다. 일리노이대학에서 박사 학위를 받은 뒤 일리노이대학, 하버드대학에서 유기화학 강사로 활동했습니다 (1926년). 1928년에는 제품화로 직접 이어지지 않더라도 기초 연구 부문의 내실을 다지고자 했던 화학 기업 **듀폰**에 초빙되었습니다.

혁신 경영 전략의 본보기

20세기 초, 전 세계적으로 화학 산업이 비약적으로 발전했습니다. 특히 눈부신 발전을 보인 독일에서는 1907년에 공기 중의 질소에서 암모니아를 만드는 하버-보슈법을 개발해서 비료를 합성하는 데 성공한 BASF를 중심으로, 바이엘, 획스트 3사가 주축이 되어 복합 화학 기업 IG 파르벤을 설립했습니다(1925년). 다음 해에는 이에 대항하여 영국에서 4개 회사가 중심이 되어 ICI를 설립했습니다.

미국에서는 다우 케미칼이 무기화학 제품을, 듀폰이 화약을 중심으로 사업을 전개했지만 석탄 화학 산업 및 유기화학 부문에서 독일과 영국에 뒤처졌습니다. 듀폰은 화학 부문을 보강하고자 했습니다. 보통은 이미 실용화된 제품을 개량하고 선행 기업의 기술을 도입하기 마련이지만, 듀폰은 달랐습니다. 제품화로 곧장 이어지지 않을지는 몰라도 우선 기초 연구 부문의 내실을 다지기로 한 것입니다.

이를 위해 듀폰은 하버드대학에서 유기화학 연구로 두각을 보이던 캐러더스를 스카우트했습니다. 내켜하지 않던 캐러더스를 몇 번이나 찾아가 설득한 끝에 거의 2배의 연봉을 지급하는 조건으로 듀폰의 유기화학 연구 부문의 책임자로 초빙했습니다. 그야말로 혁신 경영 전략의 본보기라고 할 수 있습니다.

세계 최초의 합성고무

1928년 듀폰으로 이적한 캐러더스는 슈타우딩거의 고분자설을 실증하기 위해 합성고무 연구를 시작했습니다. 성과는 바로 나타났습니다. 1930년 순수한 클로로프렌을 분리했고, 이를 사슬 중합해서 만든 클로로프렌고무(상품명 네오프렌)를 합성하는 데 성공했습니다. 이것이 최초의 합성고무입니다(그림 1). 듀폰은 다음 해인 1931년부터 합성고무의 제조에 들어갔습니다.

[그림 1] 클로로프렌(왼쪽)으로 합성한 네오프렌(합성고무, 오른쪽)

고분자의 원료인 단량체 분자(예: 그림 1 왼쪽의 클로로프렌)를 여러 개 연결하는 중합법은 크게 사슬 중합과 단계 중합으로 나뉩니다. 사슬 중합은 반응을 통해 연결된 분자가 눈사람처럼 차례차례 새로운 단량체와 반응해서 고분자로 성장하는 방식입니다. 캐러더스가 합성에 성공한 네오프렌도 사슬 중합으로 만들어졌습니다.

| 폴리에스터 섬유 합성

한편 단계 중합은 단량체의 양 끝과 반응할 물질의 양 끝을 일대일로 반응시키는 방법입니다. 카복실산과 알코올이 반응하는 에스터화 반응(1)은 물이 빠지면서 연결되므로 '축합 반응'이라고 하며 이를 이용한 중합 반응은 '축합 중합'이라고 하는데, 캐러더스는 이 반응을 활용해서 오늘날에도 널리 쓰이는 폴리에스터 합성 반응에 성공했고 합성 섬유도 만들었습니다.

HOCORCOOH + HOR′OH
→ HOCORCOOR′OH
→ → → −(OCORCOOR′−)$_n$−   (1)

이때 사슬 중합과 달리 작은 눈사람이 동시에 여기저기 생겨나 서로 반응하는 복잡한 양상을 띠는데, 캐러더스는 반응의 진행을 수식으로 나타낸 캐러더스 식을 고안했습니다.

| 명주를 대체할 나일론 합성

대표적인 축합 반응의 또 다른 사례는 아마이드 생성 반응입니다(2). 카복실산(−COOH)과 아민(−NH$_2$)이 축합해서 아마이드 결합(−CONH−)을 만듭니다. 누에가 만드는 명주도 아미노산끼리 결합한 아마이드 결합이 중합한 물질입니다.

인공적으로 합성하려면 카복실산이 양 끝에 있는 다이카복실산과 아미노산이 양 끝에 있는 다이아민을 반응시켜서 폴리아마이드를 만들어야 합니다.

HOCORCOOH + H$_2$NR′NH$_2$
→ HOCORCONHR′NH$_2$
→ → → −(NHCORCONHR′−)$_n$−   (2)

캐러더스는 아디프산(그림 2)과 헥사메틸렌다이아민(그림 2)으로 폴리아마이드(그림 3)를 합성하는 데 성공했습니다(1934년).

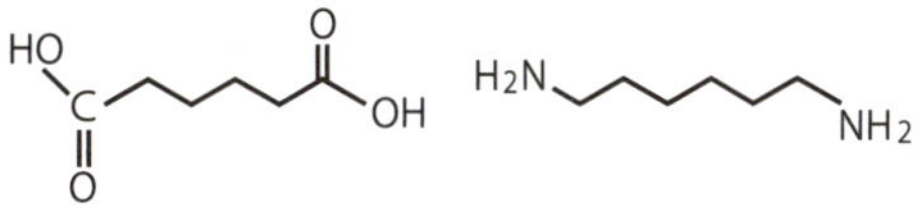

[그림 2] 아디프산(왼쪽)과 헥사메틸렌다이아민(오른쪽)

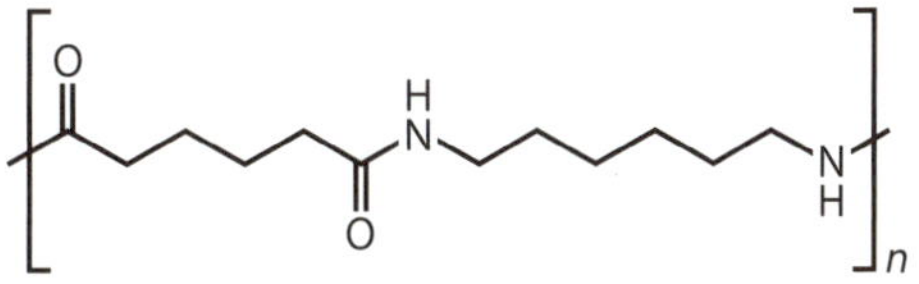

[그림 3] 나일론 6,6

합성한 폴리아마이드는 아디프산의 탄소가 6개, 헥사메틸렌다이아민의 탄소가 6개여서 나일론 6,6이라는 이름이 붙었습니다(그림 3).

캐러더스는 눈부신 성과를 거뒀지만, 우울증으로 자신감을 잃어버리고 말았습니다. 안타깝게도 그는 자신이 개발한 폴리아마이드 섬유와 나일론의 실용화를 눈앞에 두고 1937년 청산가리를 마시고 스스로 생을 마감했습니다.

완성된 폴리아마이드 섬유의 우수한 성질이 알려지면서 1938년 세계 최초로 인조 섬유의 공업화를 추진하기로 한 듀폰은 신제품 '나일론'을 발표했습니다.

당시 부사장은 나일론을 두고 "석탄, 공기, 물로 만들었지만, 거미줄보다 가늘고 강철보다 단단하며 어떤 천연 섬유보다도 탄성이 풍부한 섬유"라고 소개했습니다. 1940년 5월 15일에 발매된 나일론 스타킹은 순식간에 여성들 사이에서 인기 상품이 되었습니다.

독일에서는 IG 파르벤이 1938년 탄소 6개짜리 ε-카프로락탐의 개환(고리열림) 중합으로 나일론 6을 합성하는 데 성공했습니다. 일본에서는 1941년 도레이가 나일론의 원료 ε-카프로락탐을 광화학 반응(광나이트로소화법, PNC법)으로 만드는 방법을 독자적으로 개발했습니다.

나일론 스타킹의 광고탑을 설치하는 풍경(1940년)

★ ★ ★

"때로는 익숙한 길에서 벗어나 숲으로 들어가라.
한 번도 본 적 없는 새로운 무언가를 발견할 것이다."

알렉산더 그레이엄 벨Alexander Graham Bell | 1847~1922

사쿠라다 이치로

桜田一朗, 1904~1986 / 일본

교토에서 태어났습니다. 제3고등학교(일제 강점기에 존재했던 고등 교육 기관-옮긴이)를 다니며 국제 공용어로 알려진 인공어 에스페란토어를 배웠으며 학생 때 에스페란토어의 창안자 루드비크 레제르 자멘호프Ludwik Lejzer Zamenhof의 연설집 『길La Vojo』을 일본어로 번역해 출판했습니다. 교토제국대학 공학부 공업화학과를 졸업한 뒤 1934년 교토제국대학에서 조교수를 거쳐 다음 해 교수로 취임했습니다. 일본학사원상, 자수포장, 문화훈장을 받았습니다.

▎일본 최초의 합성 섬유 비닐론

캐러더스가 발명한 세계 최초의 합성 섬유 나일론을 제품화하겠다는 듀폰의 발표로 전 세계가 충격을 받았을 당시(1938년), 일본에서는 이미 교토제국대학의 사쿠라다 이치로 연구진이 독자적으로 합성 섬유 연구를 진행하고 있었습니다.

사쿠라다는 독일의 쿠르트 헤스Kurt Hess, 1888~1961 연구실에서 유학할 당시 셀룰로스를 연구했습니다. 마지막까지 셀룰로스의 저분자설을 주장한 헤스와 달리 사쿠라다는 유학 중 슈타우딩거와 교류하며 인공적인 고분자 합성을 목표로 삼았다고 합니다. 평생에 걸쳐 고분자화학을 연구하며 '고분자'라는 용어를 정착시킨 사람이기도 합니다.

나일론 제품화가 발표된 다음 해인 1939년, 사쿠라다는 당시 자신의 연구실 조교수 리승기, 조수 가와카미 히로시川上博와 함께 폴리비닐 알코올에서 유도한 일본 최초의 합성 섬유 비닐론Vinylon을 공동 개발했고, '합성 1호'라고 명명했습니다.

처음에는 합성 셀룰로스를 만들기 위해 독일의

헤르만이 개발한 폴리비닐 알코올(그림 1)에 주목했는데, 구조식에서도 알 수 있듯이 분자에 수산기(-OH)가 많아 친수성이 높은 데다 고분자이면서 뜨거운 물에 녹는다는 단점이 있었습니다.

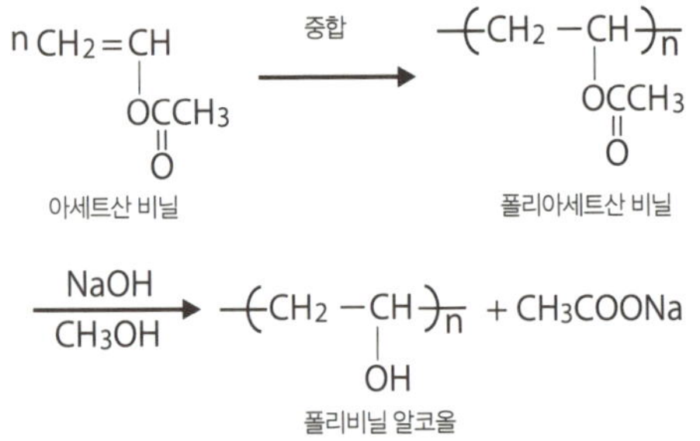

[그림 1] 폴리비닐 알코올의 합성 과정

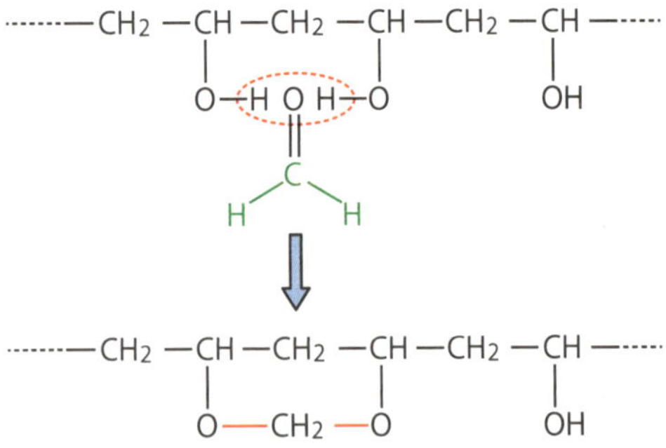

[그림 2] 폴리비닐 알코올에서 비닐론을 합성하는 과정

사쿠라다는 여기에 초점을 맞추어 부분적으로 수산기를 제거할 방법을 연구했고, 폼알데하이드(HCHO)와 반응시켰습니다(그림 2). 수산기의 약 86%가 폼알데하이드와 반응하면서 섬유화도 문제없이 이루어졌지만, 뜨거운 물에 대한 내성은 부족했습니다.

사쿠라다는 다시 한번 재치를 발휘했습니다. 독일에서 유학하던 시절 수행했던 셀룰로스 연구를 계기로 X선 구조 해석을 진행한 그는 친수성이 높은 수성 셀룰로스 결정이 만들어지는 현상과, 이를 열처리해서 물을 제거했을 때 물에 녹지 않는 셀룰로스 결정이 만들어지는 현상을 발견했습니다. 폴리비닐 알코올을 열처리해서 물을 충분히 제거한 다음 폼알데하이드와 반응시키자 뜨거운 물에도 견딜 수 있는 합성 섬유가 만들어졌습니다. 사쿠라다는 최초의 합성 1호였던 '합성 1호 A'와 구분하기 위해 이 합성 섬유를 '합성 1호 B'라고 불렀습니다(1940년).

일본에서 독자적으로 개발한 합성 섬유인 합성 1호 B에는 1948년 비닐론이라는 이름이 붙었고, 1950년 화학 기업 구라시키 레이온(현 쿠라레)이 제품화했습니다. 비닐론으로 만든 직물은 친수성이 높으면서도 잘 마르고 주름이 쉽게 펴지지 않아 형태가 오래 유지되는 특징 덕에 오늘날에도 교복, 비옷, 그물, 밧줄, 신발, 섬유 보강 콘크리트의 보강 섬유로 활용되며, 섬유 외에도 외과용 봉합실과 농업 자재, 수용성 수지, 포장재, 편광판 등 다양한 용도로 폭넓게 활용되고 있습니다.

사쿠라다가 당시 만든 실험 장치는 2012년 일본화학회에 의해 제3회 화학 유산으로 지정되었습니다(그림 3).

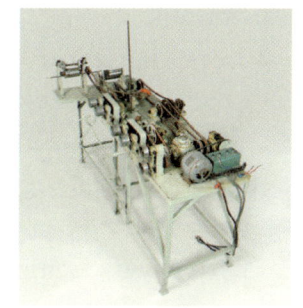

[그림 3] 교토대학 화학연구소가 소장하고 있는 비닐론 방사 실험 장치
"교토대학 화학연구소 비닐론 관련 자료[, ca.1942-1943]"
교토대학 디지털 아카이브 시스템(교토대학 연구 자원 아카이브), 2015년
https://peek.rra.museum.kyoto-u.ac.jp/ark:/62587/ar61376.61376 (2021년 1월 18일 참조)

뒷이야기

비닐론을 제품화한 구라시키 레이온의 오하라 소이치로大原總一郎 사장은 비닐론에 대한 열정이 대단했는데, 판화가 무나카타 시코棟方志功에게 『비닐론 기념 판화책美尼羅牟 頌板画柵』(이후 『운명 판화책運命板画柵』으로 제목이 바뀜)의 제작을 의뢰했습니다. 무나카타 시코는 저서 『판화의 길板画の道』에서 다음과 같이 밝혔습니다.

……오하라 사장님이 구라시키 레이온의 명운을 걸고 비닐론이라는 새 섬유를 토대로 거대한 섬유의 세계를 만들겠다는 말을 했을 때 만든 작품이 '운명'이다. ……이 일에 임하는 내 기분을 판화로 표현하는 것이 목표였다. 내가 베토벤의 '환희' 같은 작품을 그리고 싶다고 말하자 오하라 사장님도 베토벤을 좋아하는지 "제5번 교향곡 '운명'을 그려 달라"며 새 판목 비용까지 보내 주셨다. 이때 작품의 소재로 니체의 『자라투스트라는 이렇게 말했다』도 넣기로 했다. 그리고 "일본은 물론 전 세계를 위해 비닐론을 만들어야 한다. 그 도화선이 필요하다. '운명'이라는 이름 아래 자라투스트라에서 초인을 중심으로 다뤘듯이 초월적인 사상처럼 거대한 의미를 판화로 그려 줬으면 좋겠다"라고 했다…….

작품은 일본 오카야마현 구라시키시에 있는 오하라 미술관에 소장되어 있습니다.

우리 주변의 고분자, 플라스틱

우리 주변에서 찾아볼 수 있는 대표적인 고분자 화합물은 합성수지입니다. 나일론을 비롯한 합성 섬유는 섬유화해서 실로 자아낸 합성수지입니다. 유기 고분자 화합물인 합성수지의 기본 구조는 탄소가 여러 개 연결된 형태인데, 화석 연료인 석탄과 석유를 분해해서 만든 탄소 분자를 목적에 맞게 연결하면 합성수지가 됩니다. 석탄과 석유는 인류에게 귀중한 탄소원이라고 할 수 있습니다.

합성수지는 대부분 힘을 받으면 변형되므로 (가소성Plasticity) 학술 용어는 아니지만 보통 플라스틱이라고 합니다. 합성수지를 최초로 발견한 인물은 위대한 유기화학자 유스투스 폰 리비히Justus von Liebig, 1803~1873입니다. 1835년 리비히와 앙리 빅토르 레뇨Henri Victor Regnault, 1810~1878는 염화 비닐과 폴리염화 비닐 분말을 발견했습니다. 그 뒤에도 구조는 명확히 밝혀지지 않았지만, 폴리스타이렌과 베이클라이트 등 여러 합성수지가 발명되었고 제품화로 이어졌습니다. 슈타우딩거가 1920년대에 고분자의 개념을 확립한 뒤로 수많은 합성수지가 점점 빠르게 등장했습니다.

특히 에틸렌의 중합 반응으로 폴리에틸렌을 합성할 때 이용하는 치글러-나타 촉매[카를 치글러Karl Ziegler, 1898~1973(독일)와 줄리오 나타Giulio Natta, 1903~1979(이탈리아)가 발명한 촉매. 두 사람은 1963년 노벨 화학상을 공동 수상했다]가 발명되면서 플라스틱 대량 생산 시대가 열렸고, 우리가 접하는 많은 제품이 플라스틱으로 만들어졌습니다.

플라스틱과 조화를 이루려면 어떻게 해야 할까?

플라스틱은 생분해성이 없습니다. 다시 말해 사용하는 동안 잘 열화되지 않는다는 장점이 있지만, 아무 처리 없이 폐기하면 아무리 시간이 흘러도 분해되지 않으므로 미생물은 플라스틱을 먹을 수 없습니다.

전 세계에서 쓰이는 비닐봉지를 비롯해 방대한 폐플라스틱의 처리가 문제로 떠오르고 있습니다. 폐기한 플라스틱은 소각해서 그 과정에서 나오는 열까지 이용해야 한다고 주장하는 사람도 있지만, 소각로의 성능이 낮으면 맹독인 다이옥신이 발생하는 데다 이산화탄소가 배출되는 문제도 있습니다.

처리하기 힘들다고 바다에 투기하면 물고기 같은 해양 생물이 먹이로 착각해서 플라스틱을 먹는데, 잘게 부서져도 소화되지 않는 탓에 미세 플라스틱이라는 미립자 상태로 몸 안에 남게 됩니다. 먹이 사슬로 인해 인간에게까지 영향을 미칠 우려도 있습니다. 따라서 생분해성이 있는 플라스틱의 개발이 문제를 해결할 방법으로 손꼽힙니다.

국제 연합United Nations, UN은 건강한 지구를 만들기 위한 논의를 해 왔고, 2015년에는 지속 가능한 발전 목표Sustainable Development Goals, SDGs를 세웠습니다. 더 나은 생활과 쾌적한 환경을 지키기 위해 새로운 과학 기술을 개발하려는 노력이 지금도 전 세계적으로 이어지고 있습니다.

13장 ▶ 유기화학

프리드리히 뵐러 Friedrich Wöhler | 1800~1882년
"유기 화합물을 최초로 합성했다."

*

프랑수아 오귀스트 빅토르 그리냐르 François Auguste Victor Grignard | 1871~1935년
"유기금속화합물인 그리냐르 시약을 개발했다."

*

로버트 번스 우드워드 Robert Burns Woodward | 1917~1979년
"비타민 B₁₂의 전합성에 성공했다."

예로부터 우리 주변의 물질은 생명에서 유래한 물질(유기물)과 생명과 상관없는 물질(무기물)로 나뉘었습니다.

연금술에서 벗어나기 시작한 18세기 화학계의 주 연구 대상은 무기물이었습니다. 유기물은 무기물과 달리 조금만 가열해도 바로 변하고 불안정해서 다루기가 어려웠기 때문입니다. 사람들은 유기물이 생명체에서만 만들어진다고 생각했습니다.

스웨덴의 토르베른 베리만Torbern Bergman, 1735~1784은 물질을 유기물과 무기물로 나누어 생각한 최초의 화학자입니다. 옌스 야코브 베르셀리우스Jöns Jakob Berzelius, 1779~1848는 유기물을 다루는 화학을 'Organisk Kemi'라고 불렀습니다.

일본에 화학을 소개한 인물은 우다가와 요안宇田川榕菴, 1798~1846입니다. 윌리엄 헨리William Henry, 1775~1836(영국)가 쓴 『실험 화학의 요소들The Elements of Experimental Chemistry』의 네덜란드어 역서를 일본어로 번역해서 『사밀개종舍密開宗』이라는 이름으로 펴냈습니다.

이후 가와모토 고민川本幸民, 1810~1871은 율리우스 아돌프 슈톡하르트Julius Adolph Stöckhardt, 1809~1886(독일)의 저서 『화학 학교Die Schule der Chemie』를 번역한 『화학신서化学新書』에서 'Chemie(사밀)'를 옮길 때 처음으로 '화학'이라는 말을 사용했으며, 'Organische'를 '유기체'로 번역했습니다. 이것이 '유기화학'이라는 용어의 시초입니다.

유기 화합물을 시험관에서 인공적으로 합성한 최초의 인물은 프리드리히 뵐러입니다. 이는 유기화학이 발전하는 계기가 되었습니다.

프랑수아 오귀스트 빅토르 그리냐르는 금속과 탄소가 결합한 유기금속화합물인 그리냐르 시약을 개발하여 새 화합물을 다양하게 합성할 수 있는 길을 열었습니다.

로버트 번스 우드워드는 유기 합성 기술을 구사하여 거의 100단계나 되는 어마어마한 공정을 거쳐 비타민 B₁₂의 전합성全合成에 성공하는 등 다양한 천연물을 인공적으로 합성할 수 있음을 증명했습니다.

뷜러

Friedrich Wöhler, 1800~1882 / 독일

에스처하임에서 태어나 마르부르크대학 의학부에 입학했으나 화학에 뜻을 두어 하이델베르크대학으로 편입했습니다. 레오폴트 그멜린Leopold Gmelin, 1788~1853의 지도로 1823년 학위를 받고, 스웨덴의 옌스 야코브 베르셀리우스 밑에서 연구하다가 괴팅겐대학 교수로 취임했습니다.

최초로 무기 화합물에서 유기 화합물을 합성하다: 유기화학의 시초

19세기에 들어서도 생명 활동에서 유래한 유기 화합물은 생물의 몸 안에서만 만들어진다고 여겨졌습니다. 그러나 이 생각은 뷜러의 실험으로 180도 뒤집혔습니다. 당시 뷜러는 무기 화합물인 사이안산(HOCN)과 사이안산의 유도체를 연구했습니다. 그중 사이안산 암모늄(NH_4OCN)을 합성하기 위해 사이안산과 암모니아(NH_3) 수용액을 섞고 가열하자 원래 만들고자 했던 사이안산 암모늄 대신 유기물인 요소(NH_2CONH_2, 그림 1)가 만들어졌습니다(1828년).

요소는 동물의 몸에 해로운 암모니아가 요소 회로를 거치면서 바뀐 수용성 물질입니다. 실제로는 오줌에 섞여 몸 밖으로 배출되지만, 당시에는 요소가 신장에서 만들어진다고 알려졌기에 뷜러는 흥분해서 스승인 베르셀리우스에게 "신장에서만 만들어지는 요소를 실험으로 만들었습니다"라고 보고했다고 합니다. 뷜러의 실험을 화학 반응식으로 나타내면 (1)과 같습니다.

$$HOCN + NH_3 \rightarrow NH_2CONH_2 \qquad (1)$$

인간이 실험실에서 유기물을 만들 수 있다는 사실을 알아냈으니 굉장한 일이 아닐 수 없습니다. 하지만 사람들이 이를 받아들이기까지는 시간이 필요했습니다.

1845년 뷜러의 제자 헤르만 콜베Hermann Kolbe, 1818~1884가 무기 화합물인 이황화탄소(CS_2)에서 유기 화합물인 아세트산(CH_3COOH)을 합성했는데, 이는 무기물에서 유기물을 만들 수 있음을 증명한 두 번째 사례입니다. 이렇게 유기화학이 탄생했습니다.

교과서에는 "뷜러가 사이안산 암모늄을 가열해서 요소를 합성했다"라고 기술되어 있는데, 이는 정확한 설명이 아닙니다. 사이안산 암모늄이 매우 불안정한 물질임을 몰랐던 뷜러는 사이안산 암모늄을 합성하기 위해 사이안산과 암모니아, 사이안산납($Pb(OCN)_2$)과 염화암모늄(NH_4Cl), 사이안산수은($HgOCN$)과 암모니아 등 다양한 조합의 반응을 시험했습니다.

뷜러와 콜베의 발표로 생명체의 몸 안이 아니더라도 유기 화합물을 인공적으로 합성할 수 있다는 인식이 생기면서 탄소와 수소를 비롯한 화

[그림 1] 요소의 구조식

합물을 유기 화합물로 바라보게 되었습니다.

이성질체의 발견

뵐러는 리비히와 함께 또 다른 업적을 남겼습니다. 뵐러는 사이안산의 유도체인 사이안산은 (AgOCN)을 합성했는데, 같은 시기에 리비히는 폭발성이 있는 풀민산은(AgCNO, 뇌산은)을 합성했습니다. 정밀한 원소 분석 결과, 두 사람이 합성한 화합물은 조성이 완전히 같으면서 성질은 전혀 다른 물질이었습니다. 이성질체는 이렇게 발견되었습니다(1826년).

또 다른 유기화학자

리비히는 뵐러와 함께 유기화학을 설립하는 데 이바지한 과학자입니다. 유기 화합물 연구의 가장 기초적인 방법으로 액체의 끓는점, 고체의 녹는점 측정이 있는데, 가장 중요한 방법은 원소 분석입니다. 베르셀리우스는 유기 화합물을 완전연소했을 때 탄소가 이산화탄소로, 수소가 물로 바뀌는 현상에 주목했습니다. 그리고 이 성질을 이용해서 연소했을 때 만들어진 물과 기체 (CO_2)의 양을 측정해서 실험식을 결정하는 방법을 제안했습니다. 남은 탄소와 수소는 산소로 실험식을 결정할 수 있습니다.

하지만 질소가 포함된 화합물에서는 같은 방식이 통하지 않았습니다. 물질 안에서 결합을 이루는 질소는 연소 반응을 통해 대부분 질소 기체 (N_2)가 되고 일부는 일산화질소 기체가 되므로, 기체의 양을 측정해도 탄소와 질소를 구별할 수 없다는 문제가 있었습니다. 당시 진통제로 쓰기 위해 양귀비 씨앗에서 채취한 모르핀(그림 2)은 의료 분야에서 매우 중요한 물질이었는데, 이 모르핀에도 질소가 들어 있습니다. 리비히는 모르핀의 화학 조성을 알아내기 위해 더 상세한 원소 분석법을 고안했습니다. 연소 반응으로 발생한 이산화탄소(CO_2)와 수산화칼륨(KOH) 수용액을 반응시켜서 탄산칼륨(K_2CO_3)으로 변화시키는 방법이었습니다(식 2).

$$2KOH + CO_2 \rightarrow K_2CO_3 + H_2O \qquad (2)$$

리비히는 기체 이산화탄소와 수산화칼륨 수용액을 완전히 반응시키기 위해 유리를 세공해서 [그림 3]처럼 유리관에 구 5개가 연결된 기구 (Kaliapparat, 칼리구※)를 설계했습니다. 안에 수산화칼륨 수용액을 넣은 다음, 통과시킨 기체 이산화탄소를 모두 (2)와 같이 반응시킴으로써 연소

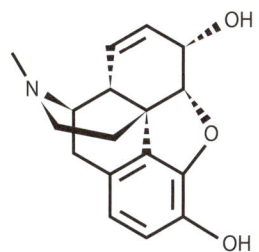

[그림 2] 모르핀

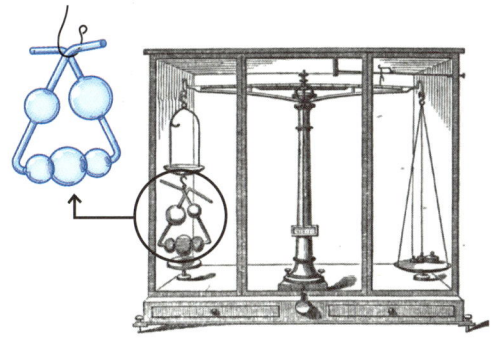

[그림 3] 칼리구(왼쪽)와 천칭을 이용한 무게 측정(오른쪽)

전후의 무게를 정밀 천칭으로 측정했습니다.

이 방법으로 물질의 원소를 정밀하게 분석할 수 있게 되면서 유기화학은 크게 발전했습니다. 미국

[그림 4] 미국화학회의 로고

화학회의 로고(그림 4)를 보면 차례차례 합성되는 물질을 나타내기 위해 윗부분에 불꽃에서 태어나는 불사조를 그렸고, ACS 문자 가운데에 리비히의 발명품인 칼리구가 아래에서 받치고 있습니다.

| 리비히가 주장한 최소율의 법칙

리비히는 식물학 분야에서도 업적을 세웠습니다. 식물이 성장하려면 질소, 인, 칼륨 세 영양소가 필요한데, 리비히는 양분을 얼마나 공급하든 식물의 성장은 가장 적은 양분에 좌우된다고 주장했습니다. 이것이 농법에 엄청난 영향을 미친 최소율의 법칙입니다.

▶ 역사에 한 획을 그은 과학자의 명언 ⑩ ◀

★ ★ ★

"행운은 준비된 사람에게만 미소 짓는다."

루이 파스퇴르 | 1822~1895

그리냐르

François Auguste Victor Grignard, 1871~1935 / 프랑스

셰르부르옥트빌에서 태어나 중학교 교사를 양성하는 학교에 진학했지만, 학교가 문을 닫는 바람에 리옹대학에 편입해서 수학을 공부했습니다. 하지만 최종 시험에서 떨어진 그리냐르는 군대에 입대했고, 전역한 뒤 대학으로 돌아와 수학 졸업 시험에 합격했습니다. 친구의 권유로 전공을 화학으로 바꿔 **필립 앙투안 바르비에**에게 가르침을 받았습니다. 자신의 이름을 딴 **그리냐르 반응**을 밝힌 공로로 1912년 **노벨 화학상**을 받았습니다. 셰르부르옥트빌에는 그리냐르 거리가 있습니다.

유기금속화학의 탄생

19세기 중반부터 유기화학에 새로운 흐름이 탄생했습니다. 탄소와 금속 원자가 결합한 화합물인 유기금속화합물이 등장했기 때문입니다. 이로써 탄소의 반응성을 높여 다양한 화합물을 합성할 수 있게 되었습니다.

에드워드 프랭클랜드[Edward Frankland, 1825~1899](영국)는 1849년 할로젠화알킬 화합물 및 카보닐 화합물과 금속인 아연(Zn)이 공존하면 알킬기가 카보닐 화합물($\rangle C=O$을 포함하는 화합물)에 붙는 현상을 발견했습니다. 알킬기는 메틸기(CH_3-), 에틸기(C_2H_5-)처럼 탄화수소로 이루어진 작용기입니다.

이후에도 알렉산드르 미하일로비치 자이체프[Aleksandr Mikhailovich Zaytsev, 1841~1910](러시아), 예고르 예고로비치 바그너[Yegor Yegorovich Wagner, 1849~1903](러시아), 세르게이 레포르마츠키[Sergey Reformatsky, 1860~1934](러시아) 등의 과학자가 아연 첨가 반응의 결과를 발표했습니다.

필립 앙투안 바르비에[Philippe Antoine Barbier, 1848~1922]와 그리냐르가 등장한 시기가 이쯤입니다. 아연 대신 마그네슘(Mg)을 넣으면 반응이 더 잘 일어난다는 사실을 발견한 바르비에는 1989년 단독으로 논문을 발표했습니다(그림 1).

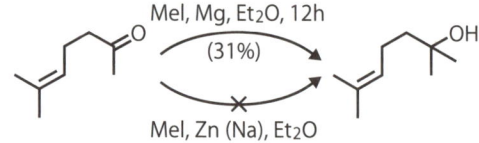

[그림 1] 바르비에 반응

그러나 마그네슘을 넣는다고 꼭 반응성이 높아지지도 않고 재현성이 낮을 때도 있어서 바르비에는 점점 흥미를 잃었던 듯합니다. 이 마그네슘에 관한 후속 연구는 연구진에 합류한 그리냐르가 맡게 되었습니다.

그리냐르는 단기간에 성과를 보였고, 다음 해인 1900년부터 연이어 단독으로 논문을 발표했습니다(그림 2). 물론 자이체프와 바르비에에 대한 감사도 잊지 않았습니다.

$$R^1 - \overset{\displaystyle O}{\underset{\displaystyle R^2}{C}} \quad \xrightarrow[\text{Et}_2\text{O}]{R^3\text{MgX}} \quad R^1 - \overset{\displaystyle OH}{\underset{\displaystyle R^3 \quad R^2}{C}}$$

[그림 2] 그리냐르 반응

논문을 발표한 그리냐르는 단숨에 주목받았고, 많은 유기화학자가 그리냐르 반응을 활용했습니다. 획기적인 유기화학 합성법을 발견한 공로로 그리냐르는 1912년 노벨 화학상을 받았습니다.

바르비에의 방법과 그리냐르의 방법은 얼핏 보면 같지만, 후자의 반응성이 훨씬 뛰어났습니다. 왜일까요?

바르비에는 반응시킬 물질을 모두 같은 플라스크에 넣었습니다. 그러나 그리냐르는 금속 마그네슘과 할로젠화알킬을 먼저 충분히 반응시킨 다음 카보닐 화합물을 넣었습니다. 이것이 화학의 묘미입니다. 어떻게 넣느냐에 따라 결과가 확연히 달라지다니, 무슨 원리일까요?

당시에는 그리냐르 반응의 메커니즘이 밝혀지지 않았는데, RMgX라는 중간체를 통해 반응한다는 추측이 제기되었습니다. R-Mg 결합은 R^-, 즉 마이너스 극성인 탄소 작용기가 Mg^{2+}과 결합하는, 당시로써는 새로운 결합 방식이었습니다.

탄소 작용기가 마이너스 극성이므로 플러스 극성을 가진 카보닐기의 탄소($>C^{\delta+} = O^{\delta-}$)와 반응하는 C-C 결합이 만들어지는데, 물 분자의 하이드록시기 중 수소($H^{\delta+}-O^{\delta2-}-H^{\delta+}$)도 플러스 극성이므로 중간체 RMgX는 물과도 반응해서 사라집니다. 바르비에 반응에서는 카보닐 화합물과 반응하기 전에 용매에 포함된 불순물인 물 분자와 반응해서 활성화한 중간체가 없어졌다고 볼

수 있습니다.

반면 그리냐르 반응에서는 용매로 쓰인 다이에틸에터($C_2H_5OC_2H_5$)의 물 분자(불순물)를 충분히 제거한 다음 반응이 일어나므로 RMgX(그리냐르 시약)가 남아 있는 상태에서 카보닐 화합물과 반응합니다.

같은 시약을 쓰면서도 다른 결과를 보인 바르비에와 그리냐르의 실험은 반응 중 활성화한 중간체 그리냐르 시약에 대해 깊게 고찰할 기회가 되었습니다.

바르비에가 왜 노벨상을 공동 수상하지 못했는지 의문이지만, 결과적으로 탄소-금속 결합이라는 새로운 결합 방식을 발견하고 새로운 유기 합성법이 발전할 계기를 마련했다는 점에서 바르비에는 유기금속화학의 아버지로 불립니다.

필립 앙투안 바르비에
(1848~1922)

유기금속화학이 개척한 유기합성법

그리냐르 시약 RMgX의 발견은 화학에서 새로운 탄소-탄소 결합을 만드는 화학 반응의 시작을 여는 계기가 되었습니다.

$$R_1 - \underset{R_2}{\overset{}{M^{(n+2)+}}} \longrightarrow R_1 - R_2 + M^{n+}$$

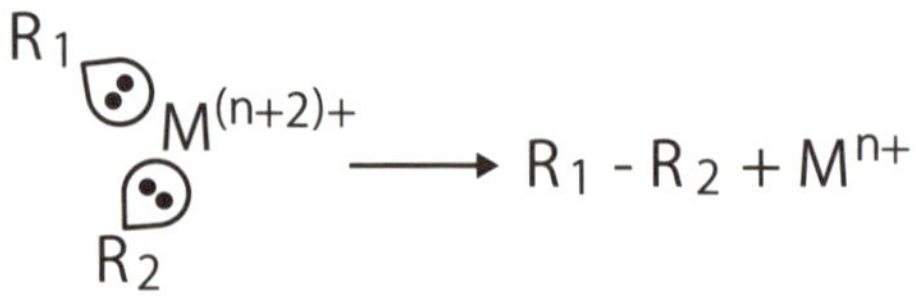

[그림 4] 금속 이온에서 알킬기가 환원성 제거되는 과정

산화성 첨가와 환원성 제거

금속 마그네슘과 할로젠화알킬의 반응은 금속 Mg^0에서 할로젠화알킬 쪽으로 전자가 이동하는 메커니즘입니다. 전자가 1개씩 이동하는 복잡한 메커니즘이 제기되었는데, 결과적으로 총 2개의 전자가 Mg^0에서 할로젠화알킬로 이동해서 Mg^{2+}이 되고 알킬기 끝부분의 탄소는 마이너스 극성(탄소 음이온)이 됩니다.

이러한 반응은 아연과 마그네슘뿐만 아니라 다른 금속 원자에서도 일어나는데, 특히 원소 주기율표 중 3족 원소부터 11족 원소 사이에 존재하는 전이 금속에서 중요한 반응입니다. 메커니즘을 들여다보면 단순하지 않은데, 일반적으로는 [그림 3]처럼 표현합니다. 금속에서 전자가 2개 이동(산화)해서 말단의 탄소에 붙는 반응을 산화성 첨가라고 합니다.

고 합니다(그림 4).

이처럼 탄소-탄소 결합을 만드는 반응은 새로운 화합물을 만드는 유기합성법으로 크게 발전했습니다. 리처드 프레더릭 헥Richard Frederick Heck, 1931-2015(미국), 네기시 에이이치根岸英一, 1935~(일본), 스즈키 아키라鈴木章, 1930~(일본)는 저마다 다른 방법으로 탄소-탄소 결합을 만드는 연구의 업적을 인정받아 2010년 노벨 화학상을 받았습니다. 일본은 특히 유기금속화학 분야에서 매우 앞서 있으며, 뛰어난 성과를 많이 거뒀습니다.

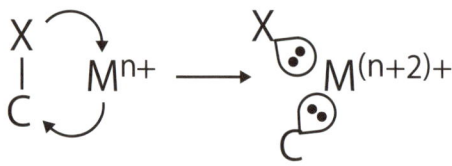

[그림 3] 금속에서 일어나는 산화성 첨가(탄소와 다른 원자와의 결합은 생략함)

반응을 더 자세히 파고들면 알킬기가 2개 붙은 중간체도 만들 수 있습니다. 이때는 산화성 첨가와 반대 반응이 일어나 금속에 전자를 2개 남기고 금속에 결합했던 알킬기끼리 탄소-탄소 결합을 만들어 빠져나갑니다. 이를 환원성 제거라

★ ★ ★

"하루하루를 소중히 여겨라.
하루의 사소한 차이가 인생의 커다란 차이로 돌아온다."

르네 데카르트 Rene Descartes | 1596~1650

우드워드

Robert Burns Woodward, 1917~1979 / 미국

매사추세츠 보스턴에서 태어났습니다. 초등학생 때부터 화학에 관심을 가졌으며 중학생 때는 독일어로 된 화학 문헌을 완독했다고 합니다. 16세에 매사추세츠 공과대학MIT에 입학했으나 성적이 너무 안 좋아서 다음 해에 퇴학 처분을 받았습니다. 하지만 18세에 다시 입학 허가를 받고 19세에 학사 학위를, 20세에 박사 학위를 받은 영재였습니다. 한평생 하버드대학에서 연구했으며 1965년 노벨 화학상을 받았습니다.

천연물화학의 발전

자연에서 유래한 화합물은 약, 염료, 향료 등의 형태로 인간의 생활에 보탬이 되거나 반대로 위험한 독으로 쓰인다는 경험을 통해 사람들은 그 지식을 축적하고 활용해 왔습니다. 유기화학은 이처럼 자연에서 유래한 물질의 연구에서 출발한 학문입니다. 인류는 동식물에서 추출한 물질을 순수하게 분리·정제하고 구조를 밝혀내면서 점점 지식을 쌓았습니다.

젊은 나이에 학위를 받고 하버드대학에서 연구를 시작한 우드워드도 천연물에서 유래한 화합물의 구조를 밝혔습니다. 생물에서 추출한 화합물을 가수분해해서 분해물의 구조를 분석하거나 치환기와 반응해서 만들어진 유도체의 구조를 분석함으로써 원래 화합물의 구조를 유추하는 것이 당시 연구의 흐름이었습니다. 우드워드는 화합물의 구조를 결정하기 위해 최신 자외선 흡수 분광법과 적외선 흡수 분광법을 가장 먼저 도입했습니다. 이후 등장한 핵자기 공명법도 구조 분석의 강력한 수단이 되었습니다.

천연물의 전합성

19세기 중반에 뵐러와 콜베가 천연물에서 유래한 화합물을 실험실에서 합성할 수 있음을 증명한 이후 유기화학의 발전 방향은 천연물의 전합성 연구로 정해졌습니다.

전합성이란 천연물이 아니라 우리 주변에서 손쉽게 구할 수 있는 간단한 화합물에서 천연물 유래 화합물을 처음부터 끝까지 실험실에서 인공적으로 합성하는 과정을 말합니다. 예를 들어 당의 구조를 밝혀낸 에밀 헤르만 피셔[1852~1919](1902년 노벨 화학상 수상)는 글리세린에서 글루코스, 프럭토스, 만노스 등 육탄당을 합성하는 데 성공했습니다(1890년).

우드워드가 연구를 시작했을 무렵 전자의 치우침을 중심으로 유기 화합물의 성질과 반응성을 연구하는 유기 전자론이 등장했습니다. 1910년대에 루이스(122쪽)가 발표한 연구에 영향을 받아 1920~1930년대에 영국의 로버트 로빈슨[1886~1975](1947년 노벨 화학상 수상)이 유기 전자론을 확립했습니다.

우드워드는 무작정 반복해서 실험하는 대신 유기 전자론을 바탕으로 화학 반응의 메커니즘을 고찰했습니다. 적외선 흡수 분광법과 핵자기 공명법으로 해석하고 화학 반응을 예측하면서 여러 단계로 이루어진 전합성을 합리적으로 수

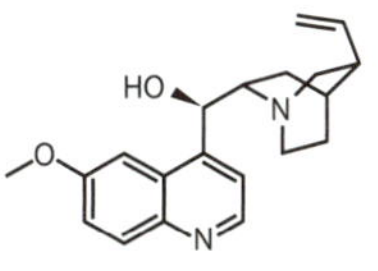

행했습니다. 그리고 전합성이 불가능한 줄 알았던 수많은 천연물을 차례차례 합성했습니다. 그가 합성한 물질로는 퀴닌(기나나무 껍질 성분), 콜레스테롤(담석 성분), 코르티손(부신 겉질), 스트리크닌(마전자나무 씨앗), 리세르그산(맥각균), 레세르핀(인도사목), 클로로필(엽록소), 콜히친(콜치쿰 씨앗), 세팔로스포린(배수구에서 배양된 항생 물질) 등이 있습니다(그림 1).

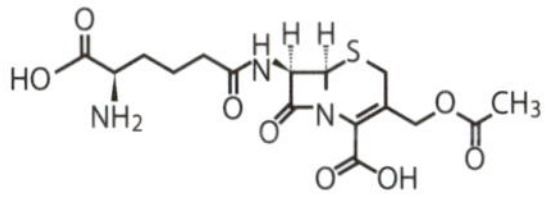

그리고 거의 100단계나 되는 어마어마한 공정을 거쳐 비타민 B$_{12}$를 전합성하는 데도 성공했습니다(그림 2). 당시 연구실에는 박사 후 연구원과 대학원생이 100명 가까이 있었다고 합니다. 우드워드는 1965년 노벨 화학상을 받았습니다.

퀴닌

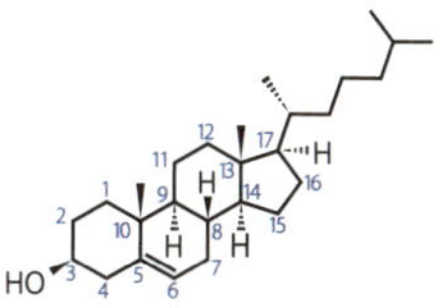

콜레스테롤

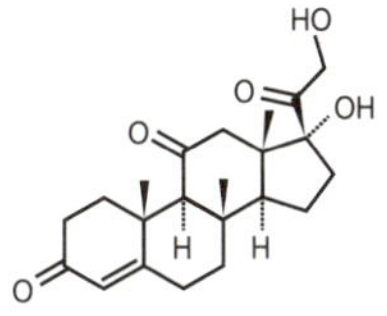

코르티손

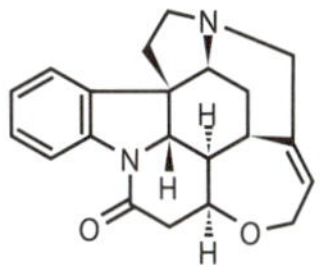

스트리크닌

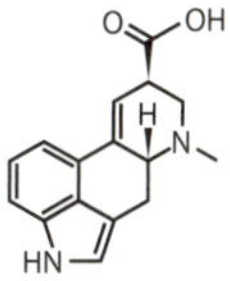

리세르그산

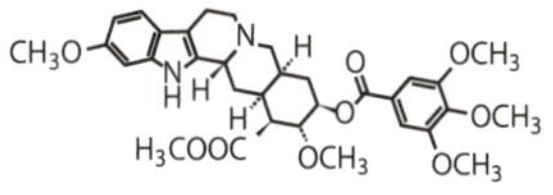

레세르핀

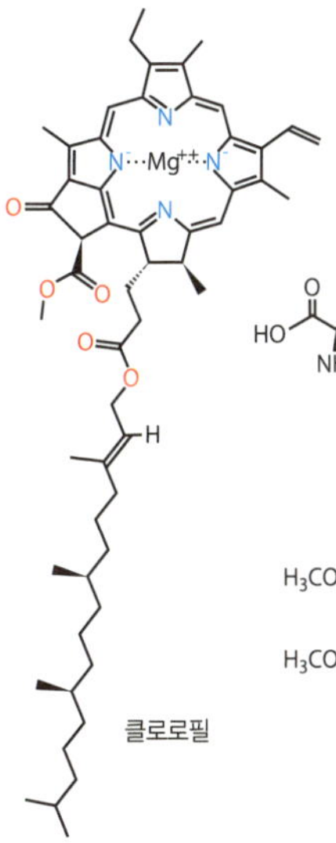

세팔로스포린

클로로필

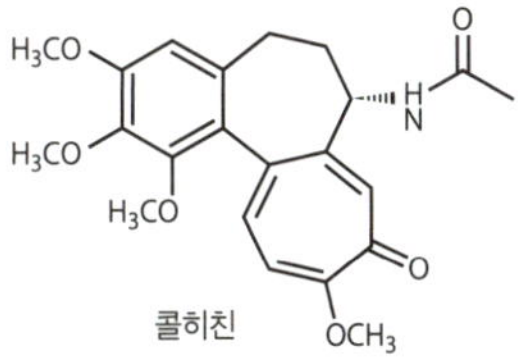

콜히친

[그림 1] 우드워드가 전합성한 화합물의 일부

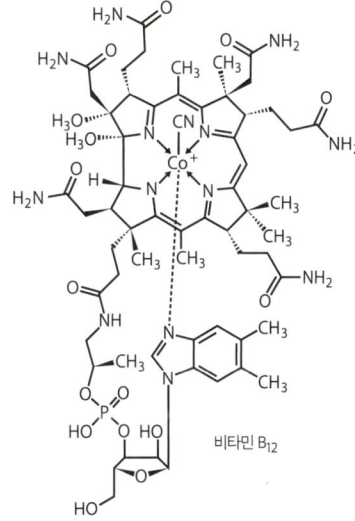

비타민 B$_{12}$

[그림 2] 비타민 B$_{12}$의 구조식

우드워드-호프만 법칙의 발견

우드워드는 약 100단계의 비타민 B$_{12}$ 전합성을 진행하면서 방대한 화학 반응을 시험했는데,

후쿠이 겐이치가 제안한 프런티어 분자 궤도 이론을 도입하여 철저히 고찰함으로써 우드워드-호프만 법칙(궤도 대칭성 상관 법칙)을 고안했습니다. 우드워드가 대단한 이유는 바로 이 때문입니다. 그는 양자화학자 로알드 호프만Roald Hoffmann에게 자신의 발상을 공유했고, 양자화학적으로 계산이 옳다는 증거를 확보함으로써 이를 증명했습니다. 우드워드는 후쿠이와 호프만이 1981년 노벨상을 받기 2년 전 숨을 거두는 바람에 안타깝게도 두 번째 노벨 화학상을 받지는 못했습니다.

우드워드는 20세기의 가장 위대한 유기화학자로 불립니다.

▶ 유기화학의 발전 ◀

| 합성염료와 화학 산업

유기화학은 천연물화학에서 유기합성화학으로 발전했는데, 유용한 천연물을 합성하기 위해 시도하는 과정에서 특히 염료가 크게 발전했습니다. 예로부터 고귀한 색이었던 보라색은 왕, 귀족, 성직자 등만 쓸 수 있었다고 합니다. 쪽에서 채취한 남색 염료, 뿔고둥의 점액에서 채취한 티리언 퍼플 염료는 매우 귀해서 비싸게 팔렸습니다.

영국의 윌리엄 헨리 퍼킨William Henry Perkin, 1838~1907은 왕립화학대학 조수 시절 아닐린에서 퀴닌을 합성하는 실험을 했는데, 그 과정에서 보라색 색소를 만들 수 있음을 우연히 발견했습니다(1856년). 천이 예쁜 보라색으로 물드는 것을 본 퍼킨은 사람들에게 팔아야겠다고 생각했습니다. 자홍색 아욱꽃의 프랑스어 이름에서 따 모브mauve라는 이름이 붙은 이 염료는 순식간에 유명해졌습니다.

퍼킨은 겨우 18세의 나이로 갑부가 되었고, 세월이 흐른 뒤에는 기사 칭호도 받았습니다. 1862년 런던 박람회에서는 빅토리아 여왕이 모브로 물들인 보라색 드레스를 입고 등장했다고 합니다.

퍼킨은 1869년에 붉은색 염료인 알리자린의 합성법도 발명했습니다. 일본의 국보급 문화재를 소장하고 있는 쇼소인正倉院에는 꼭두서니 뿌리로 염색한 붉은색 직물이 보관되어 있는데, 이 색소의 정체가 알리자린입니다. 퍼킨은 알리자린의 합성 특허를 따려 했지만, 하루 차이로 독일의 BASF가 먼저 특허를 취득했습니다.

영국에서는 18세기 중반부터 19세기 초까지 산업 혁명이 일어나 방직기가 개량되고 증기기관이 발명되었으며 철강 산업이 발전했습니다. 퍼킨의 발명은 면직물의 대량 생산과 시기가 맞물렸습니다. 산업 혁명의 주인공은 석탄이었습니다. 석탄 화력의 에너지로 증기기관을 움직여 석탄을 휘발성 물질과 비활성 물질로 분리하면 탄소 덩어리인 코크스가 만들어집니다. 이 코크스를 환원제로써 철광석(산화철)에 전자를 부여하면(환원하면) 금속 철을 대량으로 만들 수 있습니다. 단단하면서도 자유롭게 가공할 수 있다는 철의 특성을 살린 덕에 기계를 만들고 구조물을 짓는 속도가 비약적으로 빨라졌습니다. 화석 연료인 석탄은 에너지원과 전자원으로 쓰였는데, 퍼킨이 합성한 모브 염료는 석탄을 탄소원 삼아 사회에 유용한 물질을 대량 생산하는 계기가 되었습니다. 이것이 석탄 화학의 공업화, 즉 유기화학산업의 시작이었습니다. 제2차 세계대전 이후에는 석탄 대신 석유가 주역을 차지했습니다.

겹치는 원자가 없는 탄소(비대칭 탄소)란?

다시 유기화학으로 돌아와 볼까요. 천연물화학, 유기금속화학과 함께 주목해야 할 분야는 비대칭합성화학입니다. 유기 화합물의 중심에 있는 탄소와 결합한 원자단은 비대칭, 즉 겹치는 원자가 없습니다. 겹치는 원자가 없는 탄소란 무엇일까요?

화학자이자 근대 세균학의 아버지인 루이 파스퇴르Louis Pasteur, 1822~1895(프랑스)는 포도주 양조 과정에서 침전된 앙금의 성분인 주석산을 연구하던 도중, 앙금이 들어 있는 수용액은 편광*을 오른쪽으로 회전시키는 반면 인공적으로 합성한 주석산의 수용액은 편광면을 회전하지 않는 현상을 발견했습니다.

전자기학의 비오-사바르 법칙으로 유명한 장바티스트 비오Jean-Baptiste Biot, 1774~1862(프랑스)는 1815년 편광을 연구하던 도중 편광을 유기물 용액에 통과시키면 편광면이 오른쪽 또는 왼쪽으로 회전하는 광학 활성 현상을 발견했습니다. 파스퇴르도 편광 실험에서 인공적으로 합성한 주석산 암모늄나트륨 결정을 현미경으로 관찰하고 형태는 비슷하지만 거울에 비친 것처럼(왼손과 오른손처럼) 대칭적인 형태임을 발견했습니다(그림 1, 2).

1848년, 파스퇴르는 이 두 종류의 결정을 핀셋으로 더 잘게 나눈 다음 각각 산으로 처리해서

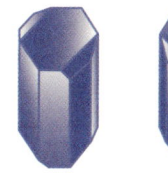

[그림 1] 주석산 암모늄 나트륨 결정의 두 가지 형태

[그림 2] 겹치지 않는 왼손과 오른손

만든 주석산 용액에서 편광을 관찰했습니다. 그러자 한쪽에서는 편광면이 오른쪽으로 회전했고(우원편광), 다른 쪽에서는 편광면이 왼쪽으로 회전했습니다(좌원편광). 그리고 1858년에는 인공적으로 합성한 주석산 용액에 곰팡이를 배양했더니 처음에는 편광면이 회전하지 않았지만, 곰팡이가 자라면서 편광면이 왼쪽으로 회전하는 현상도 발견했습니다. 미생물인 곰팡이가 편광면을 오른쪽으로 회전시키는 주석산만 '먹은' 것입니다. 이로써 생명체가 두 종류 중 한쪽만 섭취

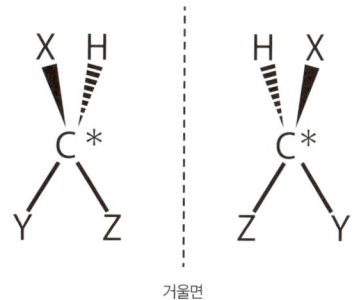

[그림 3] 비대칭 탄소가 있는 광학 이성질체(왼손과 오른손 관계)

* 편광
빛은 전기장 벡터와 자기장 벡터가 교차해서 진행 방향에 수직으로 진동하며 나아가는 횡파입니다. 전기장만 보면 평면에서 위아래(플러스-마이너스)로 진동합니다. 자연광에는 진동하면서 여러 방향으로 나아가는 빛들이 섞여 있는데, 특별한 결정이나 편광 필터에 통과시키면 진동하는 전기장의 벡터가 한 방향으로 모입니다. 이를 **편광**이라고 합니다.

한다는 사실이 밝혀졌습니다.

이 신기한 현상은 한동안 그 이상 밝혀지지 않고 제자리에 머물러 있었습니다. 하지만 판트호프(68쪽)와 조제프 아실 르 벨Joseph Achille Le Bel, 1847~1930(프랑스)이 거의 동시에 각각 탄소 결합의 구조를 정사면체라고 추론했고, 탄소에 결합한 치환기 4개가 전부 다르면 왼손과 오른손처럼 대칭인 두 이성질체(광학 이성질체)가 존재한다고 주장했습니다. 이 광학 이성질체의 중심에 있는 탄소를 비대칭 탄소라고 하며 두 광학 이성질체는 서로 카이랄성 관계에 있다고 합니다(그림 3).

파스퇴르가 관측했다시피 생체는 한쪽 카이랄성 분자만을 생산하며 대사할(먹을) 수 있습니다. 즉 카이랄성 분자를 선택적으로 합성할 수 있다면 생체에 유효한 의약품을 만들 수도 있습니다. 이를테면 카보닐 화합물과의 반응에서 [그림 4]처럼 X^-가 카보닐기 평면의 바깥쪽에서 결합할 때와 안쪽에서 결합할 때 각각 만들어지는 생성물은 서로 카이랄성 관계입니다.

결합 방향을 정해서 선택적으로 생성물을 합성하는 과정을 비대칭 합성이라고 하는데, 생체에서 일어나는 반응처럼 한쪽 생성물만 100% 합성할 수 있다면 유기합성화학을 완전히 활용할 수 있게 됩니다. 비대칭 합성 반응에서는 그리냐르 시약 같은 유기금속화합물이 큰 무기로 작용합니다.

윌리엄 스탠디시 놀스William Standish Knowles, 1917~2012(미국), 노요리 료지野依良治, 1938~(일본), 칼 배리 샤플리스Karl Barry Sharpless, 1941~(미국) 등 세 사람은 비대칭 합성에 이바지한 공로를 인정받아 2001년 노벨 화학상을 받았습니다.

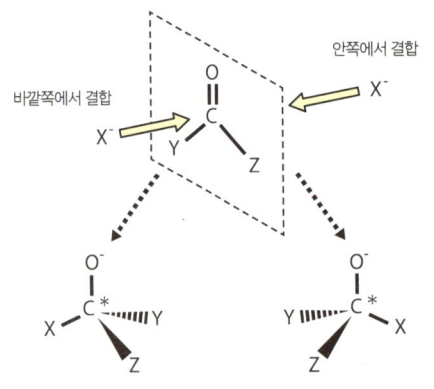

[그림 4] 선택적인 비대칭 합성 반응

발터 하이틀러 *Walter Heitler* | 1904~1981년

"양자역학을 최초로 물질(수소)에 활용했다."

*

로버트 샌더슨 멀리컨

Robert Sanderson Mulliken | 1896~1986년

"분자 궤도 함수 이론을 개발했다."

*

후쿠이 겐이치

福井謙一 | 1918~1998년

"프런티어 분자 궤도 이론을 확립했다."

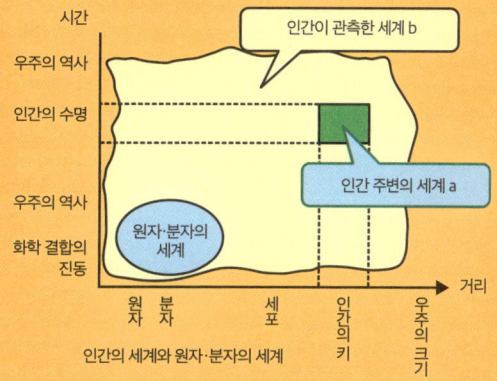

[그림 1] 시간과 거리에 따라 분류한 자연 현상

자연 현상을 시간(Y축)과 거리(X축)라는 2차원에 놓고 바라보면 인간의 수명과 행동이 겹치는 영역이 우리 주변의 세계입니다(그림 1-a). 16세기 말에 현미경이, 17세기에 망원경이 발명되기 전까지 인간이 관측할 수 있는 영역은 직접 보고 만질 수 있는 세계로 한정되었습니다. 이 세계에서 일어나는 자연 현상은 고전역학으로 설명할 수 있습니다.

관측 수단이 비약적으로 발전하고 다양해진 오늘날에는 고전역학은 물론 양자역학까지 활용해서 훨씬 넓어진 영역(그림 1-b)을 연구합니다. 전자, 원자, 분자, 그리고 인간을 비롯한 물체의 움직임도 양자역학으로 이해할 수 있습니다.

우리가 관측할 수 있는 한계 영역을 극한 영역이라고 하는데, 아직 관측하지 못한 영역(그림 1-a·b 바깥 영역. 극히 짧거나 긴 시공간)에서는 과연 양자역학을 뛰어넘는 새로운 역학이 작용할까요? 이 영역만큼은 물리학자들이 영영 도달할 수 없는 꿈일지도 모릅니다.

한편 화학적으로 관측할 수 있는 영역(그림 1-b)일지라도 극한 영역에 가까워지면 새로운 현상이 발견될지 모른다는 기대도 있습니다. 원자·분자의 세계와 인간의 세계는 사실 상당히 동떨어져 있는데, 인간의 언어(딱딱하다, 부드럽다 등)와 원자·분자의 언어(결합각, 결합 길이 등)가 어떻게 이어지는지 연구하는 재료과학이라는 분야도 있습니다.

양자화학은 양자역학을 화학의 세계에 적용해서 물질의 구성과 변화의 원리를 이해하고 예측하고자 하는 학문입니다.

양자역학을 최초로 물질(수소)의 화학 결합에 활용한 이는 **발터 하이틀러**입니다. **로버트 멀리컨**은 여기서 더 나아가 분자 궤도 함수 이론을 개발하여 분자의 전자 상태를 깊이 이해했습니다. **후쿠이 겐이치**는 실제 분자의 반응에서 프런티어 궤도가 중요하게 작용한다는 사실을 발견했습니다.

하이틀러

Walter Heitler 1904~1981 / 독일

카를스루에에서 태어났으며 베를린대학과 뮌헨대학에서 공부할 당시 양자역학으로 유명한 아르놀트 조머펠트[Arnold Sommerfeld, 1868~1951]에게 가르침을 받았습니다. 나치 정권에 반대하여 영국으로 떠났다가 제2차 세계대전이 끝난 뒤 1949년 취리히대학 교수가 되었습니다. **노벨 물리학상을 받은** 한스 베테[Hans Bethe, 1906~2005]와 함께 전하를 띤 입자(전자)가 물질을 통과하면서 생기는 에너지 손실, 즉 제동 복사에 관한 베테-하이틀러 공식을 세우는 등 우주 방사선 분야에도 업적을 남겼습니다.

양자역학을 활용한 화학, 양자화학의 탄생

물리학은 20세기 초에 눈부신 발전을 이뤘습니다. 인간 세계에 적용되는 고전역학을 뛰어넘어 원자와 전자의 세계를 부분적으로 관측할 수 있게 되면서 에너지가 띄엄띄엄 떨어져 있다는 사실이 밝혀졌습니다(양자론).

1926년, 슈뢰딩거는 루이 드 브로이[Louis de Broglie](1929년 노벨 물리학상 수상)가 제시한 물질파 개념을 바탕으로 파동 방정식을 도출하여 양자역학을 확립했으며 1933년 노벨 물리학상을 받았습니다.

이를 이어받은 하이틀러는 곧장 양자역학을 물질에 적용하고자 했습니다. 고전역학으로 인간이나 공의 움직임은 설명할 수 있어도 전자와 분자의 세계는 설명할 수 없습니다. '혹시 양자역학으로는 이해할 수 있지 않을까?'라는 의문을 규명하려는 열망은 자연스러운 시대의 흐름이었습니다. 그렇게 초점은 물리학에서 화학으로 옮겨졌습니다. 하이틀러는 다음 해인 1927년, 가장 기본적인 물질인 수소 분자의 화학 결합을 양자역학과 슈뢰딩거의 파동 방정식에 따라 고찰했습니다. 그리고 동료 프리츠 런던[1900~1954](독일

→ 미국)과 함께 하이틀러-런던 이론을 제안했습니다.

프리츠 런던은 1937년 분자와 분자 사이의 약한 결합(런던 분산력)을 양자역학적으로 풀어낸 것으로 유명한데(128쪽), 당시 하이틀러는 23세, 런던은 27세였습니다.

하이틀러와 런던의 수소 분자 결합 이론

수소 원자에서는 하나의 전자가 원자핵 주변을 운동하고 있습니다. 두 수소 원자가 가까워져서 수소 분자를 형성하는 과정은 [그림 1]과 같습니다.

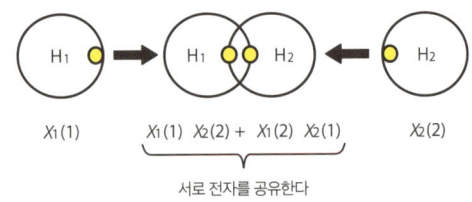

[그림 1] 하이틀러와 런던이 생각한 수소 결합 생성 과정

수소 원자의 원자핵과 전자는 양자역학적으로 움직입니다. 조금 어려울지도 모르지만, 슈뢰딩거의 파동 방정식을 바탕으로 생각해 봅시다.

수소 원자 (1)(H_1)에 존재하는 전자 (1)의 움직임은 슈뢰딩거의 파동 방정식에 따라 식 ①처럼 나타낼 수 있습니다. 여기서 $\mathcal{H}(1)$은 해밀턴 연산자라고 하며, 전자 (1)의 운동 에너지와 위치 에너지를 나타냅니다. $\chi_1(1)$은 수소 원자 (1)에 존재하는 전자 (1)의 파동 함수, $E(1)$은 전자 (1)의 에너지입니다.

$$\mathcal{H}(1)\,\chi_1(1) = E(1)\,\chi_1(1) \ \cdots\cdots \ ①$$

마찬가지로 수소 원자 (2)(H_2)에 존재하는 전자 (2)의 움직임은 식 ②처럼 나타냅니다.

$$\mathcal{H}(2)\,\chi_2(2) = E(2)\,\chi_2(2) \ \cdots\cdots \ ②$$

그렇다면 수소 분자의 파동 방정식은 어떻게 나타낼까요?

하이틀러는 1916년 루이스(122쪽)가 제창한 공유 전자쌍(루이스 전자식, 122쪽)을 바탕으로 수소 분자의 결합을 생각했습니다. 그는 수소 분자에서 수소 원자 (1)의 전자 (1)과 수소 원자 (2)의 전자 (2)를 공유할 때, 파동 함수의 성질(에너지는 덧셈, 파동 함수는 곱셈)을 고려하여 식 ③처럼 나타냈습니다.

$$\mathcal{H}(\text{수소 분자})[\,\chi_1(1)\,\chi_2(2) + \chi_1(2)\,\chi_2(1)\,]$$
$$= [\,E(1) + E(2)\,]\,\chi_1(1)\,\chi_2(2) + \chi_1(2)\,\chi_2(1)]$$
$$\cdots\cdots \ ③$$

즉, 수소 원자 (1)에 전자 (1)이, 수소 원자 (2)에 전자 (2)가 있는 상태[$\chi_1(1)\,\chi_2(2)$]와 수소 원자 (1)에 전자 (2)가, 수소 원자 (2)에 전자 (1)이 있는 상태[$\chi_1(2)\,\chi_2(1)$]를 표현하기 위해 수소 분자의 파동 함수를 $\chi_1(1)\,\chi_2(2) + \chi_1(2)\,\chi_2(1)$로 생각했습니다. 이로써 각각 원자에서 뻗은 팔(원

자)끼리 결합한다는 원자가 결합 이론이 탄생했습니다.

여기서 수소 원자 (1)과 수소 원자 (2)의 거리에 따른 전체 에너지를 계산하면 [그림 2]와 같은 곡선이 그려집니다. 결론적으로 공이 굴러가서 바닥으로 떨어지듯이 두 원자는 가까워질수록 전체적으로 안정되면서 결합합니다.

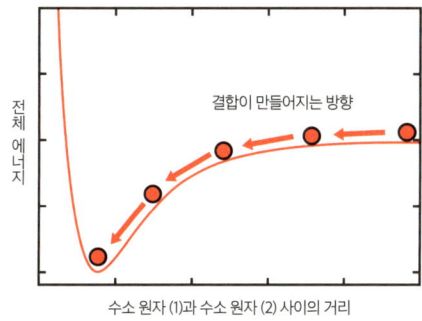

[그림 2] 수소 분자의 에너지 곡선

하이틀러-런던 이론은 존 슬레이터[John Slater]와 라이너스 폴링에 의해 원자가 결합 이론[valence bond theory]으로 발전했습니다.

뒷이야기

뉴턴, 괴테와 하이틀러

여느 과학자들처럼 하이틀러 역시 과학 기술의 발전이 대량 파괴 병기 개발로 이어진 현실을 탄식하며 철학적으로 거듭 사유했습니다. 그의 저서 『인간과 자연과학적 인식[Der Mensch und die naturwissenschaftliche Erkenntnis]』은 1962년에 출판된 이래로 여러 번 개정되었는데, 물리학의 거인 뉴턴의 광학 이론과 중세 문호 괴테의 색채론을 각각 정량적·정성적 개념으로 대비하는 내용이 담겨 있습니다. 인간과 과학의 괴리가 일어나서는 안 된다는 면에서 괴테의 정성적 자연과학이 시사하는 바가 크다고 하이틀러는 주장했습니다.

멀리컨

Robert Sanderson Mulliken 1896~1986 / 미국

매사추세츠 공과대학^{MIT} 유기화학 교수였던 사무엘 멀리컨$^{Samuel Mulliken}$의 아들로 매사추세츠 뉴버리포트에서 태어났습니다. 어렸을 때부터 기억력이 뛰어났으며 성적이 우수한 학생이었습니다. 1913년에 발표된 닐스 보어의 원자 모형에 영감을 받고 그해에 고등학교 졸업 기념으로 「전자: 전자란 무엇이고 무엇을 하는가$^{Electrons: What they are and what they do}$」라는 에세이를 발표한 일화에서도 그의 천재성을 엿볼 수 있습니다. MIT를 졸업한 뒤에는 미국이 제1차 세계대전에 참전하자 독가스 연구에 참여했는데, 실험 도중 머스터드 가스에 화상을 입는 바람에 반년 동안 요양하기도 했습니다. 이처럼 멀리컨은 물리학과 화학 양쪽에서 활약한 인물이었습니다.

| 질풍노도 같은 발전

1926년 슈뢰딩거의 파동 방정식이 발표된 직후 양자화학 분야에서는 불과 몇 년 사이에 엄청난 발전이 잇따랐습니다. 멀리컨은 시카고대학에서 학위를 받은 뒤 1925년부터 1927년까지 유럽에서 유학하면서 프리드리히 훈트$^{Friedrich Hund}$를 비롯한 양자역학의 신진 연구자들과 교류했습니다. 훈트와 멀리컨은 1927년에 각각 독자적으로 분자 궤도 함수 이론을 발견했습니다.

멀리컨은 주로 이원자분자의 전자 상태, 그리고 분자가 빛을 파장째로 얼마나 강하게 흡수하고 발광하는지(흡수 스펙트럼, 발광 스펙트럼)를 연구했습니다. 예를 들어 수소 분자를 고찰할 때는 다음과 같이 생각했습니다. 두 수소 원자가 결합해서 수소 분자를 이룬다기보다, 헬륨(핵의 전하: +2, 전자 2개의 전하: -2)이 수소 원자 2개가 융합한 원자이므로 이를 둘로 나눴을 때 수소 분자가 만들어지고 전자 2개는 새로 만들어진 수소 분자의 궤도, 즉 '분자 궤도'에서 운동한다고 말이지요(그림 1).

2년 후인 1929년, 존 레너드존스$^{John Lennard-Jones,}$

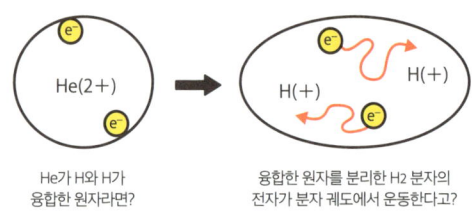

He가 H와 H가
융합한 원자라면?

융합한 원자를 분리한 H2 분자의
전자가 분자 궤도에서 운동한다고?

[그림 1] 멀리컨의 분자 궤도(융합한 원자에서 이원자분자로)

$^{1894~1954}$는 멀리컨이 상상한 분자 궤도에 대해 원자 1의 궤도 x_1, 원자 2의 궤도 x_2의 파동을 중첩했을 때 이원자분자의 분자 궤도가 만들어진다고 생각했고, 파동 함수를 $C_1 x_1 + C_2 x_2$로 나타내자고 제안했습니다(C_1, C_2는 계수). 분자 궤도를 원자 궤도의 선형 결합*으로 나타내므로 이 방법을 LCAO$^{Linear Combination of Atomic Orbitals Method}$라고 합니다.

멀리컨은 이를 분자 궤도에 적용해서 이론을 한층 발전시켰습니다. 파동 함수의 성질(에너지는 덧셈, 파동 함수는 곱셈)을 고려하면 수소 분자는 [그림 2]와 같은 파동 함수로 나타낼 수 있습니다.

* 선형 결합
$ax+by+cz$처럼 변수(x, y, z)에 정수(a, b, c)를 곱한 다음 더한 식이며 일차 결합이라고도 합니다. $ax^2+bxy+cy^2$는 이차 결합이라고 합니다.

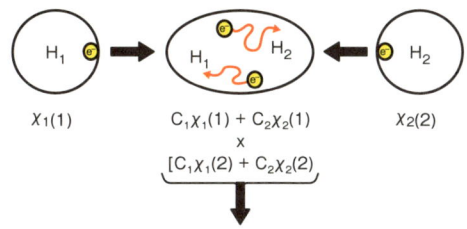

$$C_1C_2[x_1(1)x_2(2)+x_1(2)x_2(1)] \leftarrow \text{공유 결합}$$
$$[C_1{}^2x_1(1)x_1(2)+C_2{}^2x_2(1)x_2(2)] \leftarrow \text{이온 결합}$$

[그림 2] 수소 분자의 분자 궤도

[그림 2]처럼 수소의 분자 궤도 $[C_1x_1(1)+C_2x_2(1)] \times [C_1x_1(2)+C_2x_2(2)]$는 $C_1C_2[x_1(1)x_2(2)+x_1(2)x_2(1)]+[C_1{}^2x_1(1)x_1(2)+C_2{}^2x_2(1)x_2(2)]$로 정리할 수 있는데, 첫 번째 항은 x_1에 전자 (1)이, x_2에 전자 (2)가 들어 있는 상태와 그 반대 상태를 뜻하며 서로 전자를 공유하는 상태입니다. 한편 두 번째 항은 x_1에 전자 (1)과 (2)가 둘 다 들어가는 이온 결합 상태입니다. 이 점이 원자가 결합 이론과 다르며, 더 발전했다고도 할 수 있습니다.

원자가 결합 이론은 각 원자가 팔을 뻗어 결합한다고 직감적으로 이해할 수 있다는 장점이 있지만, 복잡한 분자를 설명하기에는 한계가 있었습니다. 이후 분자의 전자 상태를 고찰할 때 분자 궤도 함수 이론이 주류로 자리 잡았습니다.

멀리컨은 분자 궤도 함수 이론 연구로 1966년 노벨 화학상을 받았습니다.

| 멀리컨의 전기 음성도

멀리컨은 원자의 전기 음성도를 전자를 내보내기 쉬운 정도(이온화 전위, Ip)와 전자를 받아들이기 쉬운 정도(전자 친화력, -Ea)의 평균값으로 생각했고, 전기 음성도 개념을 독자적으로 고안했

습니다(1934년). 이는 폴링이 제시한 전기 음성도 값과 매우 유사했습니다(그림 3). 즉 폴링과 멀리컨은 올바른 개념을 각각 제시했던 셈입니다.

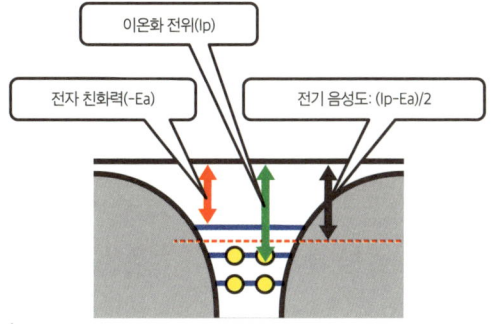

[그림 3] 원자의 전자와 전기 음성도 나팔꽃처럼 벌어진 우물 형태다

그 밖에도 멀리컨은 1950년 분자와 분자 사이에 생기는 결합력과 스펙트럼을 전하 이동 복합체 이론으로 확립했습니다. 전하 이동 복합체 연구는 멀리컨의 분자 구조 및 스펙트럼 연구실Laboratory of Molecular Structure and Spectra 소속 연구원이었던 나가쿠라 사부로長倉三郎, 1920~2020와 접촉 전하 이동 복합체를 발견한 쓰보무라 히로시坪村宏, 1928~2008가 뒤를 이었습니다.

뒷이야기

멀리컨의 강연은 사실 이해하기 쉬운 편은 아니었다고 합니다. 강연이 어렵지 않을까 걱정했던 아내 메리 헬렌Mary Helen이 "당신, 강연 준비는 어떻게 하고 있어?" 하고 묻자 "강연하는 데 준비가 필요했어?"라고 대답했다는 일화로 보아 강연을 준비해야겠다는 생각이 없었던 듯합니다. 카샤1920~2013(130쪽)의 말에 따르면 멀리컨의 강연은 사람들에게 내용을 전달한다기보다 혼잣말에 가까웠다고 합니다. 초창기 논문에는 본문보다 각주의 분량이 많을 정도였습니다.

후쿠이 겐이치

福井謙一, 1918~1998 / 일본

나라현 헤이조무라(현 나라시)에서 태어나 오사카시 니시나리구에서 자랐으며 『파브르 곤충기』와 나쓰메 소세키의 작품을 즐겨 읽었다고 합니다. 특히 수학을 좋아했는데, 수학을 좋아하면 화학을 배워 보라는 작은아버지 기타 겐이쓰喜多源逸의 권유로 그가 재임하던 교토제국대학의 공학부 공업화학과에 진학했습니다. 교토대학 교수, 교토공예섬유대학 학장을 역임했으며, 1981년 아시아 최초로 **노벨 화학상**을 받았습니다.

양자화학의 새로운 전개: 프런티어 궤도 이론

질풍노도의 시대였던 1920~1930년대에 양자화학은 분자의 전자 상태를 양자역학으로 이해하는 엄청난 발전을 보였습니다. 이제 다음 과제는 실제 화학 반응을 이해하는 것이었습니다.

1920~1930년대 영국 학파의 로버트 로빈슨Robert Robinson, 1886~1975(1947년 노벨 화학상 수상)과 크리스토퍼 켈크 잉골드Christopher Kelk Ingold, 1893~1970에 의해 유기 전자론이 확립되었습니다. 유기 전자론은 전자의 치우침(δ^+/δ^-)이 있는 곳에서 유기화학 반응이 일어난다는 정성적 이론입니다. 특히 질소, 산소, 할로젠 원소 등이 탄소에 결합(치환기)하면 저마다 전자를 끌어당기는 정도가 다르므로 양전하와 음전하가 서로 끌어당기는 부분에서 화학 반응이 일어난다고 설명했습니다. 많은 유기화학 반응을 유기 전자론으로 설명할 수 있지만, 치환기가 없는 탄화수소는 전자의 치우침이 거의 없으므로 설명하기 어려웠습니다. 이런 흐름 속에서 후쿠이가 등장했습니다.

제2차 세계대전 중 육군 연료연구소 육군 기술 대위로 임명된 후쿠이는 비행기 연료를 개발하라는 명령을 받았습니다. 그는 송진에서 채취한 기름을 항공기 연료로 사용하는 연구에 착수했지만, 탄화수소인 기름에는 치환기가 거의 없었습니다. 그래서 유기 전자론의 플러스, 마이너스 개념으로는 반응성을 설명할 수 없었습니다.

후쿠이는 이에 의문을 품고 대학으로 돌아온 뒤 실제 화학 반응의 진행을 양자화학으로 고찰했습니다. 그는 34세에 미국의 학술지《화학물리학Chemical Physics》에 새로운 이론을 발표했습니다(1952년). 이것이 프런티어 궤도 이론입니다.

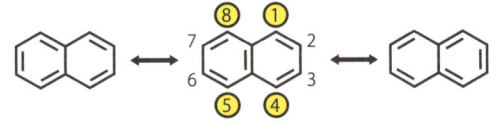

[그림 1] 나프탈렌

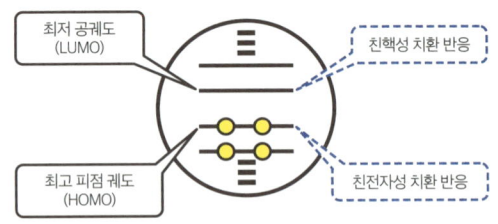

[그림 2] 분자의 프런티어 궤도(HOMO와 LUMO)

가령 나프탈렌(그림 1)의 경우, 친전자성 치환 반응(전자가 많은 부분과 반응하는, 즉 음전하를 선호하는 반응)이든 친핵성 치환 반응(전자가 적은 부분과 반응하는, 즉 양전하를 선호하는 반응)이든 모두 1, 4, 5, 8 위치(그림 1의 노란색 부분)에서 일어납니다. 음전하를 선호하는 반응과 양전하를 선호하는 반응 모두 같은 부분에서 일어나는 이유는 유기 전자론으로는 설명할 수 없습니다.

후쿠이는 전자가 가득 찬 궤도 중 가장 바깥쪽 궤도(최고 피점 궤도^{HOMO}: 전자를 가장 내보내기 쉬운 궤도)와 전자가 없이 빈 궤도이자 에너지 준위가 가장 낮은 궤도(최저 공궤도^{LUMO}: 전자를 가장 받아들이기 쉬운 궤도)의 성질에 따라 분자의 화학 반응이 결정된다는 점을 양자화학 이론으로 증명했습니다. HOMO와 LUMO 궤도를 통틀어, 최전선에서 활약한다는 의미에서 프런티어 궤도라고 합니다.

1965년, 우드워드(164쪽)는 후쿠이의 프런티어 궤도 이론에 주목했습니다. 자신이 개발한 방

대한 화학 반응을 프런티어 궤도의 대칭성으로 설명할 수 있다고 생각한 우드워드는 공동으로 연구하던 로알드 호프만^{1937~}(양자화학의 확장 휘켈법을 개발)에게 양자화학 계산을 부탁했습니다. 호프만은 프런티어 궤도의 대칭성에 착안해서 화학 반응의 진행을 설명하는 데 성공했습니다.

화합물 I에 열을 가하거나 빛을 비추어 반응시킨 [그림 3]을 예로 들어 보겠습니다. 열을 가하면 생성물 II가, 빛을 비추면 생성물 III가 만들어집니다. 생성물 II와 생성물 III는 뷰타다이엔 유도체가 고리화해서 만들어진 4원자고리 생성물인데, 각 생성물의 치환기 C(노란색)와 D는 방향이 정반대입니다. 우드워드는 이를 프런티어 궤도의 성질로 설명했습니다.

열 반응(그림 3 왼쪽, 생성물 II 루트)에서는 전자가 HOMO에 들어갑니다. 뷰타다이엔 유도체 양 끝 탄소 궤도의 대칭성을 보면 A와 B가 붙어 있는 왼쪽 탄소 궤도는 위가 플러스이고 C와 D가 붙어 있는 오른쪽 탄소 궤도는 아래가 플러스입

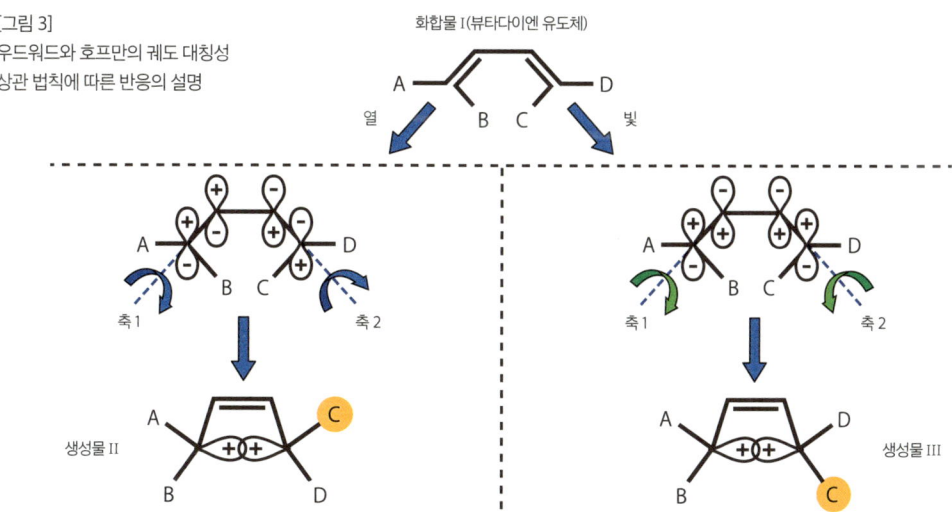

[그림 3]
우드워드와 호프만의 궤도 대칭성
상관 법칙에 따른 반응의 설명

니다. 생성물 II가 만들어지려면 양 끝 탄소 궤도가 플러스끼리 중첩되어 축 1과 축 2에서 같은 방향으로 회전해야 합니다.

한편 빛을 비추면(그림 3 오른쪽, 생성물 III 루트) HOMO의 전자 1개가 LUMO로 뛰어오릅니다. 즉 빛을 비추면 LUMO 궤도의 성질이 영향을 받게 됩니다.

LUMO 궤도의 대칭성을 보면, [그림 3] 오른쪽 루트에서 알 수 있듯이 양 끝 탄소 궤도의 부호는 모두 위가 플러스입니다. 그러므로 양 끝 탄소가 결합하면(플러스끼리 중첩되면) 축 1과 축 2가 서로 반대 방향으로 회전해서 생성물 III가 만들어집니다. 이처럼 기존에 설명할 수 없던 화학 반응도 프런티어 궤도 이론으로 설명할 수 있게 되었습니다.

[그림 3]과 같은 법칙을 우드워드-호프만 법칙(궤도 대칭성 상관 법칙)이라고 합니다. 호프만은 이를 고안한 업적으로 후쿠이와 함께 1981년 노벨 화학상을 받았습니다. 안타깝게도 우드워드는 그보다 2년 일찍 세상을 떠나는 바람에 두 번째 노벨상을 받지 못했습니다.

뒷이야기

후쿠이는 다음과 같은 격언을 남겼습니다.
"기업이 자기만 생각하는 시대는 지났다. 전 세계, 전 인류를 생각하라. 그것이 고도高度이다."

▶ 양자화학이란? ◀

인간과 전자, 원자, 분자의 움직임은 다를까?: 에너지의 양자화

원자는 플러스 전하를 가진 원자핵과 마이너스 전하를 가진 전자로 이루어져 있습니다. 원자핵에 강하게 이끌린 전자는 마치 상자에 갇힌 것처럼 도망치지 못합니다.

양자역학에서는 질점(전자나 인간처럼 질량을 가진 점)에 할당된 에너지를 $En = n^2h^2/(8ml^2)$라는 식으로 나타냅니다. n은 양자수(1, 2, ……), m은 질점의 질량(전자의 질량, 인간의 몸무게), l은 행동 범위(상자의 폭, 사람이 있는 교실의 너비), h는 플랑크 상수입니다. 즉 양자역학에서는 전자뿐만 아니라 인간의 에너지도 띄엄띄엄 떨어져 양자화되어 있다고 해석합니다(그림 1).

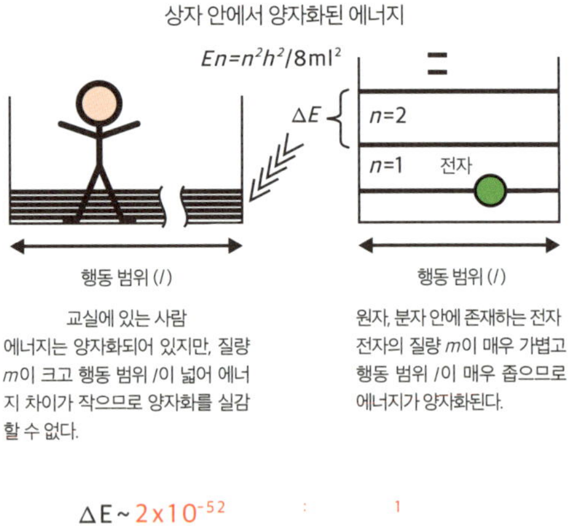

상자 안에서 양자화된 에너지

$$En = n^2h^2/8ml^2$$

행동 범위 (l)

교실에 있는 사람
에너지는 양자화되어 있지만, 질량 m이 크고 행동 범위 l이 넓어 에너지 차이가 작으므로 양자화를 실감할 수 없다.

행동 범위 (l)

원자, 분자 안에 존재하는 전자
전자의 질량 m이 매우 가볍고 행동 범위 l이 매우 좁으므로 에너지가 양자화된다.

$$\Delta E \sim 2 \times 10^{-52}$$

[그림 1] 원자 안에 존재하는 전자와 교실에 있는 사람

여기서 m(전자는 9.1×10^{-31}kg, 인간은 ~50kg), l(분자 안의 전자는 ~5×10^{-10}m, 교실 안의 사람은 ~5m)

이라는 전제하에 계산해 보겠습니다. 원자 안의 전자가 가진 에너지의 간격, 즉 n과 $n+1$의 에너지 준위 차이를 1로 가정했을 때, 교실에 있는 사람이 가진 에너지의 간격은 무려 2×10^{-52}(거의 0)입니다. 그러므로 교실에 있는 사람의 에너지는 연속적이라고 볼 수 있습니다. 우리의 체감과도 비슷하지요. 하지만 원자나 분자 안의 전자가 움직이는 궤도의 에너지는 양자화되어 있습니다. 궤도마다 스핀이 반대인 전자가 2개씩 들어갈 수 있고 전자는 작은 자석 같은 성질을 지니고 있는데, 스핀이 반대라면 이 자석의 방향이 반대입니다.

탄소의 원자핵은 두 발로 걷는 사람, 전자는 날아다니는 비행기라고?

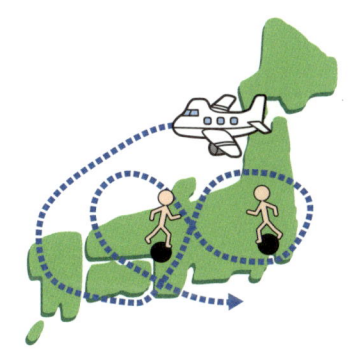

[그림 2] 탄소의 원자핵은 두 발로 걷는 사람, 전자는 날아다니는 비행기라고?

기본적인 분자인 에틸렌($CH_2=CH_2$)을 예로 들어 보겠습니다.

에틸렌은 탄소(질량: 2×10^{-26}kg), 수소(1.7×10^{-27}kg), 그리고 전자(9.1×10^{-31}kg)로 이루어져 있습니다. 질량이 서로 다른 세 종류의 입자는 에틸렌 분자에서 각각 얼마나 빠른 속도로 움직일

까요? 세 입자의 에너지가 같다고 가정할 때, 우리에게 친숙한 비유를 들어 보자면 탄소의 속도가 인간이 걷는 속도(~4km/h)라면 수소는 자전거(~14km/h), 전자는 비행기(~600km/h)에 빗댈 수 있습니다. 다만 실제 속도가 아니라 비유임을 염두에 두어야 합니다.

에틸렌 분자를 예로 들면, 약 500km 떨어진 두 지역에 각각 존재하는 탄소 원자가 서로 만나기 위해 걸어가는 동안 전자는 둘 사이를 비행기로 날아다니는 셈입니다. 수소의 원자핵은 탄소의 원자핵 주변을 자전거로 달리는 데 비유할 수 있습니다. 빠르게 움직이는 전자(비행기)에 비해 수소(자전거)나 탄소(인간)는 거의 멈춰 있는 것이나 다름없습니다. 양자화학에서는 모든 입자가 움직이면 매우 복잡해져서 파동 방정식을 풀 수 없습니다.

이때 막스 보른[Max Born, 1882~1970](1954년 노벨 물리학상 수상)과 줄리어스 로버트 오펜하이머[Julius Robert Oppenheimer, 1904~1967]는 전자만 움직이고 원자핵은 움직이지 않는다고 가정하자고 제안했습니다(1927년). 이를 보른-오펜하이머 근사라고 합니다.

전자를 교환하면 부호가 바뀐다고?

전자에 관한 파동 함수에서는 주 양자수(n), 방위 양자수(l), 자기 양자수(m), 스핀 양자수(s)라는 네 양자수가 전자의 움직임을 결정합니다. 이 네 양자수에 의해 결정된 상태를 양자 상태라고 하는데, 볼프강 파울리[Wolfgang Pauli, 1900~1958](스위스)는 하나의 양자 상태에 하나의 입자(페르미 입자)만 존재할 수 있다는 '파울리의 배타 원리'를 주장했습니다(1925년).

그러므로 분자 안의 특정 전자 2개가 서로 바

꾄다면 파동 함수 전체의 부호가 바뀌어야만 합니다. 그렇지 않으면 두 전자가 같은 양자 상태가 되기 때문입니다.

수소꼴 원자란 무엇일까?

수소 원자는 원자핵(전하량: +1)과 전자(전하량: -1)로 이루어진, 가장 구성이 단순한 원자입니다. 수소의 원자핵(양성자)에 이끌려 좁은 공간에 갇힌 전자는 위치 에너지 면 위를 운동합니다. 인간에 비유하면 지구의 중력에 이끌려 지면 위를 움직이는 셈입니다. 이 현상은 파동 방정식으로 하나하나 설명할 수 있습니다.

하지만 전자가 2개인 헬륨 원자에서는 전자 1과 원자핵의 인력, 전자 1과 전자 2의 반발력은 정의할 수 있지만, 전자 2와 원자핵의 인력이 전자 1에 어떤 영향을 미치는지는 알 수 없습니다. 마치 연인을 둘러싼 삼각관계처럼요.

전자가 그보다 많은 원자에서는 문제가 더욱 복잡해지는데, 다체문제Many-body problem라고 하는 이 상태에서는 파동 방정식을 풀 수 없습니다. 물질은 수소 원자 외에도 여러 원자로 이루어져 있어 파동 방정식으로 접근할 수 없으니 어찌할 도리가 없다고 해도 과언이 아니지만, 과학자들은 포기하지 않았습니다.

과학자들은 '수소꼴 원자'라는 가상의 원자를 고안했습니다(그림 3). 탄소 원자를 예로 들자면, 원자핵(전하량: +6) 주변에 전자가 1개만 존재하는 가상의 탄소 원자로 파동 방정식을 푼 것입니다. 물론 정확한 풀이는 아니지만, 최대한 가까운 근삿값으로 양자화학 계산을 할 수 있게 되었습니다.

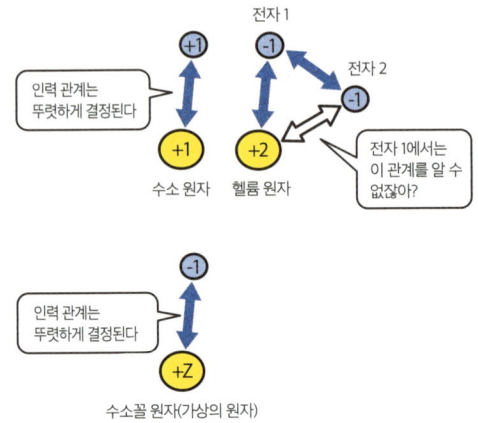

[그림 3] 수소꼴 원자의 개념

파동이 중첩된 상태를 표현하려면 어떻게 해야 할까?

수소꼴 원자로도 알 수 있듯이 원자핵과 전자가 여러 개인 분자에 파동 방정식을 그대로 적용하기는 매우 어렵습니다. 그렇다면 어떻게 해야 할까요? 이번에도 포기하지 않은 과학자들은 파동이 중첩되는 원리를 활용했습니다.

파동은 커지거나 작아지면서 중첩되는 성질이 있습니다. 복잡하고 함수의 형태가 명확하지 않은 파동이라도 기본적인 파동을 더해서 재현할 수 있습니다.

앞에서 하이틀러와 멀리컨의 업적과 함께 설명했듯이 분자를 구성하는 원자의 각 궤도(x_i) 함수(파동)를 더해서 복잡한 파동(파동 함수)의 근삿값을 구합니다. $\phi = C_1 x_1 + C_2 x_2 + C_3 x_3 + \cdots\cdots$와 같이 나타내는 레너드존스의 방법을 원자 궤도의 선형 결합Linear Combination of Atomic Orbitals Method, LCAO이라고 합니다. 계수 C_i는 전체 에너지가 가능한 한 낮아지도록 정합니다.

| 양자화학 계산은 어떻게 할까?

분자에는 전자가 여러 개 존재해서 다체문제 (일대일 관계가 아니라 세 물체 이상의 관계를 다루는 문제)가 되므로 간단히 양자화학 계산을 할 수는 없습니다. 이를테면 다음과 같은 방법으로 근삿값을 대담하게 설정하여 파동 방정식의 해를 구합니다.

- 경험적 방법: 휘켈법, 확장 휘켈법, PPP법 등.
- 반경험적 방법: INDO, MNDO, ZINDO, PM법 등.
- 비경험적 방법: 파라미터 없이 백지상태에서 시작하는 제1 원리 계산[ab initio]이다. 하트리-폭 방법, 밀도범함수 이론[Density Functional Theory, DFT][개발자는 월터 콘[Walter Kohn, 1923~2016](1998년 노벨 화학상 수상)] 등.

용액 내 화학 반응에서 분자는 용매 분자에 둘러싸여 있습니다. 생체 내에서 일어나는 화학 반응이라면 효소 같은 복잡한 단백질이 분자를 둘러싸고 있습니다. '초복잡계'라고도 하는 이 화학현상에서는, 분자를 대상으로 엄밀한 양자화학 계산[QM]을 하고 지나치게 복잡한 단백질 구조의 결합을 대상으로 용수철 모델 등의 고전역학 모델[MM]로 계산하는 QM/MM법이 있습니다.

이를 개발한 마르틴 카르플루스[Martin Karplus, 1930~], 마이클 레빗[Michael Leavitt, 1947~], 아리에 와르셸[Arieh Warshel, 1940~] 등 세 사람은 2013년 노벨 화학상을 공동 수상했습니다. 고속 촬영 사진처럼 순간순간의 변화를 관찰하는 분자동역학[MD]과 조합한 방법도 발전하고 있습니다.

굴러간 공이 어디로 떨어지는지 관찰하듯이 산과 골짜기로 구성된 퍼텐셜 에너지 표면[Potential Energy Surface, PES](인간에게는 지면에 해당하는 위치 에너지 표면)을 통해 공의 움직임을 양자역학으로 다루는 방안도 발전하고 있습니다.

15장 ▶ 표면 분석

에른스트 어거스트 프리드리히 루스카

Ernst August Friedrich Ruska | 1906~1988년

"전자 현미경을 개발했다."

*

카이 만네 뵈리에 시그반

Kai Manne Börje Siegbahn | 1918~2007년

"광전자 분광법의 정밀도를 높였다."

*

게르트 비니히

Gerd Binnig | 1947~

"주사 탐침 현미경을 개발했다."

물질의 표면은 그 자체가 외부 세계와 직접 맞닿는 부분이기 때문에 다양한 현상이 일어납니다.

예를 들어 분자의 흡착, 화학 반응, 표면 처리, 부식 등과 같은 실용적으로도 중요한 현상들이 있습니다. 따라서 표면이 어떤 물질로 만들어졌고 어떤 형태인지 그리고 외부와 반응해서 어떤 변화가 일어나는지 분석하는 과정은 재료를 개발할 때 매우 중요합니다.

표면의 형태와 성질을 연구하려면 원자 단위의 아주 얇은 영역을 분석해야 합니다. 하지만 일반적인 화학 분석법의 대상은 보통 고체 전체이므로 고체의 얇은 표면층만을 분석하려면 표면 분석법이 필요합니다.

표면의 형태를 관찰할 때는 에른스트 루스카가 개발한 전자 현미경이 매우 유용합니다. 전자 현미경 덕분에 광학 현미경으로는 관찰할 수 없는 나노 단위의 세계를 관찰할 수 있게 되었습니다.

표면의 원소를 분석할 때는 X선 광전자 분석법을 활용합니다. 원소의 화학 상태를 분석할 수 있게 된 데에는 카이 시그반의 공이 컸습니다.

원자 수준에서 형태를 관측할 때는 게르트 비니히가 개발한 주사 탐침 현미경을 이용합니다. 최근에는 형태를 관측하는 동시에 물성도 측정할 수 있게 되면서 표면 물성 연구의 필수 장비로 자리 잡고 있습니다.

루스카

Ernst August Friedrich Ruska, 1906~1988 / 독일

하이델베르크에서 태어났으며 뮌헨 공과대학을 졸업하고 베를린 공과대학에 진학했습니다. 가시광선보다 파장이 짧은 전자선을 이용하면 더 자세한 상을 얻을 수 있을 거라고 생각한 루스카는 1931년 막스 놀과 함께 최초의 전자 현미경을 만들었습니다. 1933년 박사 학위를 취득한 후 지멘스에서 전자 현미경을 연구하며 상품화에도 참여했습니다. 이후 프리츠 하버 연구소의 소장을 거쳐 베를린 자유대학 및 베를린 공과대학에서 교수를 역임했습니다. 막스 놀이 세상을 떠난 지 17년이 지난 1986년 80세의 나이로 노벨 물리학상을 받았습니다.

| 광학 현미경의 한계

맨눈으로는 볼 수 없는 아주 작은 물체도 현미경이 있으면 확대해서 볼 수 있습니다. 과학 수업에서 접해서 친숙할 광학 현미경은 가시광선으로 물체를 확대하는 장치로, 역사가 매우 오래되었습니다. 1590년 네덜란드의 얀센 부자Zacharias Janssen·Zacharias Janssen가 원형을 만든 것으로 알려져 있으며, 이후 로버트 훅과 안톤 판 레이우엔훅Anton van Leeuwenhoek이 물속의 미생물과 적혈구처럼 생명과학의 기초가 되는 물질을 관측했습니다.

광학 현미경으로는 얼마나 작은 것까지 관찰할 수 있을까요? 짚신벌레와 대장균 같은 마이크로 단위의 세계는 관찰할 수 있지만, 바이러스나 그보다 작은 물질은 관찰할 수 없습니다. 광학 현미경은 매우 작은 광점의 빛을 렌즈로 모았을 때 빛의 성질에 따라 원형으로 맺힌 상을 관찰합니다. 따라서 두 광점이 너무 가까우면 맺힌 상끼리 겹쳐 두 점에서 나온 빛이라고 판단할 수 없습니다(그림 1).

따라서 현미경으로 시료를 확대했을 때 작은 두 점을 구분할 수 있는 거리(δ)에는 한계가 있는데, 이 한계를 분해능이라고 합니다. 분해능은 빛의 파장 λ를 이용해 다음과 같이 구할 수 있습니다.

$$\delta = 0.61 \frac{\lambda}{NA}$$

여기서 NA는 개구수Numerical aperture라는 값으로, 렌즈의 성능을 나타냅니다. 광학 현미경은 가시광선(약 400~800nm)을 광원으로 이용하고 건조계 대물렌즈의 개구수는 0.95가 최대이므로 이론적으로 분해능은 수백 nm 정도입니다(표본과 대물렌즈 사이에 물, 이머전 오일, 글리세린 등의 액체가 필요하면 침습계 대물렌즈를, 그렇지 않으면 건조계 대물렌즈를 사용한다 - 옮긴이).

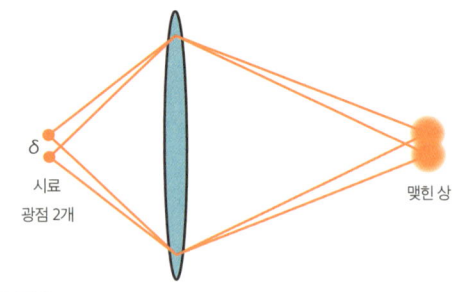

δ
시료
광점 2개
맺힌 상

[그림 1]

| 전자선을 이용한 현미경의 발명

전자는 진공에서 자유롭게 움직일 수 없고 외부 전기장에 의해 가속한 전자는 다발 형태로 수렴합니다. 이 전자 다발을 전자선이라고 합니다. 전자선은 가시광선보다 파장이 짧은 파동의 성질도 가지고 있으므로(『물리학자가 들려주는 물리학 이야기』 244쪽, '드 브로이' 참조) 현미경의 광원으로 이용하면 광학 현미경으로는 관찰할 수 없는 작은 시료도 관찰할 수 있습니다.

이 점에 착안한 루스카는 1931년 막스 놀과 함께 전자선을 이용한 현미경을 발명했습니다. 관찰 대상에 전자선을 비췄을 때 투과한 전자선의 세기를 시각화한 이 현미경을 투과 전자 현미경Transmission Electron Microscope, **TEM**이라고 합니다. 당시의 배율은 10배 정도였지만, 루스카는 이후 지멘스에 들어가 개량을 거듭했고, 1939년 최고 배율이 3만 배에 이르는 현미경을 선보였습니다.

오늘날에는 100~200kV의 가속 전압으로 전자선을 발생시켜 0.0037~0.0025nm까지 짧아진 파장으로 수 nm 단위의 원자까지도 충분히 식별할 수 있습니다. [그림 2]는 란타넘 알루미늄 산화물($LaAlO_3$) 위에 막을 형성한 산화타이타늄(TiO_2) 박막의 단면을 관찰한 상인데, 광학 현미경으로는 관찰할 수 없는 원자의 배열까지 선명하게 볼 수 있습니다.

[그림 3]을 보면 알겠지만 광학 현미경과 투과 전자 현미경의 구조는 매우 비슷합니다. 광학 현미경은 유리 렌즈

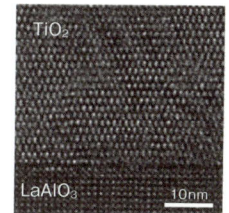

[그림 2]

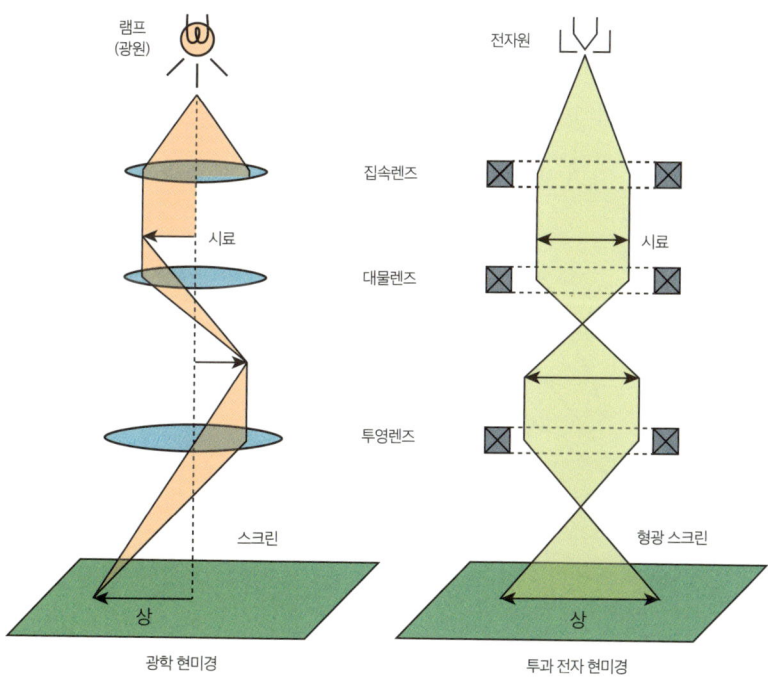

[그림 3]

광학 현미경   투과 전자 현미경

로 가시광선을 모으고, 투과 전자 현미경은 전자기장으로 전자선을 굴절시키는 전자 렌즈로 상을 형성합니다.

하지만 장치의 크기는 월등히 다른데, 광학 현미경은 책상에 올릴 수 있을 정도이지만 투과 전자 현미경은 실험실 한쪽을 차지할 만큼 큽니다. 투과 전자 현미경은 관측 대상을 투과하므로 내부 구조를 상세히 관찰하기에 적합하지만, 시료를 최대한 얇게(두께 50nm 이하) 만들어야 합니다.

이차 전자를 이용하는 주사 전자 현미경

전자선을 시료에 비추면 전자가 투과하기도 하지만, 전자, 빛, X선 등이 방출되기도 합니다(그림 4). 방출된 전자 중 시료를 구성하는 원자의 원자가 전자(원자핵 주변에 속박된 전자 중 가장 바깥쪽 껍질에 있는 전자)에서 유래한 전자를 이차 전자라고 합니다. 이차 전자는 에너지가 매우 작으므로 시료의 깊숙한 내부에 만들어진 전자는 시료에 흡수됩니다. 결과적으로 표면에서 만들어진 전자만 외부로 방출되므로 이차 전자를 포착하면

표면에 특화해서 관찰할 수 있는 셈입니다.

이차 전자는 전자선을 시료에 수직으로 비출 때보다 비스듬하게 비출 때 더 많이 발생합니다(그림 5). 주사 전자 현미경Scanning Electron Microscope, SEM(그림 6)은 가느다란 전자선을 시료 표면에 주사scan할 때 발생한 이차 전자의 양 차이를 시각화해서 표면의 요철을 포착하는 현미경인데, 다공성 물질을 관측하면 [그림 7]과 같은 이미지를 얻을 수 있습니다. 주사 전자 현미경에 X선 검출기를 장착하면 원소도 분석할 수 있습니다. 따라서 주사 전자 현미경은 시료의 형태를 관찰할 뿐만 아니라 시료에 어떤 원소가 얼마큼 들어 있는지 분석하는 X선 분석 장치로도 활용할 수 있습니다.

주사 전자 현미경의 원형은 투과 전자 현미경의 발명에도 관여한 막스 놀이 1935년에 만들었으며, 최초의 주사 전자 현미경은 맨프레드 폰 아드네가 1937년에 발명했습니다.

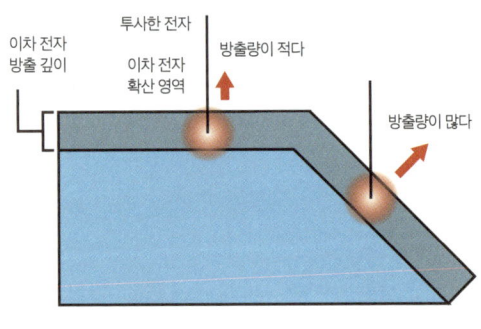

[그림 5]

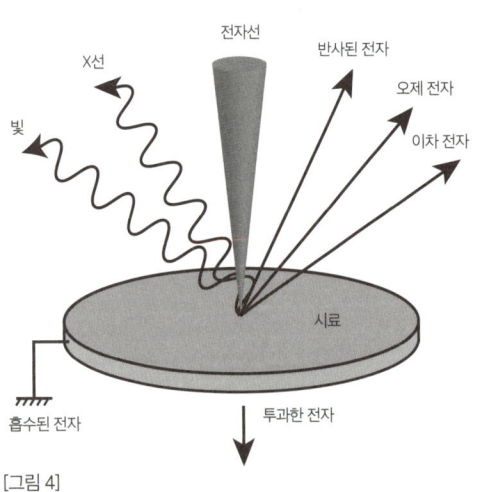

[그림 4]

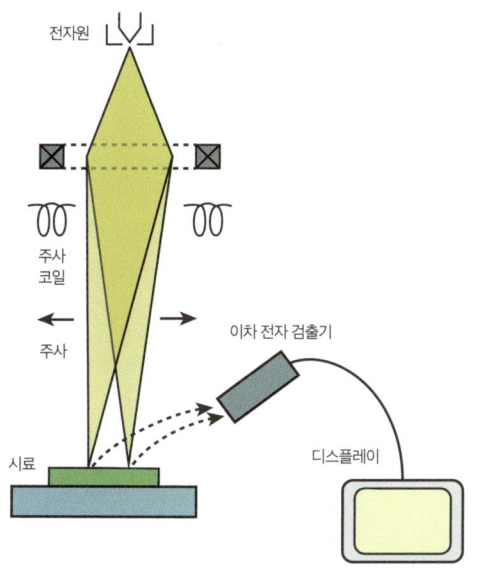

[그림 6] 주사 전자 현미경

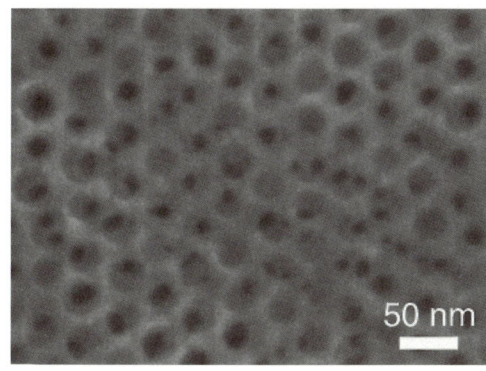

50 nm

[그림 7]

시그반

Kai Manne Börje Siegbahn, 1918~2007 / 스웨덴

스웨덴 남부 룬드에서 태어났으며 스톡홀름대학에서 박사 학위를 취득했습니다. 스웨덴 왕립 공과대학에서 교편을 잡았고, 이후 아버지 만네 시그반도 재임한 적 있는 웁살라대학의 교수가 되었습니다. 화학 분석법 중 분해능이 높은 X선 광전자 분광법을 개발한 공로로 1981년 노벨 물리학상을 받았습니다. 역시 X선 분광학 연구자였던 아버지 시그반도 1924년 노벨 물리학상을 받았습니다.

빛을 비추어 전자를 방출시키는 광전 효과

물질에 빛을 쬐면 표면에서 전자가 방출됩니다. 광전 효과라고 하는 이 현상은 19세기 후반에 하인리히 루돌프 헤르츠$^{Heinrich Rudolf Hertz}$와 빌헬름 할박스$^{Wilhelm Hallwachs}$가 발견하고 필리프 레나르트$^{Philipp Lenard}$가 상세히 연구했습니다. 그 결과 전자가 방출되려면 일정 파장 이하의 빛이 필요하며 방출된 전자의 에너지는 빛의 파장과 무관하다는 사실이 밝혀졌습니다. 20세기에 들어 아인슈타인이 이러한 실험 결과를 이론적으로 해석하면서 양자론의 기초가 세워졌습니다.

X선 광전자 분광법의 원리와 장점

X선에 의해 물질 내부에 속박된 전자가 들뜨면 광전자의 형태로 표면에서 방출됩니다(그림 1). 이때 광전자의 에너지($K.E.$)는 아인슈타인의 광전 효과 이론에 따라 X선의 진동수 v와 전자의 결합 에너지($B.E.$)를 이용하여 다음과 같이 나타냅니다.

$$K.E. = hv - B.E. - \varphi$$

여기서 h는 플랑크 상수, φ는 고체에 존재하는

전자를 고체 바깥(정확히는 진공)으로 꺼내는 데 필요한 최소 에너지로, 일함수$^{work function}$라고 합니다.

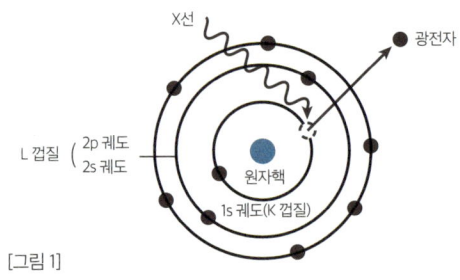

[그림 1]

X선 광전자 분광법$^{X-ray photoelectron spectroscopy, XPS}$은 주로 원자의 안쪽 껍질 궤도에서 방출된 광전자를 포착해서 분석합니다. 이때 결합 에너지는 궤

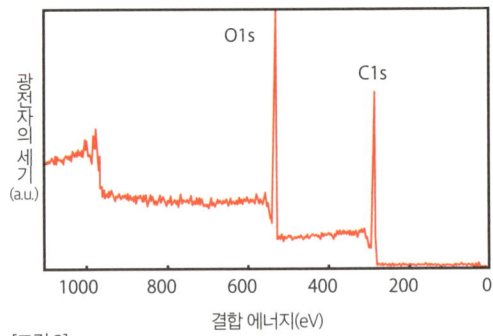

[그림 2]

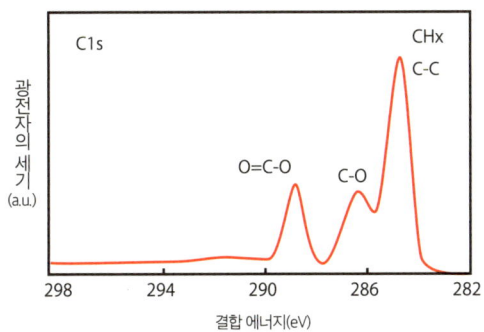
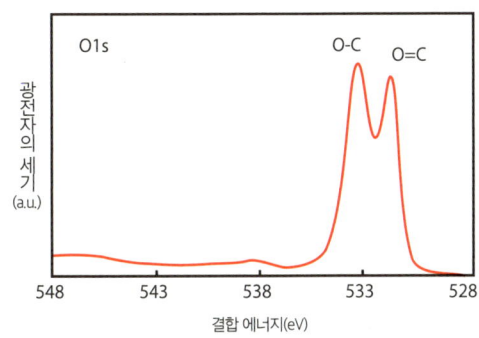

[그림 3]

도 에너지로 근사치를 계산합니다. 탄소 원자의 1s 궤도(C1s)를 비롯한 각 원소의 각 궤도는 고유 에너지를 가지므로 광전자의 운동 에너지를 측정하면 원소를 분석할 수 있습니다. [그림 2]는 폴리에틸렌테레프탈레이트PET 필름의 광전자 스펙트럼wide spectrum을 나타낸 그래프인데, PET를 구성하는 산소와 탄소의 신호가 검출되었음을 알 수 있습니다.

한편 결합 에너지는 원소의 원자가와 결합 상태에 따라 값이 조금씩 달라집니다. 이를 화학적 이동chemical shift이라고 하며 화학 상태를 분석할 때 이용합니다. [그림 3]은 PET 필름의 C1s와 O1s 스펙트럼을 나타낸 그래프로, 원자의 결합 상태 차이에 따라 최고점이 여러 개 관측되었습니다.

X선 광전자 분석법은 감도가 좋고 시료의 상태를 따지지 않는 장점 덕에 가장 범용성이 높은 표면 분석법으로 여러 분야에서 폭넓게 쓰입니다. 특히 C1s의 화학적 이동이 특출나고 탄소의 화학 상태에 관한 정보를 풍부하게 얻을 수 있어 유기 및 고분자 재료 분야에서 강력한 표면 분석법으로 자리 잡고 있습니다.

X선 광전자 분광법은 왜 표면 분석에 활용될까?

X선 광전자 분석법에는 보통 에너지가 작은 연 X선soft X-ray을 사용하지만, 시료 표면에서 수 마이크로미터μm 깊이까지 침입할 수 있습니다. 따라서 시료 내부에서도 광전자는 발생하는데, 전자는 물질과 강하게 상호 작용하므로 시료를 조금만 움직여도 에너지가 소실됩니다.

이처럼 내부에 존재하는 전자는 스펙트럼의 최고점에 영향을 끼치지 못하고, 표면 부근의 아주 얇은(수 nm) 영역에서 발생한 광전자만 검출되므로 X선 광전자 분석법 결과에는 표면의 정보만 반영됩니다.

뒷이야기
만네 시그반

카이 시그반의 아버지 만네 시그반Manne Siegbahn도 1924년 노벨 물리학상을 받은 X선 분광학 연구자입니다. 다양한 원자에서 방출되는 X선의 파장을 매우 정확하게 측정함으로써 여러 스펙트럼선을 발견했습니다. 시그반은 이를 바탕으로 전자껍질을 거의 완벽하게 이해했습니다. 그의 정확한 측정 덕에 양자론과 원자물리학은 크게 발전할 수 있었습니다.

비니히

Gerd Binnig, 1947~ / 독일

프랑크푸르트에서 태어났으며 프랑크푸르트대학에서 박사 학위를 받고 스위스 취리히의 IBM 연구소에 취직했습니다. 그곳에서 하인리히 로러Heinrich Rohrer와 함께 1982년에 주사 터널링 현미경을 개발했고, 1985년에는 원자 힘 현미경도 개발했습니다. 이 공적을 인정받아 비니히는 로러, 전자 현미경을 개발한 루스카와 함께 1986년 노벨 물리학상을 받았습니다. IBM의 과학자가 받을 수 있는 최고의 영예인 IBM 펠로IBM Fellow에 선정되었으며 스탠퍼드대학의 객원 교수로도 근무했습니다. 주사 탐침 현미경의 창시자로도 불립니다.

터널링 전류로 표면을 관찰하다

끝이 뾰족한 금속 탐침과 전기 전도성 시료 사이에 미약한 바이어스 전압(전자 회로가 구동할 수 있도록 가하는 전압 - 옮긴이)을 인가한 상태에서 탐침을 시료에 접촉하기 직전(시료 표면과 약 1nm 간격)까지 아슬아슬하게 가져다 대면 양자역학적인 효과로 전자가 탐침과 시료 사이를 이동합니다. 이를 터널링 효과Tunneling effect라고 하며, 이때 흐르는 전류를 터널링 전류Tunneling current라고 합니다.

터널링 전류가 항상 일정하게 흐르도록 탐침을 시료 표면에 주사하려면 시료 표면의 요철에 맞추어 탐침의 위치를 조정해야 합니다(그림 1). 이 탐침의 위치 변화를 시각화하면 시료 표면의 형태를 알 수 있습니다. 이렇게 표면의 상태를 관찰하는 주사 터널링 현미경Scanning Tunneling Microscope, STM은 1980년대 초에 비니히와 하인리히 로러가 발명했습니다.

터널링 전류는 탐침과 시료 사이의 거리에 따라 극적으로 변화하므로 거리가 원자 1개의 절반만큼만 차이 나도 값이 크게 달라집니다. 따라서 주사 터널링 현미경은 원자 수준에서 표면을 관찰할 수 있습니다. 실리콘 표면(Si(111) 면)을 관찰한 상인 [그림 2]를 보면 원자가 규칙적으로 나열되어 있음을 알 수 있습니다. 그러나 전류가 흐르지 않는 시료는 주사 터널링 현미경으로 관측할 수 없습니다.

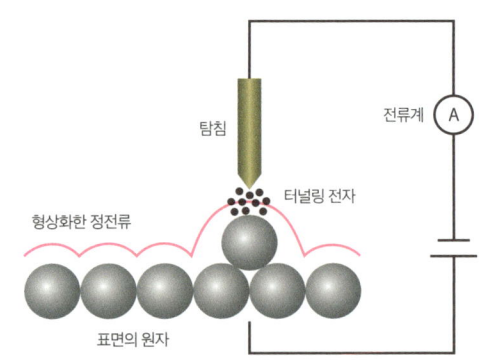

[그림 1]

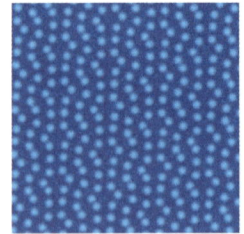

[그림 2]

| 원자 간 힘으로 표면을 관찰하다

터널링 전류가 흐를 만큼 단자를 시료에 가까이 대면 탐침 끝의 원자와 시료 표면의 원자 사이에 힘이 작용합니다. 1986년, 비니히는 터널링 전류 대신 탐침과 시료 사이에 작용하는 원자 간 힘을 이용하는 원자 힘 현미경Atomic Force Microscope, AFM을 발명했습니다. 주사 전자 현미경은 리프 스프링이 달린 탐침(캔틸레버: 한쪽 끝은 고정되고 다른 쪽 끝에는 받침이 없는 구조물 - 옮긴이)을 달아 언제나 같은 힘이 발생하도록 탐침과 시료 사이의 거리를 일정하게 유지한 채 주사함으로써 시료 표면의 형상을 측정하는 현미경입니다(그림 3). 원자 간 힘은 모든 물질 사이에 작용하므로 이를 이용하면 전기가 흐르지 않는 시료의 표면도 원자 수준에서 관찰할 수 있습니다. 전기가 흐르지 않는 광물인 운모를 관찰한 [그림 4]를 예시로 들 수 있습니다. 이 덕분에 원자 힘 현미경은 주사 터널링 현미경보다 활용 범위가 훨씬 넓어졌습니다.

[그림 4]

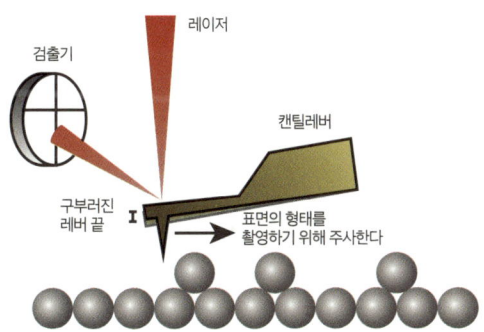

[그림 3]

▶ 파급 효과 ◀

오늘날에는 자성 혹은 전기 전도성이 있는 탐침을 사용하여 표면의 형상과 자기 구역 구조magnetic domain structure를 함께 시각화하는 **주사 자기력 현미경**Magnetic Force Microscope, MFM(그림 5)과 표면의 전위를 측정하는 **표면 전위 현미경**Kelvin Probe Force Microscope, KPFM(그림 6) 등이 개발되었습니다. 이러한 현미경을 통틀어 **주사 탐침 현미경**Scanning Probe Microscope, SPM이라고 하며, 표면 물성 연구에 없어서는 안 될 장치입니다.

주사 자기력 현미경(MFM)

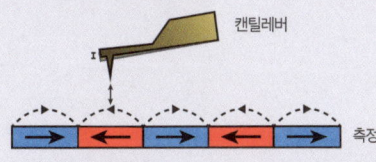

자기화한 캔틸레버를 주사하여 시료에서 누설된 자기장의 인력 혹은 척력을 검출함으로써 시료 표면의 자기력을 측정한다.

[그림 5]

표면 전위 현미경(KFM)

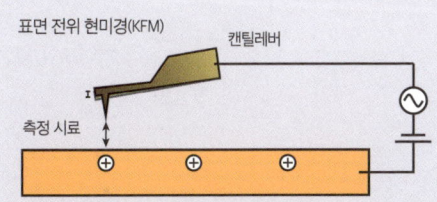

전도성 있는 캔틸레버에 교류 전압을 걸어 시료 표면과 캔틸레버 사이에 작용하는 전기력을 검출함으로써 시료 표면의 전위를 측정한다.

[그림 6]

16장

유기 화합물의 구조 결정

프랜시스 윌리엄 애스턴 *Francis William Aston* | 1877~1945년

"질량 분석기를 개발했다."

*

윌리엄 코블렌츠 *William Coblentz* | 1873~1962년

"각 작용기에 특징적인 적외선 흡수 현상을 발견했다."

*

이지도어 아이작 라비 *Isidor Isaac Rabi* | 1898~1988년

"핵자기 공명 신호를 검출하는 데 성공했다."

탄소 원자로 이루어진 기본 골격에, 수소와 산소 등 일부 원소로 구성된 화합물을 유기 화합물이라고 합니다.

유기 화합물은 우리 주변에서 쉽게 찾아볼 수 있습니다. 의약품, 화장품, 화학 섬유, 플라스틱 등이 모두 유기 화합물로 이루어진 물질이며, 탄소 섬유와 OLED 디스플레이 같은 신소재에도 유기 화합물이 쓰입니다. 그리고 컴퓨터에 들어가는 반도체 소자나 태양 전지에 유기 화합물을 이용하는 연구도 진행 중입니다. 이런 제품을 만들기 위해 재료가 되는 유기 화합물을 새로 합성해야 할 때도 있습니다.

그렇다면 연구실에서 복잡한 유기 화합물을 합성했을 때 어떤 물질인지는 어떻게 알 수 있을까요?

합성한 화합물이 이미 알려진 물질이라면 성질을 측정해서 과거의 데이터와 일치하는지 비교하면 됩니다.

하지만 연구실에서는 전례가 없는 새로운 물질도 많이 만들어 내므로 비교할 데이터를 찾기 힘든 경우가 많습니다. 따라서 물질의 구조를 직접 결정할 수단이 필요합니다.

유기 화합물의 구조를 결정할 때는 질량이 어느 정도인지, 특징적인 작용기(반응성을 결정하는 작은 단위 혹은 결합)가 있는지, 그리고 분자의 골격이 어떤지 분석해야 합니다.

프랜시스 윌리엄 애스턴은 이온의 질량을 정확하게 측정하는 질량 분석기를 개발했습니다. 윌리엄 코블렌츠는 적외선 흡수 스펙트럼이 작용기마다 특징적이라는 사실을 발견했습니다. 이지도어 아이작 라비는 분자 골격에 관해 자세한 정보를 제공하는 핵자기 공명 분광법을 개발할 수 있는 길을 개척했습니다. 오늘날에는 이 방법들 덕에 미지의 시료에 들어 있는 유기 화합물의 구조를 결정할 수 있게 되었습니다.

애스턴

Francis William Aston, 1877~1945 / 영국

버밍엄 교외의 하본에서 태어났으며 메이슨 과학대학(현 버밍엄대학)에서 물리학과 화학을 배웠습니다. 양조장에서도 근무한 적이 있고, 이후 버밍엄대학에서 방전관을 연구했으며 1909년 조지프 존 톰슨의 조수로 들어가면서 케임브리지대학 캐번디시 연구소로 이적했습니다. 1914년 버밍엄대학에서 박사 학위를 받았습니다. 톰슨의 장치를 바탕으로 1919년 이온의 질량을 정확하게 측정하는 질량 분석기를 개발한 공로로 1922년 노벨 화학상을 받았습니다. 1921년에는 왕립학회 펠로로 선정되었습니다.

| 양극선 연구로 질량 분석법을 개발하다

일반적으로 물질의 무게를 잴 때는 천칭이나 저울을 이용하는데, 이런 도구는 모두 지구의 중력을 이용합니다.

그렇다면 분자처럼 질량이 매우 작아서 가해지는 중력의 영향을 거의 측정할 수 없을 때는 어떻게 해야 할까요?

영국의 물리학자 조지프 존 톰슨은 하전 입자의 흐름이 전자기장에 의해 휘는 현상을 이용하여 질량을 분리하는 장치를 개발했습니다. 전자기장에서 같은 힘을 받아도 질량이 다르면 다르게 휘기 때문입니다.

이 장치에는 양극선 관이 들어가는데, 관 내부에서는 양이온이 (+)극에서 (-)극으로 이동합니다. [그림 1]에서 볼 수 있듯이 (-)극에 구멍을 뚫으면 (+)극에서 (-)극으로 향하는 양이온의 흐름(양극선)이 (-)극 쪽 구멍을 통해 밖으로 빠져나갑니다. 양극선은 자기장에 의해 휘는데, 전하와 질량의 비율이 같은 양이온은 같은 궤도를 그립니다.

톰슨은 네온 기체의 분자 이온을 측정하는 실험에서 약간 어긋난 두 궤도를 관측함으로써 질량이 서로 다른 네온 원자(동위 원소)의 존재를 발견했습니다. 1919년 애스턴은 이온의 질량을 정확하게 측정할 수 있도록 톰슨의 장치를 개량했습니다.

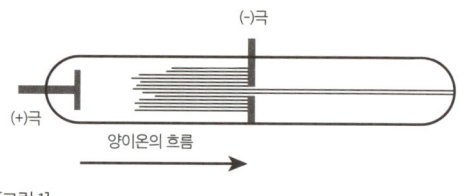

[그림 1]

| 질량 분석법으로 유기 화합물의 질량을 추정하다

유기 화합물의 구조를 결정하려면 일단 질량을 정확하게 측정해야 합니다. 이때 쓰이는 장치가 애스턴이 개발한 질량 분석기입니다.

[그림 2]는 자기장을 이용한 질량 분석기의 모식도입니다.

빠르게 움직이는 전자와 충돌하여 분자 M에서 전자가 빠져나와 이온화한 양이온 M⁺•, 즉 '분자

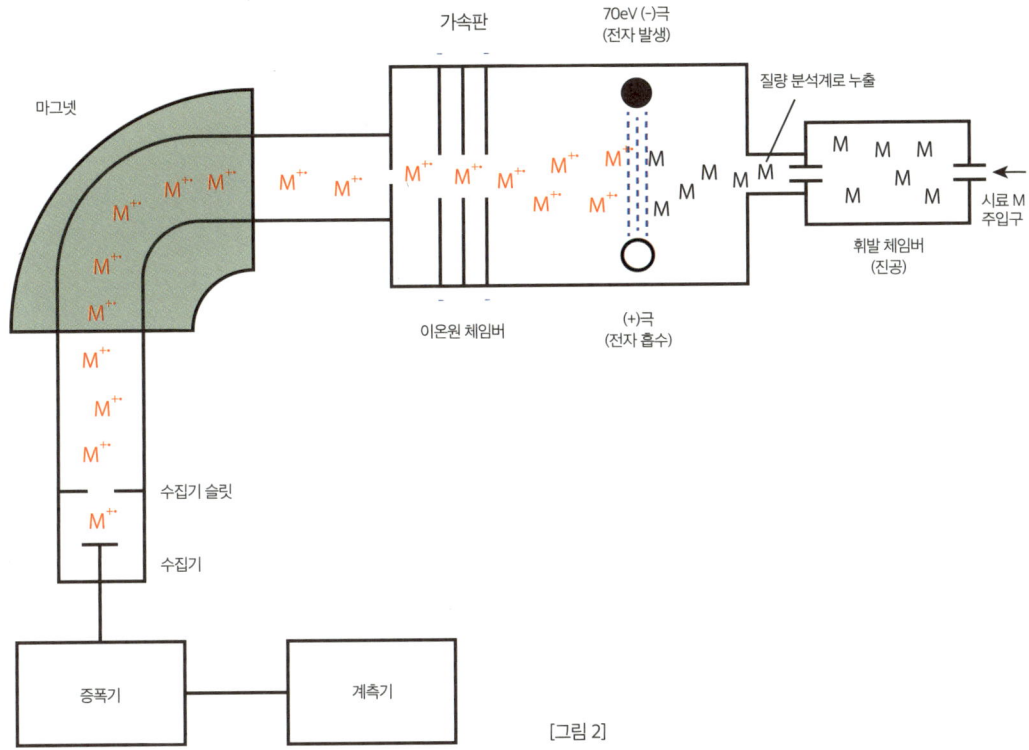

[그림 2]

이온' 혹은 '다원자 이온'을 만듭니다.

그다음 이 다원자 이온을 전기장으로 가속해서 자기장에 넣습니다. 자기장에 들어간 분자 이온의 움직임은 원형으로 휘는데, 분자 이온의 질량과 자기장의 세기에 따라 휘는 정도가 다릅니다. 따라서 자기장의 세기를 조절하면 특정 질량의 이온만 수집기 슬릿^{collector slit}을 통과해서 검출기까지 도달합니다. 결과적으로 자기장의 세기를 바꿔 가며 측정을 하면 어떤 분자 이온이 얼마나 들어 있는지 분석할 수 있습니다.

유기 분자의 구조를 밝힐 때도 쓰이는 질량 분석법

질량 분석법을 이용하면 분자 이온의 질량뿐만 아니라 부분적인 구조에 관한 정보도 얻을 수 있습니다.

분자를 이온화할 때 이용하는 고속 전자의 에너지는 일반적인 유기 분자의 결합을 끊을 수 있을 만큼 크므로 실제로 이온화한 분자의 일부는 더 작은 단편으로 분해됩니다.

[그림 3]은 에틸벤젠의 질량 스펙트럼인데, 분자 이온에서 검출된 신호(m/z=106) 외에도 분자 이온에서 떨어져 나온 단편에서 검출된 신호(m/

z=91)도 함께 관측되었습니다.

　이처럼 단편을 원래 분자의 구조를 밝힐 단서로 활용할 수도 있습니다.

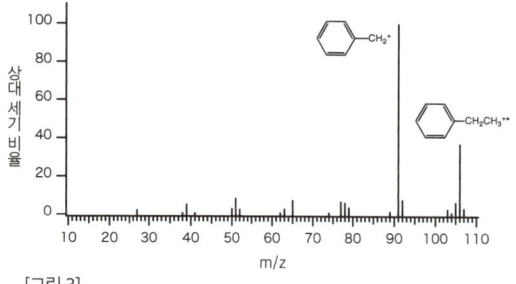

[그림 3]

생체 고분자의 질량 분석 실현에 공헌한 다나카 고이치

　질량 분석법으로 질량을 분석하려면 시료를 이온 상태로 만들어야 합니다.

　하지만 **단백질** 같은 생체 고분자를 이온화하기는 매우 어렵기 때문에 오랫동안 정확한 질량을 구할 수 없었습니다.

　일본의 화학자 다나카 고이치田中耕一는 레이저로 시료를 이온화하는 **레이저 이탈 기법**에 주목했습니다.

　단백질에 레이저를 직접 쏘면 분자 자체가 분해되어 붕괴하므로 이온화할 때는 레이저를 효과적으로 흡수하는 매질matrix에 단백질을 섞어야 합니다. 혼합물에 레이저를 쏘아 매질을 급속도로 가열하면 매질과 단백질이 기화하면서 단백질 분자가 이온으로 변합니다.

　이 발견을 계기로 단백질을 비롯한 생체 고분자의 질량도 분석할 수 있게 되었습니다.

　이 업적을 인정받아 다나카 고이치는 2002년 노벨 화학상을 받았는데, 박사 학위가 없는 민간 기업 연구원이라는 점에서 큰 화제가 되었습니다.

"자연과학을 연구하는 사람이라면 자연 앞에서

아이처럼 기뻐해야 한다."

마리 퀴리 | 1867~1934

코블렌츠

William Weber Coblentz, 1873~1962 / 미국

오하이오에서 태어났으며 코넬대학에서 박사 학위를 받았습니다. 카네기 연구소에 재직할 당시 초기 단계였던 적외선 분광기를 개량해서 수많은 유기 화합물의 흡수 스펙트럼을 측정했습니다. 1905년에 이렇게 측정한 스펙트럼을 발표함으로써 작용기마다 흡수 스펙트럼이 특징적임을 증명했습니다. 이후 워싱턴에 새로 설립된 미국 국립표준기술연구소에 들어가 방사선 측정 부서의 책임자로 정년까지 근무했습니다.

유기 화합물의 성질을 결정하는 작용기

대부분의 유기 화합물은 탄소 원자들이 수소 원자와 결합하고, 그 탄소 원자들이 단일 결합으로 연결된 탄소 골격을 기본 구조로 하고 있습니다.

그러나 이중 결합이나 삼중 결합을 포함한 유기 화합물도 있고, 탄소와 수소 이외의 원소가 포함된 유기 화합물도 매우 많습니다. 이러한 화합물을 이루는 부분 중 다른 부분보다 반응성이 높은 특정 원자의 집합을 작용기라고 합니다.

[표 1]에 주요 작용기를 정리했습니다. 작용기는 저마다 특유의 성질이 있어서 유기 화합물 전체의 반응성과 성질을 결정할 수 있습니다. 이를테면 아세트산(CH_3COOH)처럼 카복시기(-COOH)가 있는 유기 화합물은 약산성입니다.

분자의 진동과 적외선의 흡수

분자를 구성하는 원자와 원자 사이에서는 결합부가 진동하고 있습니다.

이 진동의 에너지는 적외선의 에너지 대역과 같으므로 적외선을 분자에 쬐면 분자 고유의 흡수 현상이 일어납니다.

이 흡수 패턴을 알기 쉽게 나타낸 선이 적외선 흡수 스펙트럼입니다. 작용기에 따라 흡수되는 위치와 특징적인 형태가 일정하게 나타나므로 적외선 흡수 스펙트럼의 최고점을 해석하면 화합물에 어떤 작용기가 달렸는지 추정할 수 있습니다.

[그림 1]은 에틸벤젠의 적외선 흡수 스펙트럼으로, 벤젠 고리의 진동에서 기인한 흡수 현상이 다수 관측되었습니다.

분자 내에서는 다양한 진동이 나타나므로 적외선 흡수 스펙트럼도 일반적으로 형태가 복잡합니다.

하지만 반대로 생각하면 적외선 흡수 스펙트럼을 특정 분자의 고유한 '지문'으로 사용할 수 있다는 말이 됩니다. 특히 지문 영역이라는 영역에서는 분자마다 다른 스펙트럼이 나타납니다.

[그림 2]는 서로 매우 닮은 펜테인(C_5H_{12})과 헥세인(C_6H_{14})의 적외선 흡수 스펙트럼인데, 지

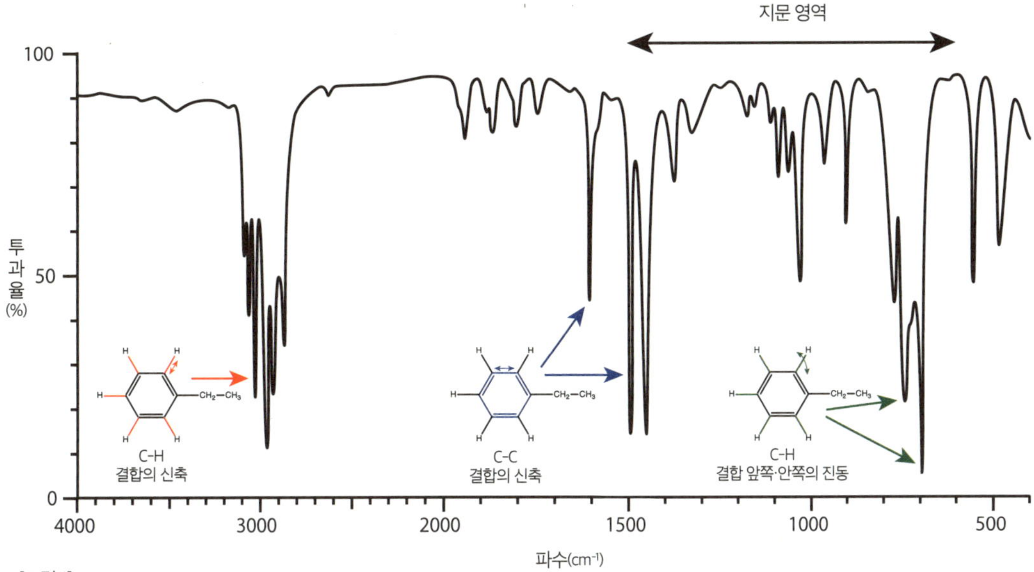
지문 영역
100
50
0
투과율 (%)
C-H
결합의 신축
C-C
결합의 신축
C-H
결합 앞쪽·안쪽의 진동
4000
3000
2000
1500
1000
500
파수(cm^{-1})

[그림 1]

문 영역을 잘 보면 차이가 드러납니다.

오늘날에는 수십만 가지나 되는 적외선 흡수 스펙트럼이 데이터베이스로 정리되어 있어 측정한 스펙트럼과 대조하면 미지의 시료가 어떤 물질인지 알 수 있습니다.

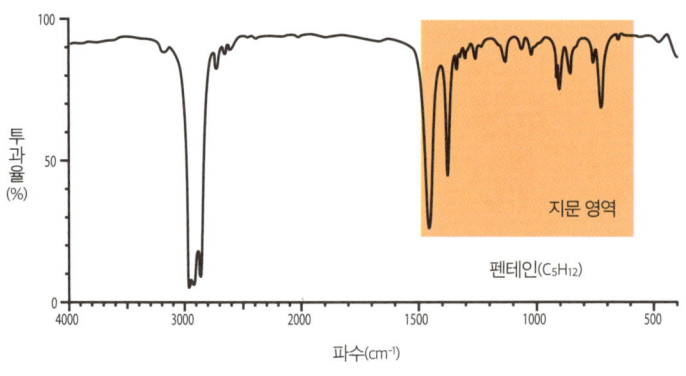

지문 영역

펜테인(C₅H₁₂)

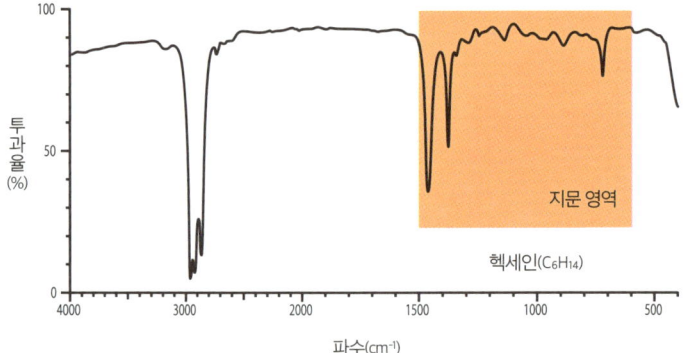

지문 영역

헥세인(C₆H₁₄)

[그림 2]

작용기	작용기 이름	일반식	일반명	예	
$-OH$	하이드록시기	$R-OH$	알코올	C_2H_5-OH	에탄올
$-\overset{\overset{\displaystyle O}{\|\|}}{C}-H$	알데하이드기	$R-\overset{\overset{\displaystyle O}{\|\|}}{C}-H$	알데하이드	$CH_3-\overset{\overset{\displaystyle O}{\|\|}}{C}-H$	아세트알데하이드
$-\overset{\overset{\displaystyle O}{\|\|}}{C}-$	카보닐기	$R-\overset{\overset{\displaystyle O}{\|\|}}{C}-R'$	케톤	$CH_3-\overset{\overset{\displaystyle O}{\|\|}}{C}-CH_3$	아세톤
$-\overset{\overset{\displaystyle O}{\|\|}}{C}-OH$	카복시기	$R-\overset{\overset{\displaystyle O}{\|\|}}{C}-OH$	카복실산	$CH_3-\overset{\overset{\displaystyle O}{\|\|}}{C}-OH$	아세트산
$-\overset{\overset{\displaystyle O}{\|\|}}{\underset{\underset{\displaystyle O}{\|\|}}{S}}-OH$	설포기	$R-\overset{\overset{\displaystyle O}{\|\|}}{\underset{\underset{\displaystyle O}{\|\|}}{S}}-OH$	설폰산	벤젠설폰산
$-O-$	에터 결합	$R-O-R'$	에터	$C_2H_5-O-C_2H_5$	다이에틸에터
$-\overset{\overset{\displaystyle O}{\|\|}}{C}-O-$	에스터 결합	$R-\overset{\overset{\displaystyle O}{\|\|}}{C}-O-R'$	에스터	$CH_3-\overset{\overset{\displaystyle O}{\|\|}}{C}-O-C_2H_5$	아세트산에틸
$-N\overset{\displaystyle H}{\underset{\displaystyle H}{}}$	아미노기	$R-N\overset{\displaystyle H}{\underset{\displaystyle H}{}}$	아민	아닐린
$-N\overset{\displaystyle O}{\underset{\displaystyle O}{}}$	나이트로기	$R-N\overset{\displaystyle O}{\underset{\displaystyle O}{}}$	나이트로 화합물	나이트로벤젠

[표 1]

라비

Isidor Isaac Rabi, 1898~1988 / 미국

갈리치아(현 폴란드)의 유대인 가정에서 태어나 미국으로 이주하여 뉴욕에서 자랐습니다. 코넬 대학 전기공학과에 입학했으나 곧장 화학과로 전과하여 1919년 학사 학위를 받았습니다. 일반 직으로 일하다가 1921년 코넬대학에서 물리학 연구를 시작했고, 컬럼비아대학으로 이적하여 1927년 박사 학위를 받았습니다. 유럽에서 연구 생활을 한 뒤 컬럼비아대학으로 돌아와 1937년 교수로 취임했습니다. 핵자기 공명 신호 검출에 성공한 공로로 1944년 노벨 물리학상을 받았습니다.

물체의 특징적인 현상, 공명

물체에는 각각 고유한 진동이 있는데, 이 물체의 진동수(1초 동안 진동하는 횟수)를 고유 진동수라고 합니다. 외부에서 고유 진동수의 진동을 주기적으로 가하면 물체는 특징적인 움직임을 보입니다. 이 현상을 공명이라고 합니다.

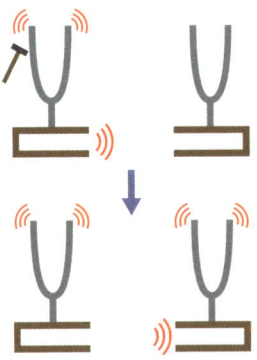

[그림 1]

예를 들어 진동수가 같은 공명 상자가 달린 소리굽쇠를 2개 준비하고 한쪽을 울리면 [그림 1]처럼 다른 쪽 소리굽쇠도 진동합니다. 때린 소리굽쇠가 아래 공명 상자를 울리고, 공기를 타고 옆의 공명 상자로 진동이 전달되면서 그 공명 상자에 달린 소리굽쇠도 우는 원리입니다. 고유 진동수가 다른 소리굽쇠끼리는 가까이 두어도 아무 반응도 일어나지 않습니다.

전파를 흡수하는 핵스핀

회전[spin]하듯이 움직이는 원자핵이 많은데, 이를 원자핵이 핵스핀을 가지고 있다고 표현합니다. 이러한 원자 중 하나인 수소는 가장 단순한 원자인 ^{1}H(양성자[proton])는 양전하를 띠므로 회전하면서 자기장을 형성합니다. 따라서 양성자는 원자에 존재하는 작은 자석으로 볼 수 있으며 자기장에 두었을 때 [그림 2]처럼 같은 방향(α 스핀)과 반대 방향(β 스핀)으로 놓입니다.

이 두 스핀 상태의 에너지는 서로 다른데, 그 차이만큼의 에너지(주파수)를 가진 전파를 쏘면 α 스핀의 양성자가 β 스핀의 양성자로 '뒤집히듯이' 에너지가 흡수됩니다. 이 현상을 핵자기 공명 Nuclear Magnetic Resonance, **NMR**이라고 합니다.

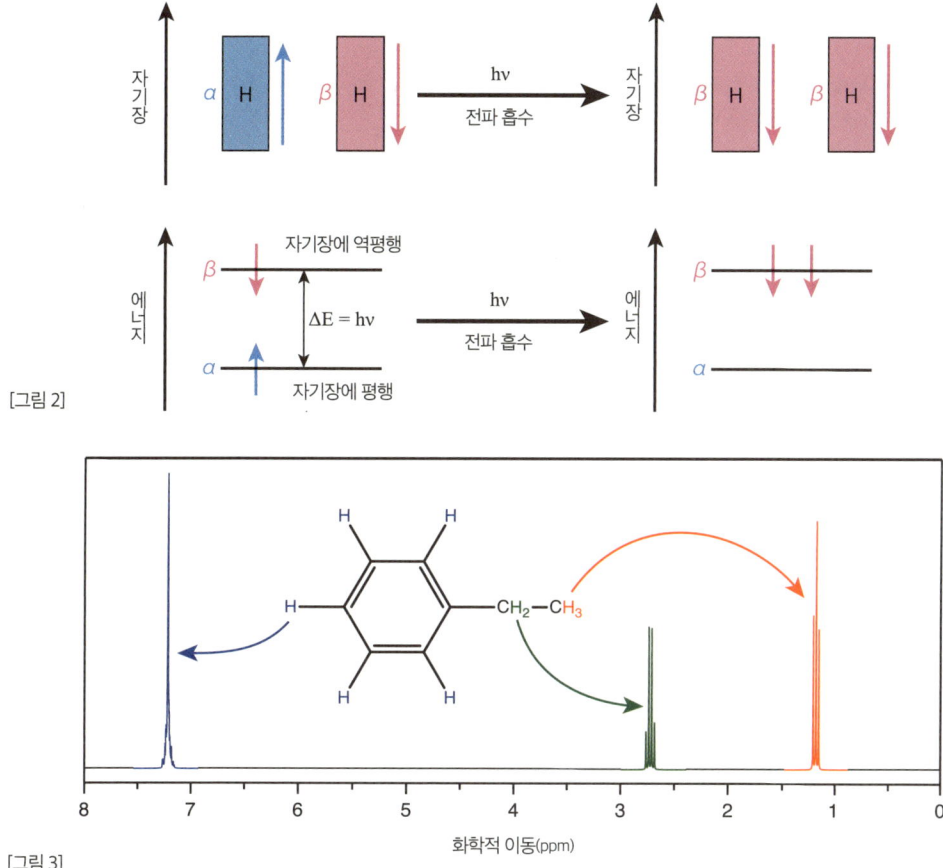

[그림 2]

[그림 3]

화학적 이동(ppm)

분자 구조를 밝힐 단서가 되는 공명 주파수의 차이

핵자기 공명을 일으키는 데 필요한 전파의 주파수(공명 주파수)는 원자핵의 종류에 따라 다른데, 원자핵이 같아도 환경에 따라 공명 주파수가 달라집니다. 화학적 이동이라고 하는 이 현상은 화합물에 달린 작용기를 추정할 단서이기도 합니다.

[그림 3]에 나타낸 에틸벤젠의 ^1H NMR 스펙트럼에는 에틸벤젠 분자에 들어가는 세 종류의 수소 원자에 대응하는 공명선이 그려져 있습니다. 이 공명선의 면적(적분 강도)은 각 ^1H 원자의 개수에 비례합니다. 그리고 NMR 신호는 화학적 이동이 일어나는 위치에서 단순한 선 한 줄로 관측되는 대신 여러 줄로 분열하기도 합니다. 이는 가까운 ^1H 원자의 원자핵끼리 상호 작용한 결과이며, 이를 스핀-스핀 결합이라고 합니다. 이 현상을 해석하면 가까운 ^1H 원자의 수와 화학 결합의 각도 등 원자핵과 원자핵 사이의 관계에 관한 정보를 얻을 수 있습니다.

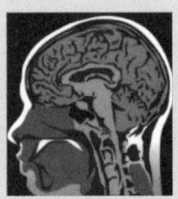

▶ 파급 효과 ◀

의학 분야에서 활약하는 자기 공명 영상

1980년대 중반, NMR을 의료 진단에 효과적으로 응용한 **자기 공명 영상**MRI이 발표되었습니다. 환자의 전신을 거대한 전자석 사이에 두고 ¹H NMR의 스펙트럼을 측정하면 오른쪽 사진처럼 조직의 양성자 농도를 촬영할 수 있습니다.

MRI 신호는 대부분 체액, 즉 물에서 유래하므로 일반적인 물 농도와의 변위를 검출해서 진단에 이용할 수 있습니다. 1980년대 말에 MRI가 개량되면서 해석에 걸리는 시간이 분 단위에서 초 단위로 단축되었습니다. 그 결과 혈류, 신장에서의 분비, 그리고 기타 의료에 관한 현상 전반을 직접 관찰할 수 있게 되었습니다.

참고문헌·웹사이트 목록

『人物でよみとく物理(물리학자가 들려주는 물리학 이야기)』 후지시마 아키라 감수, 다나카 미유키·유키 치요코 저 (아사히신문출판, 2020년)

『現代化学史: 原子·分子の科学の発展(현대 화학사: 원자·분자 과학의 발전)』 히로타 쿄 저 (교토대학 학술출판회, 2013년)

『化学史事典(화학사 사전)』 화학사학회 편 (화학동인, 2017년)

『化学史への招待(화학사로의 초대)』 화학사학회 편 (옴샤, 2019년)

『人物で語る化学入門(인물로 말하는 화학 입문)』 다케우치 요시토 저 (이와나미 신쇼, 2010년)

『化学の大発見物語(화학 철학의 새로운 체계)』 다케우치 히토시 저 (뉴턴 프레스, 2002년)

『人物化学史(인물 화학사)』 시마오 나가야스 저 (아사쿠라 서점, 2002년)

『痛快化学史(통쾌한 화학사)』 아서 그린버그 저 (아사쿠라 서점, 2006년)

『世界の科学者まるわかり図鑑(세계의 과학자 완전 이해 도감)』 후지시마 아키라 감수 (가쿠엔 플러스, 2018년)

『知識ゼロからの科学史入門(지식 제로부터의 과학사 입문)』 이케우치 사토루 저 (겐토샤, 2012년)

『図説世界を変えた50の科学(그림으로 보는 세계를 바꾼 50가지 과학)』 피터 무어 외 저 (하라쇼보, 2014년)

『科学は歴史をどう変えてきたか(과학은 역사를 어떻게 바꿔 왔는가)』 마이클 모즐리 외 저 (도쿄서적, 2011년)

『化学をつくった人びと(화학을 만든 사람들)』 K. R. 마놀로프 저 (도쿄도서, 1979년)

『科学史ひらめき図鑑(과학사 번뜩이는 도감)』 스기야마 시게오 감수, 주식회사 스페이스타임 저 (나츠메샤, 2019년)

『まんが科学偉人伝(만화 과학 위인전)』 무로타니 츠네조 그림 (쿠몬 출판, 1997년)

『新版 科学者の目(신판 과학자의 눈)』 카코 사토시 글·그림 (도신샤, 2019년)

『科学史·科学論(과학사·과학론)』 시바타 가즈코 저 (교리쓰슛판, 2014년)

『科学好事家列伝(과학 호사가 열전)』 사토 미쓰히코 저 (도쿄토쇼슛판, 2006년)

『天才たちの科学史(천재들의 과학사)』 스기 하루오 저 (헤이본샤 신서, 2011년)

『思い違いの科学史(오해의 과학사)』 아오키 쿠니오·이타쿠라 세이센·이치바 야스오·스즈키 젠지·타치카와 쇼지·나카야마 시게루 저 (아사히 문고, 2002년)

『人類を変えた科学の大発見(인류를 바꾼 과학의 대발견)』 고타니 타로 저 (중경문고, 2010년)

『理系の話大全(이공계 이야기 대전)』 화제의 달인 클럽 편 (청춘출판사, 2015년)

『化学がめざすもの(화학이 지향하는 것)』 바바 마사아키·히로타 쿄 저 (교토대학학술출판회, 2020년)

『ノーベル賞受賞者人物事典(노벨상 수상자 인물 사전)』 도쿄서적 편집부 편 (도쿄서적, 2010년)

『伝記: 世界を変えた人々 1. キュリー夫人(전기: 세계를 바꾼 사람들 1: 퀴리 부인)』 베버리 버치 저 (가이세이샤, 1991년)

『キュリー夫人の理科教室(퀴리 부인의 과학 교실)』 깃쇼 미즈에 감수 (마루젠 출판, 2004년)

『化学熱力学入門(화학 열역학 입문)』 유이 히로하루 저 (옴샤, 2013년)

『検定外 高校化学(검정 외 고등학교 화학)』 츠보무라 히로시 외 저 (화학동인, 2006년)

『化学はじめの一歩シリーズ 2. 物理化学(화학 첫걸음 시리즈 2: 물리화학)』 마나부 후미타카 외 저 (화학동인, 2016년)

『中学生にもわかる化学史(중학생도 이해하는 화학사)』 사마키 다케오 저 (치쿠마 신서, 2019년)

『ビジュアル大百科: 元素と周期表(비주얼 대백과: 원소와 주기율표)』 톰 잭슨 저 (화학동인, 2018년)

『ケミストを魅了した元素と周期(화학자를 매료시킨 원소와 주기율표)』 화학동인 편집부 편 (화학동인, 2013년)

『毒ガス開発の父ハーバー(독가스 개발의 아버지 하버)』 미야타 신페이 저 (아사히신문출판, 2007년)

『絵で見る化学のせかい 2. なかよしいじわる元素の学校(그림으로 보는 화학의 세계 2: 친한 악당 원소들의 학교)』 가코 사토시 저 (가이세이샤, 1982년)

『絵で見る化学のせかい 6. かがやく年月化学のこよみ(그림으로 보는 화학의 세계 6: 빛나는 세월 화학의 달력)』 가코 사토시 저 (가이세이샤, 1982년)

『異貌の科学者(다른 모습의 과학자)』 고야마 게이타 저 (마루젠 출판, 1991년)

『酸素の科学(산소의 과학)』 간자키 야스시 저 (일간공업신문사, 2014년)

『元素がわかると化学がわかる(원소를 알면 화학이 보인다)』 사이토 가츠히로 저 (베레 출판, 2012년)

『図解雑学 元素(도해잡학 원소)』 도미나가 히로히사 저 (나츠메샤, 2005년)

『コロイド化学史(콜로이드 화학사)』 기타하라 아야오 저 (사이언티스트사, 2017년)

『ファラデーの生涯(패러데이의 생애)』 해리 수친 저 (도쿄도서, 1976년)

『ロウソクの科学(초의 과학)』 패러데이 저 (이와나미 문고, 2010년)

『科学史年表 増補版(과학사 연표 증보판)』 고야마 게이타로 저 (추코신서, 2011년)

『ケンブリッジの天才科学者たち(케임브리지의 천재 과학자들)』 고야마 게이타 저 (신쵸센쇼, 1995년)

『物理化学 基礎の基礎(물리화학 기초의 기초)』 다나카 카즈요시 편저 (화학동인, 2009년)

『たのしい物理化学 1. 化学熱力学·反応速度論(즐거운 물리화학 1: 화학열역학·반응속도론)』 가노 켄지 외 저 (고단샤 사이언티픽, 2016년)

'私の論文(나의 논문)' 가키타니 토시아키(나고야대학) https://photosyn.jp/column-mypub_7.php 일본광합성학회

"Intramolecular Long-Distance Electron Transfer in Radical Anions. The Effects of Free Energy and Solvent on the Reaction Rates(래디컬 음이온에서의 분자 내 장거리 전자 이동. 반응 속도에 미치는 자유 에너지와 용매의 영향)" J. R. Miller·L. T. Calcaterra·G. L. Closs, J. Am. Chem. Soc., 106, 3047-3049(1984) (역전 영역의 존재를 실험으로 입증한 원저 논문)

10장 ▸ 화학 결합

『化学結合論(화학결합론)』 라이너스 폴링 저 (교리쓰슛판, 1962년)

『量子化学 I(양자화학 I)』 이노우에 하루오 저 (마루젠 출판, 1996년)

『感動する化学(감동하는 화학)』 일본화학회 편 (도쿄서적, 2010년)

『The Chemical Times(더 케미컬 타임스)』 「ドイツの切手に現れた科学者、技術者達 (20)(독일 우표에 등장한 과학자, 기술자들) 프리드리히 아우구스트 케쿨레」 하라다 카오루 저 (통권 207호, p.22, 2008년)

『A Biography of Distinguished Scientist Gilbert Newton Lewis(저명한 과학자 길버트 뉴턴 루이스의 전기)』 에드워드 S. 루이스. 에드워드 멜렌 출판사: 루이스턴, 뉴욕, 1998 [『Journal of Chemical Education(화학 교육 저널)』 76, 1487(1999)].

Friedman, Ralph(September 6, 1962). "Nobel prize winner finally receives high school diploma(노벨상 수상자, 마침내 고등학교 졸업장 받다)". Index Journal. Greenwood, SC. p.13 - via Newspapers.com.

11장 ▸ 광화학

『分子光化学の原理(분자광화학의 원리)』 N. J. Turro·V. Ramamurthy·J. C. Scaiano (마루젠 출판, 2013년)

『光化学 I(광화학 I)』 이노우에 하루오 외 편저 (마루젠 출판, 1999년)

『「人工光合成」とは何か('인공 광합성'이란 무엇인가)』 광화학 협회 편저 (고단샤 Bluebacks, 2016년)

『光触媒のしくみ(광촉매의 원리)』 후지시마 아키라 외 저 (일본실업출판사, 2000년)

『光量子の100 年: レーザーと量子光学の発展(광양자의 100년: 레이저와 양자광학의 발전)』 시모다 고이치 저 『光学(광학)』 34호, p.634, 2005년)

The Triplet State An Example of G. N. Lewis' Research Style(삼중주 상태: G. N. 루이스 연구 스타일의 한 예), Michael Kasha, Journal of Chemical Education, 61, 204(1984). The Kasaha Guitar, https://www.jthbass.com/kasha.html

The Porter Medal, http://www.portermedal.com/index.html

Molecular Photochemistry, Nicholas J. Turro, W. A. Benjamin, Inc, New York, 1967.

12장 ▸ 고분자화학

『衣料と繊維がわかる驚異の進化(의류와 섬유를 이해하는 놀라운 진화)』 일본화학회 기획·편집, 이노우에 하루오·사이토 고이치·시마자키 고조·미야자키 아카네 감수, 사토 긴페이 저 (도쿄서적, 2011년)

『高分子説(1930年頃: シュタウディンガー)─ケクレ原理から生まれた巨大分子─(고분자설[1930년경: 슈타우딩거]─케쿨레 원리에서 탄생한 거대 분자─)』 츠루타 테이지 저 (고분자학회 『고분자』 56권, p.6, 2007년)

『高分子化学の確立(고분자 화학의 확립)』 사쿠라다 이치로 저 (『高分子(고분자)』 20권 3호, p.167, 1971년)

『繊維の歴史(섬유의 역사)』 가지 케이스케 저 (섬유학회 『繊維と工業(섬유와 공업)』 59권 4호, p.121, 2003년)

デュポンが発明したナイロン、80年目を迎える(듀폰이 발명한 나일론, 80주년을 맞이하다)

https://prtimes.jp/main/html/rd/p/000000001.000012631.html

『合成1号』ビニロンの工業化─先駆的な産学連携事業─('합성 1호' 비닐론의 산업화─선구적인 산학 협력 사업─) 가지타니 고이치

https://sangakukan.jst.go.jp/journal/journal_contents/2009/12/articles/0912-02-2/0912-02-2_article.html

13장 ▶ 유기화학

『ブルースター有機化学(브루스터 유기화학)』R. Q. Brewster·W. E. McEwen
(도쿄화학동인, 1963년)

Catherine M. Jackson and Tracy O. Drier, "Liebig's Kaliapparat and the Origins of Scientific Glassblowing(리비히의 칼리아파라트 장치와 과학적 유리 공예의 기원)" Fusion : Journal of the American Scientific Glassblowers Society(2017) 19-24.

「有機ケイ素とフェロセンの化学から不斉合成までの1つの流れ(유기 규소와 페로센의 화학에서 비대칭 합성에 이르는 하나의 흐름)」구마다 마고토 저 (『有機合成化学協会誌(유기합성화학협회지)』56권 1호, p.64, 1998년)

「日本における有機合成化学の歴史 理学系(일본에서의 유기합성화학의 역사 이학계)」시바테츠오 저 (『有機合成化学協会誌(유기합성화학협회지)』50권 12호, p.1070, 1992년)

「グリニャール試薬とクロスカップリング反応―反応開発の歴史と産業利用について―(그리냐르 시약과 크로스커플링 반응―반응 개발의 역사와 산업적 활용에 관하여―)」오기하라 히데키·에구치 히사오 저 (일본화학회 『化学と教育(화학과 교육)』67권, p.126, 2019년)

「ウェーラーは何をしたのか―尿素の合成に関して―(베일러는 무엇을 했는가―요소 합성에 관하여―)」히로아키 오카 저 (『大阪教育大学付属天王寺中·高研究集録(오사카 교육대학 부속 덴노지 중·고등학교 연구집록)』제53화, p.61, 2011년)

Synform Philippe Barbier and Victor Grignard: Pioneers of Organomagnesium Chemistry NRBio Georg

Thieme Verlag Stuttgart New York Synform 2018, 10, A155-A159, Published online September 17. 2018. DOI: 10.1055/s-0037-1609793

14장 ▶ 양자화학

『化学がつくる驚異の機能材料(화학이 만드는 경이로운 기능성 소재)』도쿄도립대학 공업화학과 분자응용과학연구회 (고단샤 Bluebacks, 1992년)

「ハイトラーとゲーテ(하이틀러와 괴테)」다카하시 요시토 저 (『モルフォロギア: ゲーテと自然科学(모르폴로기아: 괴테와 자연과학)』26호, p.2-4, 2004년)

Robert Sanderson Mulliken, 7 June 1896-31 October 1986, Hugh Christopher Longuet-Higgins, Published:01 March 1990
https://doi.org/10.1098/rsbm.1990.0015

青天の霹靂だった福井謙一のノーベル化学賞の受賞(푸쿠이 겐이치의 노벨 회학상 수상은 청천벽력이었다), 바바 렌세이 (사이언스 포털 차이나 『中国科学技術月報(중국 과학 기술 월보)』제154호, 2019년)
https://spc.jst.go.jp/hottopics/1908/r1908_baba.html

15장 ▶ 표면 분석

『透過型電子顕微鏡(투과형 전자 현미경)』일본표면과학회 편 (마루젠 출판, 1999년)

『走査透過電子顕微鏡の物理(주사 투과 전자 현미경의 물리)』스도 쇼조·오카 마코토 감수, 다나카 노부오 저 (교리쓰슛판, 2018년)

『ナノテクノロジーのための走査電子顕微鏡(나노기술을 위한 주사 전자 현미경)』일본표면과학회 편 (마루젠 출판, 2004년)

『分析化学実技シリーズ: 表面分析(분석화학 실기 시리즈: 표면 분석)』일본분석화학회 편 (교리쓰슛판, 2011년)

『分析化学実技シリーズ: 走査型プローブ顕微鏡(분석화학 실기 시리즈: 주사형 프로브 현미경)』일본 분석화학회 편 (교리쓰슛판, 2017년)

「材料研究における電子顕微鏡法の導入と発展(재료 연구에서의 전자 현미경법의 도입과 발전)」구로다 고타로 저 (일본금속학회 『マテリア』제58권 제5호, 2019년)

「顕微鏡の歴史 3. 顕微鏡の発明(현미경의 역사 3: 현미경의 발명)」 일본현미경공업회(JMMA) http://www.microscope.jp/history/03.html

「顕微鏡の能力 その1~分解能と倍率~(현미경의 능력 1~분해 능력과 배율~)」OLYMPUS https://www.olympus-lifescience.com/ja/support/learn/03/045/

「電子顕微鏡の原理(전자 현미경의 원리)」일본분석기기공업회(JAIMA)
https://www.jaima.or.jp/jp/analytical/basic/em/principle/

「透過電子顕微鏡(TEM)(투과 전자 현미경)」일본전자(JEOL)
https://www.jeol.co.jp/science/em.html

「走査電子顕微鏡(SEM)(주사 전자 현미경)」일본전자(JEOL)
https://www.jeol.co.jp/words/semterms/a-z_04.pdf

「X線光電子分光法(XPS)の原理と応用(X선 광전자 분광법의 원리와 응용)」일본분석기기공업회(JAIMA)
https://www.jaima.or.jp/jp/analytical/basic/electronbeam/xps/

「走査型プローブ顕微鏡(주사 탐침 현미경)」島津製作所(시마즈 제작소)
https://www.an.shimadzu.co.jp/surface/spm/spm/extend.htm

16장 ▶ 유기 화합물의 구조 결정

『ボルハルト·ショアー 現代有機化学(볼하르트·쇼어 현대 유기화학)』K. P. C.

Vollhardt·N. E. Schore (화학동인, 2019년)

『絶対わかる有機化学(꼭 알아야 할 유기화학)』사이토 가츠히로 저 (고단샤 사
　　이언티픽, 2003년)

「トムソンとアストンによるネオン同位体の発見と質量分析器の開発(톰
　　슨과 애스턴에 의한 네온 동위 원소의 발견과 질량 분석기의 개발)」원자력 백과
　　사전 ATOMICA

https://atomica.jaea.go.jp/data/detail/dat_detail_16-03-03-04.html

「LC-MSのはなし その5. 質量分析部の種類と扇形磁場型 MS(LC-MS 이야기
　　5: 질량 분석기의 종류와 부채꼴 자기장형 MS)」島津製作所(시마즈 제작소)

https://www.an.shimadzu.co.jp/hplc/support/lib/lctalk/60/60intro.htm

「有機化合物のスペクトルデータベース SDBS(유기 화합물 스펙트럼 데이터
　　베이스 SDBS)」산업기술종합연구소

https://sdbs.db.aist.go.jp/sdbs/cgi-bin/cre_index.cgi

「核磁気共鳴装置の原理と応用(핵자기 공명 장치의 원리와 응용)」일본분석기
　　기공업회(JAIMA)

https://www.jaima.or.jp/jp/analytical/basic/magneticresonance/nmr/

찾아보기

ㅂ

화학자가 들려주는 화학 이야기

초판 1쇄 발행 2025년 12월 30일

글쓴이	후지시마 아키라·이노우에 하루오·스즈키 노리히로·쓰노다 가쓰노리
옮긴이	정한뉘

편집	장미향
디자인	책은우주다

펴낸이	이경민
펴낸곳	㈜동아엠앤비
출판등록	2014년 3월 28일(제25100-2014-000025호)

주소	(03972) 서울특별시 마포구 월드컵북로2길21, 2층
홈페이지	www.dongamnb.com
블로그	https://blog.naver.com/damnb0401
전화	(편집) 02-392-6901 (마케팅) 02-392-6900
팩스	02-392-6902
전자우편	damnb0401@naver.com
SNS	f ⓞ blog

ISBN 979-11-6363-684-7 (03430)